省部级示范性高等职业院校建设规划教材

计算机网络技术

（修订本）

张军锋　邢培振　主　编

黄河水利出版社

·郑州·

内 容 提 要

本书是省部级示范性高等职业院校建设规划教材，根据教育部对高职高专教育的教学基本要求编写完成。本书结合职业院校的教学实际与计算机行业的岗位需求，以真实的网络工程与管理的典型案例为背景，突出任务驱动的可操作性，把计算机网络最新应用技术的实践经验与理论有机地结合起来，真正做到让学生“在网络技术实践中学习网络技术”，符合学生的认知规律，并帮助学生逐渐积累经验，保证学生的学习效果。本书重点介绍计算机网络基础知识，计算机网络体系结构，网络互联设备，交换机配置与应用，路由器配置与应用，网络操作系统安装与基本配置，DHCP、DNS、Web、FTP 服务器配置，以及模拟实训环境的搭建。全书实训案例丰富，即学活用，层次清晰，概念简洁、准确，且图文并茂，实用性强。全书还附有大量的实训与练习题，以供学生巩固和提高之用。

本书可供高职高专院校电子信息类专业教学使用，也可供互联网爱好者学习参考。

图书在版编目(CIP)数据

计算机网络技术/张军锋，邢培振主编. —郑州：黄河水利出版社，2019.8 （2024.2 修订本重印）
省部级示范性高等职业院校建设规划教材
ISBN 978-7-5509-2489-5

Ⅰ.①计… Ⅱ.①张… ②邢… Ⅲ.①计算机网络-高等职业教育-教材 Ⅳ.①TP393

中国版本图书馆 CIP 数据核字(2019)第 180730 号

组稿编辑：王路平 电话：0371-66022212 E-mail：hhslwlp@163.com

出 版 社：黄河水利出版社 网址：www.yrcp.com
地址：河南省郑州市顺河路黄委会综合楼 14 层 邮政编码：450003
发行单位：黄河水利出版社
发行部电话：0371-66020550、66028024
E-mail：hhslcbs@126.com
承印单位：河南承创印务有限公司
开本：787 mm×1 092 mm 1/16
印张：16.75
字数：390 千字 印数：2 561—4 060
版次：2019 年 8 月第 1 版 印次：2024 年 2 月第 3 次印刷
2024 年 2 月修订本

定价：42.00 元

前 言

本书以真实网络工程项目为载体,结合职业院校的教学实际与计算机行业的岗位需求,采用“项目引领、任务驱动”教学法组织教学,目的是提升学生的计算机网络素质,激发学生学习的积极性,培养符合社会需求的网络人才。在编写中,力求突出以下特色:

(1)任务实用,强调技能。结合职业院校教学实际,以“必需、够用”为原则,降低理论难度。以是否实用为标准,以激发学生的学习兴趣为出发点,以真实的网络工程与管理的典型案例为背景,手把手地传授实用组网与管网的方法、步骤,使学生轻松掌握职业岗位的技能。

(2)突出操作,强调应用。以应用为核心,以培养学生实际动手能力为重点,力求做到学与教并重,科学性与实用性相统一,紧密联系生活、生产实际,把计算机网络最新应用技术的实践经验与理论有机地结合起来,真正做到让学生“在网络技术实践中学习网络技术”,符合学生的认知规律。

(3)“项目引领、任务驱动”教学法设计合理。全面带领学生身处一个真实的工作情境,把抽象、枯燥的网络技术融入一个个现实中的网络应用案例。每个案例从“任务描述”开始,通过“任务分析”“操作步骤”,告诉学生如何一步步“完成任务”,最后进行“知识链接”以完善学习内容, 每个单元最后通过“实训与练习”来检验学生的学习效果。

(4)系统使用仿真软件,教学适用性强。用虚拟机 VMware 构建操作系统安装和各种服务配置的环境,用模拟器 Cisco Packet Tracer 构建网络拓扑并进行网络设备的调试。只要在普通机房安装 VMware 和 Cisco Packet Tracer 模拟软件,本课程提到的任务案例可轻松实现。

本书教学时数为 64 个学时,在教学过程中可参考以下课时分配表:

单元	课程内容	课程分配		
		讲授	实训	合计
第 1 单元	计算机网络基础知识	4		4
第 2 单元	计算机网络体系结构	8		8
第 3 单元	网络互联设备	2	2	4
第 4 单元	交换机配置与应用	2	12	14
第 5 单元	路由器配置与应用	2	16	18
第 6 单元	网络操作系统安装与基本配置		2	2
第 7 单元	DHCP 服务器		4	4
第 8 单元	DNS 服务器		4	4
第 9 单元	Web 与 FTP 服务器		4	4
第 10 单元	模拟实训环境的搭建		2	2
合计		18	46	64

为了不断提高教材质量,编者于2024年2月,根据近年来计算机网络发展新技术及在教学实践中发现的问题和错误,对全书进行了系统的修订完善。本次修订以习近平新时代中国特色社会主义思想为指引,贯彻落实党的二十大精神,全面落实立德树人根本任务。全书增加了课程思政内容,融入了党的二十大精神。

本书由张军锋、邢培振担任主编,麻悦担任副主编,刘敬坡、刘晖、杨萌萌参与了本书的编写。本书适用于职业院校计算机网络相关课程的教学和实训指导。

由于作者水平所限,书中瑕疵之处,敬请读者批评指正。

编　者

2024年2月

目 录

第1单元 计算机网络基础知识

【课程思政】

习近平总书记强调,我们要本着对社会负责、对人民负责的态度,依法加强网络空间治理,加强网络内容建设,做强网上正面宣传,培育积极健康、向上向善的网络文化,用社会主义核心价值观和人类优秀文明成果滋养人心、滋养社会,做到正能量充沛、主旋律高昂,为广大网民特别是青少年营造一个风清气正的网络空间。

计算机网络可以将信息在全球范围内快速传递,使得人们可以更加便捷地获取和分享信息,推动了社会的信息化进程。计算机网络的发展促进了全球经济的发展,使得全球范围内的商业活动更加便捷和高效。它的普及和发展改变了人们的生活方式,使人们可以通过网络购物、在线学习、远程办公等方式更加便捷地生活和工作。计算机通过通信线路有效的连接起来,并应用网络通信条件和网络管理软件,进行整理和协调,对计算机信息化能源分享和传达技术进行更好地实现。

计算机网络是计算机技术与通信技术相融合的产物。随着计算机网络技术的发展,人们的工作和生活与计算机网络技术联系得越来越紧密。单一的计算机环境已经不能满足社会信息的需求,于是人们将一台计算机与它周围甚至更远地方的计算机连接在一起,形成计算机网络,实现文件传输和资源共享。本单元主要认识计算机网络基础知识。

项　目　认识计算机网络

【项目目标】

- 掌握计算机网络的定义及功能。
- 掌握计算机网络的组成。
- 了解常见计算机网络的分类方法。
- 了解计算机网络拓扑结构及分类。

任务1　计算机网络使用调查

【任务描述】

在当今的信息社会中,人们不断地依靠计算机网络来处理个人和工作上的事务,而这种趋势也使得计算机网络显示出更强大的功能。每个学生认识和使用计算机网络的情况如何呢?

【任务分析】

通过每个学生认真填写计算机网络使用情况问卷调查,使学生体会为什么使用计算机网络,计算机网络的主要作用是什么。

【问卷调查】

计算机网络使用情况问卷调查

1. 是否会使用浏览器?

□会　□不会

2. 是否会使用电子邮件的附件功能?

□会　□不会

3. 是否会进行网上资源检索?

□会　□不会

4. 是否会网上下载或上传文件(如迅雷或各种云网盘等软件)?

□会　□不会

5. 是否会使用社交软件如微信、QQ、钉钉等与他人交流?

□会　□不会

6. 是否会使用 Office 办公软件处理文档?

□会　□不会

7. 是否会使用媒体播放器(如暴风影音、PotPlayer 等)播放本地视频?

□会　□不会

8. 目前你平均每周上网时间为多少?

□40 小时以上　□20~30 小时　□5~20 小时　□5 小时以下

9. 是否经常关注网络上的焦点事件或热搜榜?

□会　□不会

10. 你经常上网的方式为?

□手机　□PC　□其他

11. 你上网最常做的事情是?

□用社交软件聊天　□讨论热门的话题,在微博、贴吧等平台发帖

□利用手机在视频平台(抖音、小红书、哔哩哔哩等)浏览视频

□看电影、听歌或玩游戏　□搜索,查资料(Baidu、360 搜索、Bing 等)

□浏览朋友圈　□在电商平台(淘宝、京东、拼多多、闲鱼等)购买商品

□在平台(美团、饿了么等)点外卖　□其他

12. 是否知道一些 Internet 网络基本概念或网络设备(如 IP 地址、DNS 域名、网址、WWW、FTP、E-mail 或网卡、交换机、路由器等)?

□会　□不会

13. 是否使用过 ChatGPT、文心一言等程序?

□用过　□没用过

14. 是否能解决计算机及上网过程中所遇到的问题?

□会　□不会

15. 你经常使用上网设备的操作系统有哪些?

□Windows 7　□Windows 10　□Windows 11　□Linux　□Android

□IOS　□HarmonyOS　□其他

16. 你所用的网络带宽是多少？

速率：□100 M　□300 M　□500 M　□1 000 M　□其他

互联网服务提供商：□联通　□电信　□移动　□其她

17. 网络对你的影响主要有哪些方面？

□开阔了视野，拓展了知识面

□通过网络与家人、朋友、同学等进行远距离交流，使沟通变得便捷

□获取网络上丰富的教育资源，学习成绩得到提高

□花费太多时间上网而使成绩下降

18. 最喜欢的网站是________________________________。

19. 对互联网的5 G、大数据分析、AI、云存储等有什么看法？________________。

20. 请用尽可能多的词来描述网络给你的感觉或印象。

【知识链接】

1. 计算机网络的定义

计算机网络的定义没有统一的标准，根据计算机网络发展的阶段或侧重点的不同，对计算机网络有不同的定义。根据目前计算机网络的特点，侧重资源共享的定义则更准确地描述了计算机网络。

计算机网络就是把分布在不同地理区域的计算机与专门的外部设备用通信线路互联成一个规模大、功能强的系统，从而使众多的计算机可以方便地互相传递信息，共享硬件、软件、数据信息等资源。简单来说，计算机网络就是由通信线路互相连接的许多自主工作的计算机构成的集合体。

计算机网络和分布式系统在计算机硬件连接、系统拓扑结构和通信控制等方面基本一样。两种系统的差别仅在组成系统的高层软件上：分布式系统强调多个计算机组成系统的整体性，强调各计算机在分布式计算机操作系统协调下自治工作，用户对各计算机的分工和合作是感觉不到的，系统透明性允许用户按名字请求服务。计算机网络则以共享资源为主要目的，方便用户访问其他计算机所具有的资源，且需要人为地进行全部网络管理。网络中，计算机之间具有独立自治性。

2. 计算机网络的功能

(1)数据通信。

数据通信是计算机网络最基本的功能，用于快速在计算机与终端、计算机与计算机之间传送各种信息，包括文字信件、新闻消息、咨询信息、图片资料、视频资源等。利用这一特点，可将分散在各个地区的单位或部门用计算机网络联系起来，进行统一的调配、控制和管理。

(2)资源共享。

充分利用计算机网络中提供的资源(包括硬件、软件和数据)是计算机网络组网的主要目标之一。例如，某些地区或单位的数据库(如飞机机票、饭店客户等)可供全网的用户使用；某些单位设计的软件可供有偿调用或办理一定手续后调用；一些外部设备如打印机，可面向用户，使不具有这些设备的地方也能使用这些硬件设备。如果不能实现资源共享，各地区都需要有完整的一套软件、硬件及数据资源，这会大大地增加全系统的投资费用。

(3)提高系统的可靠性。

在一些计算机实时控制和要求高可靠性的场合,通过计算机网络实现备份技术可以提高计算机系统的可靠性。当某一台计算机出现故障时,可以立即由计算机网络中的另一台计算机来代替其完成所承担的任务。例如,空中交通管理、工业自动化生产线、军事防御系统、电力供应系统等都可以通过计算机网络设置备用或替换的计算机系统,以保证实时性管理和不间断运行系统的安全性和可靠性。

(4)分布式网络处理和负载均衡。

当某台计算机负担过重,或该计算机正在处理某项工作时,网络可将新任务转交给空闲的计算机来完成,这样处理能均衡各计算机的负载,提高处理问题的实时性;对大型综合性问题,可将问题各部分交给不同的计算机分别处理,充分利用网络资源,扩大计算机的处理能力,即增强实用性。如解决复杂问题,多台计算机联合使用并构成高性能的计算机体系,这种协同工作、并行处理要比单独购置高性能的大型计算机便宜得多。

3. 计算机网络的组成

1)计算机网络的系统组成

从计算机网络各组成部件的功能来看,各部件主要完成两种功能,即网络通信和资源共享。把计算机网络中实现网络通信功能的设备及其软件的集合称为网络的通信子网,而把网络中实现资源共享功能的设备及其软件的集合称为资源子网,如图 1-1 所示。

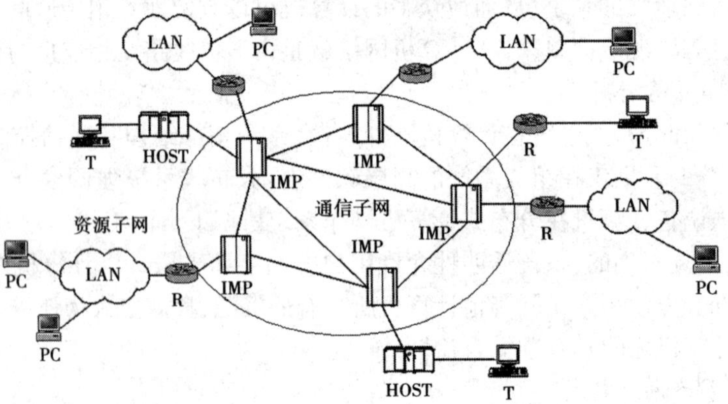

图 1-1 计算机网络的组成

(1)通信子网。

通信子网负责计算机间的数据通信,也就是信息的传输。通信子网覆盖的地理范围可能只是很小的局部区域,甚至是一幢大楼或一个房间;也可能是远程的,甚至跨越国界,可以是一个洲或全球。通信子网中除包括传输信息的物理媒体外,还包括诸如转发器、交换机之类的通信设备。信息在通信子网中以某种传输方式从源出发经过若干中间设备的转发或交换最终到达目的地。

(2)资源子网。

通过通信子网互联在一起的计算机则负责运行对信息进行处理的应用程序,它们是网络中信息流动的源与宿,向网络用户提供可共享的硬件、软件和信息资源,构成资源子网。

资源子网也在不断地变化,早期的资源子网主要是主机与终端,随着局域网与 PC 机技术的发展,这种主机与终端应用模式又逐渐地被局域网应用模式取代,因此现在的资源子网可以理解为若干个局域网,通信子网完成了在这些局域网之间的数据传输。

就局域网而言,通信子网由网卡、线缆、集线器、中继器、网桥、路由器、交换机等设备和相关软件组成。资源子网由联网的服务器、工作站、共享的打印机和其他设备及相关软件所组成。

在广域网中,通信子网由一些专用的通信处理机(IMP,接口报文处理机)及其运行的软件、交换机等设备和连接这些节点的通信链路组成。资源子网由网络上的所有主机及其外部设备组成。

从用户角度来看,计算机网络则是一个透明的数据传输机构,网上的用户可以不必考虑网络的存在而访问网络中的任何资源。

2)计算机网络的软件

在网络系统中,除包括网络硬件设备外,还应该配备网络的软件。因为在网络上,每一个用户都可以共享系统中各种资源,系统该如何控制和分配资源、网络中各种设备以何种规则实现彼此间的通信、网络中的各种设备该如何被管理等,都离不开网络的软件系统,因此网络软件是实现网络功能必不可少的软环境。通常,网络软件包括以下几种:

(1)网络协议软件。实现网络协议功能,如 TCP/IP、IPX/SPX 等。

(2)网络通信软件。实现网络中各种设备之间进行通信的软件。

(3)网络操作系统。实现系统资源共享,管理用户的应用程序对不同资源的访问。典型的操作系统有 Windows NT/2000/2003/2008、Novell NetWare、UNIX、Linux 等。

(4)网络管理软件和网络应用软件。网络管理软件是用来对网络资源进行管理以及对网络进行维护的软件,而网络应用软件是为网络用户提供服务的,是网络用户在网络上解决实际问题的软件。

网络软件最重要的特征是,它研究的重点不是网络中各个独立的计算机本身的功能,而是如何实现网络特有的功能。

任务2 了解计算机网络的分类

【任务描述】

计算机网络的种类繁多,性能各异,根据不同的分类原则,可以得到不同类型的计算机网络。常见的分类方式有哪些?

【任务分析】

计算机网络可按不同的标准分类,如网络的作用范围、网络的传输技术、网络的使用范围、网络的传输介质、企业和公司管理等。

【知识链接】

1.按网络的作用范围划分

按照网络覆盖的地理范围和计算机之间互联的距离进行划分的标准更能反映网络技术的本质,不同规模的网络将采用不同的技术。通常按此将计算机网络分为三类:局域网、城域网和广域网。

1)局域网

局域网(Local Area Network,LAN)一般在几十米到几十千米范围内,一个局域网可以容纳几台至上千台计算机,如图1-2所示。局域网分布于比较小的地理范围内,因为采用了不同传输介质,所以不同局域网的传输距离也不同。

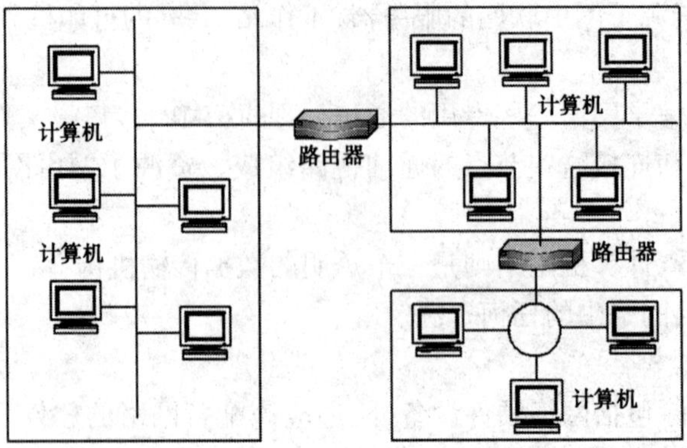

图1-2　局域网

局域网可以分成许多种类,主要有以太网、令牌环网和FDDI环网等。近年来以太网发展速率非常快,所以目前所见到的局域网几乎都是以太网。局域网组网方便、价格低廉,技术实现起来比广域网容易,一般用于企业、学校、机关及机构组织等作为内部网络。局域网的优点是距离短、延迟小、数据传输速率高和传输可靠。

2)城域网

城域网(Metropolitan Area Network,MAN)规模局限在一座城市的范围内,覆盖的地理范围从几十千米至数百千米。如图1-3所示,城域网是对局域网的延伸,用来连接局域网,在传输介质和布线结构方面牵涉范围较广。城域网是一个共同工作的网络集合,在一个城市地区提供接入和服务。例如,在一个城市范围内,企业、学校、机关及机构组织之间城域网联网,城域网既可以支持数据和语音传输,也可以与有线电视相连。

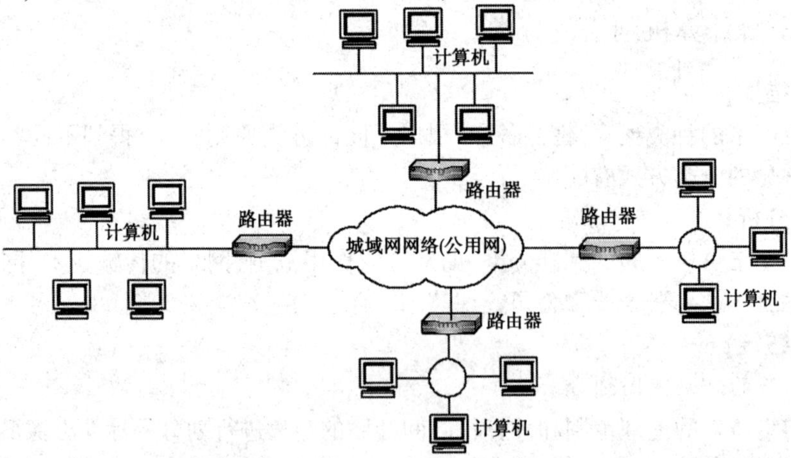

图1-3　城域网

城域网究竟采用什么技术没有明确的规定，按照 IEEE 的标准，城域网采用 DQDB 的标准。但是，近年来人们在组建城域网时大多数采用 ATM 网或者更多地采用千兆以太网。所以说，城域网可以理解为是一种放大了的局域网或缩小了的广域网。

3）广域网

广域网（Wide Area Network，WAN）是将分布在各地的局域网连接起来的网络，地理范围非常大，从数百千米至数千千米，甚至上万千米，可以跨越国界、洲界，甚至到达全球范围。其目的是让分布较远的不同网络互联，如图 1-4 所示。广域网技术主要有公共电话网（Public Switched Telephone Network，PSTN）、综合业务数字网（Integrated Service Digital Network，ISDN）和帧中继（Frame Relay，FR）等。在广域网中，通常是利用电信部门提供的各种公用交换网，将分布在不同地区的计算机系统互联起来，达到资源共享的目的。广域网使用的主要技术为存储转发技术。

图 1-4　广域网

最后还需指出，由于 10 Gb/s 以太网和 IP 宽带网的出现，以太网已经可以应用到广域网中，这样广域网、城域网与局域网的界限也就越来越模糊了。

2. 按网络的传输技术划分

1）广播式网络

广播式网络（Broadcast Network）仅有一条通信信道，网络上的所有计算机都共享这个通信信道。当一台计算机在信道上发送分组或数据包时，网络中的每台计算机都会接收到这个分组，并且将自己的地址与分组中的目的地址进行比较，如果相同，则处理该分组，否则将它丢弃。

在广播式网络中，若某个分组发出以后，网络上的每一台机器都接收并处理它，则称这种方式为广播（Broadcasting）；若分组是发送给网络中的某些计算机，则被称为多点播送或组播（Multicasting）；若分组只发送给网络中的某一台计算机，则称为单播（Unicasting）。无线网和总线型网络一般采用广播传输方式。

2）点到点网络

点到点网络（Point-to-Point Network）是由机器之间的多条连线组成的，从源到目的地的分组传输过程可能要经过多个中间机器，而且可能存在多条传输路径，因此点到点网络中路由算法十分重要。星型网、环型网、网状型网一般采用点到点的方式来传输数据。

一般来讲，小的网络采用广播式，而大的网络则采用点到点的方式。

3. 按网络的使用范围划分

1）公用网

公用网由电信部门或其他提供通信服务的经营部门组建、管理和控制，网络内的传输和转换装置可提供（如租用）给任何部门和个人使用，因此公用网也称为公众网。公用网常用于广域网的构造,支持用户的远程通信。

2)专用网

专用网是由用户部门组建经营的网络,不容许其他用户或部门使用。由于投资的因素,专用网常为局域网或者是通过租借电信部门的线路而组建的广域网,如由学校组建的校园网、由企业组建的企业网等。专用网也可以使用自己铺设的线路,但成本非常高。

4. 按网络的传输介质分类

1)有线网

有线网是指采用双绞线、同轴电缆、光纤连接的计算机网络。有线网的传输介质包括:

(1)双绞线。比较经济,安装方便,传输率和抗干扰能力一般,广泛应用于局域网中。还可以通过电话线上网,通过现有电力网导线建网。

(2)同轴电缆。可以通过专用的粗电缆或细电缆组网。此外,还可通过有线电视电缆,使用电缆调制解调器(Cable Modem)上网。

(3)光纤。采用光导纤维作传输介质。光纤传输距离长,传输率高,可达每秒数千兆比特,抗干扰性强,不会受到电子监听设备的监听,是高安全性网络的理想选择。

2)无线网

无线网使用电磁波传播数据,它可以传送无线电波和卫星信号,由于无线网络的联网方式灵活方便,因此是一种很有前途的组网方式。目前,不少大学和公司已经在使用无线网络了。无线网包括如下几种:

(1)无线电话。通过手机上网已成为新的热点。目前,联网费用较高,速率不高。

(2)无线电视网。普及率高,但无法在一个频道上和用户进行实时交互。

(3)微波通信网。通信保密性和安全性较好。

(4)卫星通信网。能进行远距离通信,但价格昂贵。

5. 按企业和公司管理分类

1)内联网

内联网(Intranet)是指企业的内部网,是由企业内部原有的各种网络环境和软件平台组成的。例如,传统的客户机/服务器模式,逐步改造、过渡、统一到像 Internet 那样使用方便,即使用 Internet 上的浏览器/服务器模式。在内部网络上采用通用的 TCP/IP 作为通信协议,利用 Internet 的 WWW 技术,以 Web 模型作为标准平台。一般具备自己的 Intranet Web 服务器和安全防护系统,为企业内部服务。

2)外联网

外联网(Extranet)相对于企业内部网,是泛指企业之外,需要扩展连接到与自己相关的其他企业网。采用 Internet 技术,又有自己的 WWW 服务器,但不一定与 Internet 直接进行连接的网络。同时,必须建立防火墙把内联网与 Internet 隔离开,以确保企业内部信息的安全。

3)因特网

因特网(Internet)是目前最流行的一种国际互联网。WWW 将位于全世界 Internet 网上不同网址的相关数据信息有机地组织在一起,通过浏览器提供一种友好的查询界面,用户仅需要提出查询要求,而不必关心到什么地方去查询及如何查询,这些均由 WWW 自动完成。WWW 为用户带来的是世界范围的超文本服务,用户可以通过 Internet 调用希望得到的文本、图像和声音等信息。另外,WWW 仍可提供 Telnet、FTP、E-mail 等传统的

Internet 服务。通过使用浏览器,一个不熟悉网络的人可以很快成为使用 Internet 的行家。

任务 3　了解校园网的典型网络拓扑结构

【任务引入】

参观学校的网络中心和计算机教室,了解整个校园网络的整体状况,总结出校园网的网络拓扑结构。

【任务分析】

随着教育信息化的快速推进,各个学校正以前所未有的速度向信息化和网络化发展。校园网有什么功能,如何建设,建成什么样?下面就来一一分析。

(1)校园网是利用现代网络技术、多媒体技术及 Internet 技术等为基础建立起来的计算机网络,为学校教职工和广大学生提供教学、科研、管理、宣传和其他信息交流的服务平台。校园网由硬件和软件两部分组成,软硬件的充分结合是校园网发挥作用的前提。

(2)校园网可以实现的功能有网络化多媒体教学、图书馆多媒体访问、多媒体电子阅览、因特网的访问、远程教育、视频会议、学籍管理、行政管理、无纸化办公、对外交流与宣传等。

(3)校园网的典型网络拓扑结构如图 1-5 所示。整个网络系统采用了“主干千兆、支干千兆、百兆交换到桌面”的以太网技术,校园网中核心和各个节点以光纤连接,充分满

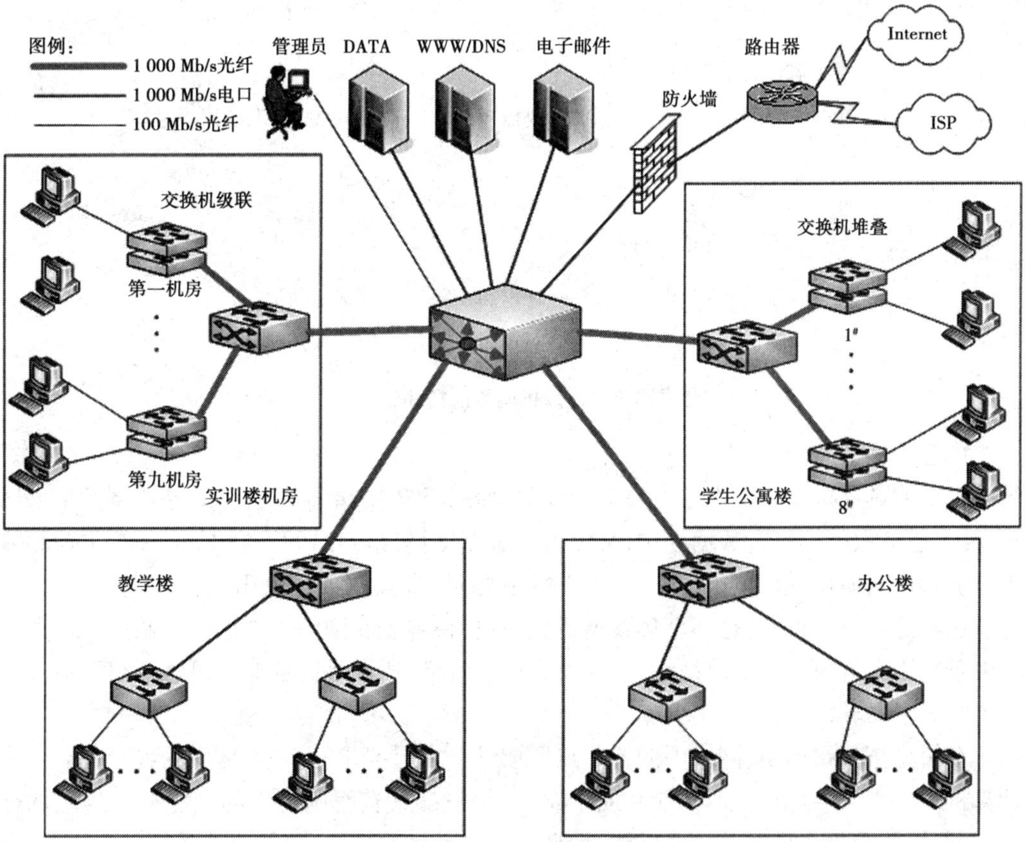

图 1-5　校园网的典型网络拓扑结构

足了应用发展对主干带宽的需求，并能顺利过渡到万兆以太网；在网络出口部署了路由器，用以连接至因特网；并且为了充分保证网络的安全性与可靠性，在网络入口处部署了防火墙。

(4)校园网硬件系统包括服务器、交换机、路由器、防火墙、机柜、终端设备等。

(5)校园网软件系统包括：系统软件，如 Windows Sever 2008 等；应用软件，如办公自动化系统、教育教学管理系统、图书管理与阅览系统、校园一卡通系统、网上教学与 VOD 点播系统、校园网站信息管理系统、教学资源及教师备课系统、校园网络安全系统等。

【知识链接】

在拓扑学中，事物被抽象成节点，把事物间的关系抽象成连线组成的图形称为拓扑。在网络中，节点就是计算机，连线就是通信介质，所以网络拓扑就是用拓扑学的方法研究计算机之间如何连接构成网络。按照拓扑结构分类，拓扑基本上可以分成两大类：一类是有规则的拓扑，这种拓扑结构的图形一般是有规则的和对称的，又分成星型、树型、总线型和环型拓扑；还有一类是无规则的拓扑，这种拓扑结构只有网状图形，称为网状型拓扑，如图 1-6 所示。

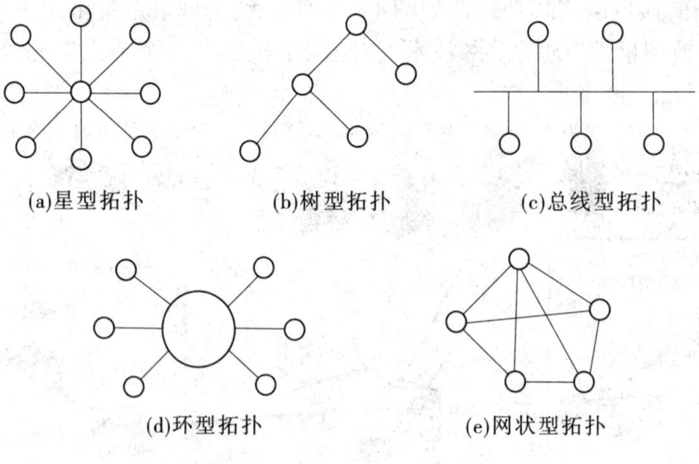
(a)星型拓扑　(b)树型拓扑　(c)总线型拓扑

(d)环型拓扑　(e)网状型拓扑

图 1-6　计算机网络的拓扑结构

1. 星型拓扑结构

多个节点连接在一个中心节点上构成星型拓扑结构。单个联机系统是典型的星型结构，其中心节点既要负责数据处理，又要负责数据交换，是网络的控制中心，一旦出现故障容易引起全网瘫痪，故可靠性差。在以太网中，近年来大多数都采用这种星型结构，但中心节点不是一台主机，而是一个集线器或交换机，很容易在网络中增加新的站点。这类设备由于采用大规模集成电路技术，因此可靠性非常高，所以是一种非常可靠的组网形式。

2. 树型拓扑结构

在树型拓扑结构中，网络中的各节点形成了一个层次化的结构，树中的各个节点都为计算机。树中低层计算机的功能和应用有关，一般都具有明确定义的和专业化很强的任务，如数据的采集和变换等，而高层的计算机具备通用的功能，以便协调系统的工作，如数据处理、命令执行和综合处理等。一般来说，层次结构的层不宜过多，以免转接开销过大，使高层节点的负荷过重。

若树型拓扑结构只有两层,就变成了星型拓扑结构,因此树型拓扑结构可以看成是星型拓扑结构的扩展。

3. 总线型拓扑结构

在总线型拓扑结构中,所有节点共享一条数据通道,一个节点发出的信息可以被网络上的多个节点接收,所以又称为广播方式的网络(广播方式还包括星型和环型)。广播方式的机制比较简单,但是容易发生信息间的碰撞导致数据传输率下降。早期的以太网采用这种方式,网络结构非常简单,组网方便,价格便宜。但是近年来,这种网络结构已经不多见了。

4. 环型拓扑结构

在环型拓扑网络中,节点通过点到点通信线路连接成闭合环路。环中数据将沿一个方向逐站传送。环型拓扑网络结构简单,传输延时确定,但是环中每个节点与连接节点之间的通信线路都会成为网络可靠性的屏障。环中节点出现故障,有可能造成网络瘫痪。另外,对于环型网络,网络节点的加入、退出,环路的维护和管理都比较复杂。

5. 网状型拓扑结构

网状型拓扑结构分为全连接网状型和不完全连接网状型两种形式。在全连接网状型拓扑结构中,每一个节点和网中其他节点均有链路连接。在不完全连接网状型拓扑结构中,两节点之间不一定有直接链路连接,它们之间的通信可以依靠其他节点转接。网状型网络拓扑结构的容错性最强,在这种拓扑结构中,网络的每个节点都能连接到其他节点上。

网状型拓扑结构的最大优点是单一节点或者电缆区段的故障不会引起网络瘫痪。当某个电缆区段出现故障时,数据能够通过其他节点重新确定路线,并到达最终的目的地,因而这种拓扑结构具有较强的容错能力。

但是,网状型拓扑结构实现的成本非常高,布线也很麻烦。一般仅用于大型网络系统,广域网基本上采用网状型拓扑结构。

【阅读材料】

计算机网络从20世纪60年代开始发展至今,已形成从小型局域网到全球性的大型广域网的规模,计算机网络对现代人类的生产、经济、生活等各个方面都产生了巨大的影响。处理和传输信息的计算机网络已经成为信息社会的命脉和发展知识经济的重要基础,不论是企事业单位、各个社会团体或个人,他们的生产效率和工作效率都因使用计算机和计算机网络技术而有了实质性的提高。在当今的信息社会中,人们不断地依靠计算机网络来处理个人和工作上的事务,而这种趋势也使得计算机和计算机网络显示出更强大的功能。计算机网络的形成大致分为以下几个阶段。

1. 以单个计算机为中心的联机系统

20世纪50年代,一种称为收发器的终端研制成功,它可以把数据通过电话线发送到远程主机,后来发明的电传打字机可以在主机与终端之间实现交互,这样用户在办公室内的终端输入程序,通过通信线路传送到中央计算机进行信息处理,处理完后将结果再通过通信线路回送到用户终端显示或打印。人们把这种以单个中央计算机为中心连接大量在地理上处于分散位置的终端的系统,称为联机终端系统,也称为面向终端的计算机通信网络。

2. 分组交换网的诞生

20 世纪 60 年代中后期,人们将主机通过通信处理机和通信线路连接起来,于是就出现了通信子网。通信子网负责主机间的通信任务,主机和远程终端之间也通过通信处理机通信。于是,相继出现了各种专用的网络体系结构,如美国国防部高级研究计划署开发的分组交换网 Arpanet,分组交换网以通信子网为中心,主机和终端构成了用户资源子网,由此诞生了第二代计算机网络。

3. 网络体系结构与协议标准化

20 世 80 年代,国际标准化组织 ISO 提出了开放式系统互联参考模型 OSI/RM,简称 OSI。OSI 的提出以及 OSI 标准的制定推动了第三代计算机网络的发展,标准的概念和开放的思想已经深入人心。但是由于两个原因使得 OSI 标准至今不能得到执行。第一,在 OSI 标准推出之前,许多公司和机构都发布了各自的体系结构和标准;第二,ISO 为了兼顾各方的利益,制定的标准集过于庞大,并且至今没有推出成熟的产品。而有些协议虽然不是标准却已经实现了产品化,成为了事实上的工业标准,如 TCP/IP。今后 OSI 的任务就是协调这些标准与 OSI 的关系。

同一时期,IEEE802 局域网标准出台。局域网的发展不同于广域网,局域网厂商从一开始就按照标准化、互相兼容的方式展开竞争,他们大多进入了专业化的成熟时期。而这种统一的、标准化的产品互相竞争市场,也给局域网技术的发展带来了更大的繁荣。今天,在一个用户的局域网中,工作站可能是 HP 的,服务器可能是 IBM 的,网卡可能是 Intel 的,交换机可能是 Cisco 的,而网络上运行的软件则可能是 Redhat 公司的 Linux 或是 Microsoft 公司的 Windows NT/2000/2003。

4. 高速计算机网络

计算机网络经过第一代、第二代和第三代的发展,表现出了巨大的使用价值和良好的应用前景。进入 20 世纪 90 年代以来,微电子技术、大规模集成电路技术、光通信技术和计算机技术不断发展,为网络技术的发展提供了有力的支持。第四代高速计算机网络也迅速朝着高速化、实时化、智能化、综合化和多媒体化的方向发展。

高速化是指网络具有宽频带和低时延。采用光缆作为传输介质,可实现宽带化(或称为高传输速率);低时延则要求用快速交换技术作为保证。目前,高速网络的传输速率可超过 1 000 Mb/s。

综合化是指将语音、视频、图像、数据等多种业务综合到一个网络中。过去,不同业务有不同的网络作为支持,如传送语音使用电话网、传送计算机数据使用分组交换网等。现在,人们可以将各种业务(如语音、视频、图像、数据等业务)以二进制代码的数据形式综合到一个网络中,而不必按照不同的业务建造不同的网络。此外,综合化的实现离不开多媒体技术。多媒体技术是指能够综合处理两种以上的数字、声音、图形和图像等信息媒体的技术,是实现综合化信息处理技术的基础。

5. 移动互联网

高速计算机网络的持续发展为计算机网络的普及奠定了坚实的基础。与此同时,随着智能手机、平板电脑、笔记本等移动终端设备的广泛使用，计算机网络逐渐呈现出“移动化”特征，开始迈入第五个阶段——移动互联网。

移动互联网技术是近些年新兴的一种技术，它将移动通信和互联网融合为一体，通过移动终端连接各种无线网络进行数据交换，它继承了移动通信随时随地随身和互联网共享、开放、互动的优点，是整合二者优势的“升级版本”。移动互联网于2G(第二代移动通信技术)时代得到初步应用。3G时代的到来，使得移动互联网走上了快速发展的道路，以智能手机为代表的移动上网设备如雨后春笋般开始涌现。4G时代的开启以及移动智能设备的普遍使用为移动互联网的发展注入了巨大的能量，移动互联网迎来了前所未有的飞跃，进而促使电信运营商、互联网企业、传统行业等纷纷转型升级，同时催生了许多新的商业模式。移动互联网经历了2G时代到4G时代，正在向5G演进。2013年5月13日，韩国三星电子有限公司宣布，已成功开发了第5代移动通信技术(5G)的核心技术，预计于2020年开始推向商业化；2015年5月29日，酷派首提5G新概念：终端基站化；2016年1月7日，中国工信部召开了“5G技术研发试验”启动会；2017年2月9日，国际通信标准组织3GPP宣布了“5G”的官方Logo；中国三大通信运营商于2018年迈出5G商用第一步，并从2020年开始实现5G的大规模商用；截至2022年4月末，中国已建成5G基站161.5万个，成为全球首个基于独立组网模式规模建设5G网络的国家。超高的数据传输速率和无处不在的移动互联网，给人们带来了更美的上网体验。

现如今移动互联网已经被应用到各行各业，潜移默化地改变了我国民众的日常生活和工作方式。在移动互联网技术的重要性日益凸显的今天，对移动互联网技术的深入研究是现阶段相关工作者的首要选择，借此可以为我国移动互联网营造出一个良好的发展氛围。

计算机网络的进一步发展，将具有以下几个特点：

(1)开放式的网络体系结构。可以使不同软硬件环境、不同网络协议的网络互联，真正达到资源共享、数据通信和分布处理的目标。

(2)向高性能发展。实现高速、高可靠和高安全性，采用多媒体技术，提供文本、声音、图像等综合性服务。

(3)计算机网络的智能化。多方面提高网络的性能和综合的多功能服务，并更加合理地进行网络各种业务的管理，真正以分布和开放的形式向用户提供服务。

总结与回顾

本单元介绍有关计算机网络的基本概念，主要内容包括计算机网络的作用；计算机网络的定义、功能及网络组成；网络的不同分类方法；计算机网络的拓扑结构，特别是对校园网络典型拓扑结构的了解，有助于后续项目的学习；通过阅读材料介绍了网络的形成与发展。

通过本单元的学习，要对计算机网络技术有一个整体上的了解与认识。

实训与练习

一、选择题

1. 计算机网络是计算机技术与__________相结合的产物。

A. 电话　　B. 线路　　C. 各种协议　　D. 通信技术

2. 计算机网络的目标是实现__________。

A. 数据处理　　B. 信息传输与数据处理

C. 文献查询　　D. 资源共享与数据传输

3. (多选)计算机网络的功能主要有__________。

A. 数据通信　　B. 资源共享

C. 提高系统的可靠性　　D. 分布式网络处理和负载均衡数据通信

二、填空题

1. 从计算机网络组成的角度看,计算机网络可分为________子网和________子网。

2. 计算机网络按网络作用范围划分可分为三类,分别是局域网、________和________。按网络的传输介质划分,网络可划分为有线网和________。

3. 计算机网络的拓扑结构有________、树型、________、环型和网状型。

三、简答题

1. 什么是计算机网络?计算机网络的主要功能是什么?

2. 简述计算机网络与分布式系统的区别。

3. 计算机网络拓扑结构的定义是什么?按照拓扑结构来分,计算机网络分为哪几种?

四、实训题

1. 通过填写"计算机网络使用情况问卷调查",你认为学习计算机网络技术能提高你的专业技能和学习效率吗?为什么?

2. 参观学校的计算机教室,判断其属于哪一类的局域网,并画出网络拓扑结构图。

3. 参观学校的网络中心,了解网络的硬件系统和应用软件系统,并画出校园网络拓扑结构图,分析其应用系统的功能。

第2单元 计算机网络体系结构

【课程思政】

互联网是关系国民经济和社会发展的重要基础设施,深刻影响着全球经济格局、利益格局和安全格局。我国是世界上较早开展IPv6试验和应用的国家,在技术研发、网络建设、应用创新方面取得了重要阶段性成果,已具备大规模部署的基础和条件。抓住全球网络信息技术加速创新变革、信息基础设施快速演进升级的历史机遇,加强统筹谋划,加快推进IPv6规模部署,构建高速率、广普及、全覆盖、智能化的下一代互联网,是加快网络强国建设、加速国家信息化进程、助力经济社会发展、赢得未来国际竞争新优势的紧迫要求。

网络涉及系统间的通信,通信必然涉及系统的连接,只有遵守共同的约定才能实现连接并完成网络所规定的通信任务。计算机网络就是按照高度结构化设计方法采用功能分层原理来实现的,这就是计算机网络体系结构研究的内容。

项目1 计算机网络体系结构概述

【项目目标】

- 了解网络系统的层次结构。
- 了解网络体系结构及协议的概念。

任务 了解计算机网络体系结构

【任务描述】

用邮政系统说明网络系统的分层结构是再好不过的,如图2-1所示。邮政系统是最古老的一种通信系统,这个系统分为三层。第一层是得到邮政服务的用户,包括发信者和收信者。发信者发出一封信,邮寄到收信者手里,实现了信的邮递。第二层是完成邮件传递的两个邮局,图中为郑州局和北京局。邮局一般把发往同一地区的信集中起来放在邮袋中,一起传递到对方局,完成邮件在两局之间的传递。第三层是完成邮件传递的两个车站,图中为郑州站和北京站。最终邮件是由火车在两个车站之间进行实体传递的。

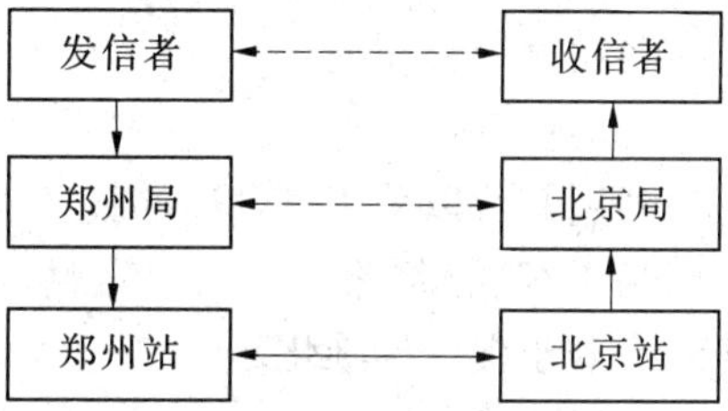

图2-1 邮政系统

在邮件传递过程中,发信者与收信者进行的通信和两个邮局间进行的通信都是虚通信。信从发信者传递到收信者手里是由多层虚通信和有关的实通信完成的。邮局为用户服务,火车站为邮局服务,服务是一层层完成的,网络中进行通信的过程类似于邮件传递的过程。

【任务分析】

由于计算机网络技术涉及许多新的概念和新的技术，内容广泛而不太集中，是一个复杂的系统，为了更好地描述它、运用它，人们采用了层次化结构的方法来描述复杂的计算机网络，以便于将复杂的网络问题分解成许多较小的、界限比较清晰而又简单的部分来处理。所以，从网络通信原理的角度可以把网络分为 N 层（如 4 层），如图 2-2 所示。

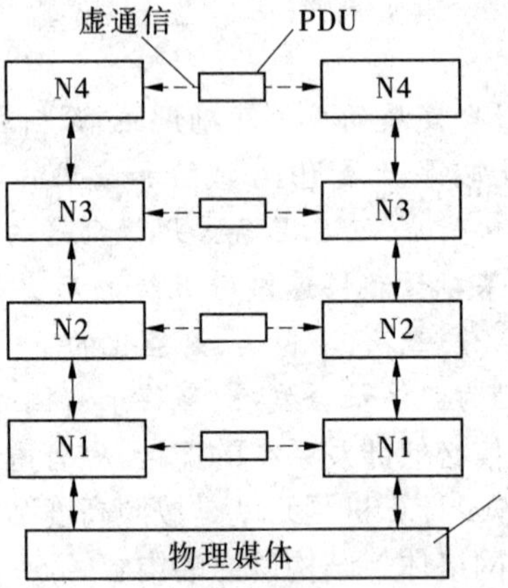

图 2-2　网络的分层

层次是人们对复杂问题处理的基本方法，将总体要实现的很多功能分配在不同层次中，对每个层次要完成的服务及服务要求都有明确规定，不同的系统分成相同的层次，不同系统的最低层之间存在着“物理”通信，不同系统的对等层次之间存在着“虚拟”通信，各层虚通信完成各层协议数据单元（Protocol Data Unit，PDU）的传输，对不同系统的对等层之间的通信有明确的规定，高层使用低层提供的服务时，并不需要知道低层服务的具体实现方法。

1. 网络系统的层次结构

1）层次结构研究方法的优点

（1）各层之间相互独立。

（2）灵活性好。

（3）各层都可以采用最合适的技术来实现。

（4）易于实现和维护。

（5）有利于促进标准化。

2）分层的原则

计算机网络体系结构的分层思想主要遵循以下几点原则：

（1）功能分工的原则：每一层都应有它自己明确的与其他层不同的基本功能。

（2）隔离稳定的原则：层与层的结构要相对独立和相互隔离，从而使某一层内容或结构的变化对其他层的影响小，各层的功能、结构相对稳定。

（3）分支扩张的原则：公共部分与可分支部分划分在不同层，这样有利于分支部分的灵活扩充和公共部分的相对稳定，减少结构上的重复。

（4）方便实现的原则：方便标准化的技术实现。

2. 网络体系结构及协议的概念

计算机网络体系结构就是为了完成计算机间的通信合作,把每个计算机互联的功能划分成有明确定义的层次,并规定同层次进程通信的协议及相邻层之间的接口服务。

下面介绍在网络体系结构中所涉及的几个概念。

1)网络协议(Network Protocol)

网络协议是为网络数据交换而制定的规则、约定与标准。当用户应用程序、文件传输信息包、数据库管理系统和电子邮件等互相通信时,它们必须事先约定一种规则(如交换信息的代码、格式以及交换方式等)。这种规则就称为网络协议。

网络协议的三要素有语义、语法与时序。

语义:用于解释比特流的每一部分的意义。

语法:用户数据与控制信息的结构与格式,以及数据出现的顺序的意义。

时序:事件实现顺序的详细说明。

2)实体(Entity)

在网络分层体系结构中,每一层都由一些实体组成,这些实体抽象地表示了通信时的软件元素(如进程或子程序)或硬件元素(如智能I/O芯片等)。

实体是通信时能发送和接收信息的任何软硬件设施。

3)接口(Interface)

接口是同一节点内相邻层之间交换信息的连接点,同一个节点的相邻层之间存在着明确规定的接口,低层向高层通过接口提供服务,只要接口条件不变、低层功能不变,低层功能的具体实现方法与技术的变化不会影响整个系统的工作。

4)服务(Service)

服务是指某一层及其以下各层的一种能力或功能,通过接口提供给其相邻上层。

因此,协议是"水平"的,服务是"垂直"的。一个功能完备的计算机网络需要制定一整套复杂的协议集,网络协议是按层次结构来组织的,网络层次结构模型与各层协议的集合称为网络体系结构。

网络体系结构对计算机网络应该实现的功能进行了精确的定义,体系结构是抽象的,而其通过能够运行的一些硬件和软件的实现却是具体的。

项目2　ISO/OSI开放式系统参考模型

【项目目标】

- OSI参考模型的层次结构。
- OSI参考模型各层详述。

任务1　OSI开放式系统参考模型的层次结构

【任务描述】

计算机网络体系结构出现后,一个公司所生产的各种设备都能够很容易地互联成网。不同公司的产品,由于网络体系结构的不同,就很难互相联通。为了实现不同厂家生产的计算机系统之间以及不同网络之间的数据通信,国际标准化组织ISO对各类计算机网络体系结构进行了研究,并于 1979 年公布了开放式系统互联参考模型 OSI/RM(Open System Interconnection/Referenced Model)。同时,国际电报与电话咨询委员会(CCITT)认可并采纳了这一国际标准的建议文本(称为 X. 200),在 1983 年形成了开放式系统互联参考模型的正式文件,即著名的 ISO 7498 国际标准。

【任务分析】

在 OSI 中 的"开放"是指只要遵循 ISO 标准,一个系统就可以与位于世界上任何地方、同样遵循同一标准的其他任何系统进行通信。作为一个概念性框架,它是不同制造商的设备和应用软件在网络中进行通信的标准。现在此模型已成为计算机间和网络间进行通信的主要结构模型。目前使用的大多数网络通信协议的结构都是基于 OSI 模型的。OSI 将通信过程定义为 7 层,即将联网计算机间传输信息的任务划分为 7 个更小、更易于处理的任务组。每一个任务或任务组则被分配到各个 OSI 层。每一层都是独立存在的,因此分配到各层的任务能够独立地执行。这样使得变更其中某层提供的方案时不影响其他层。

OSI/RM 的结构如图 2-3 所示,整个模型共分 7 层,从下往上分别是物理层、数据链路层、网络层、传输层、会话层、表示层和应用层,每一层都具有清晰的功能。总体上说,第 7 至第 4 层用来处理数据源和数据目的地之间的端到端通信,而第 3 至第 1 层用来处理网络设备间的通信。层与层之间的联系是通过各层之间的接口来进行的,上层通过接口向下层提出服务请求,而下层通过接口向上层提供服务。两个用户计算机通过网络进行通信时,除物理层外,其余各对等层之间均不存在直接的通信关系,而是通过各对等层的协议来进行通信。比如两个对等的网络层使用网络层协议通信,发送数据时,数据自上而下,在物理层的传输介质上传送数据;接收数据时,数据是自下而上传输的。

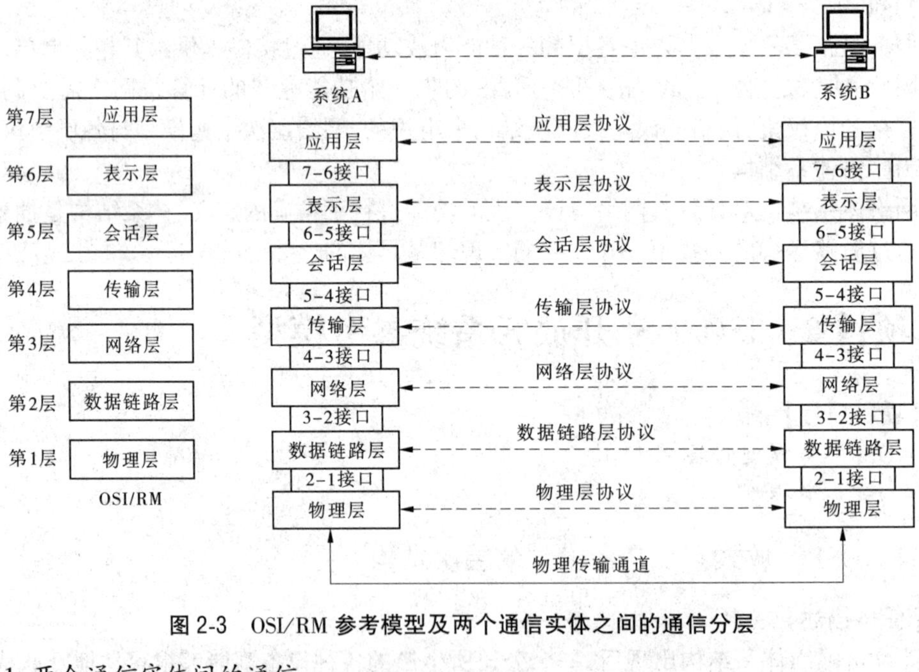

图 2-3 OSI/RM 参考模型及两个通信实体之间的通信分层

1. 两个通信实体间的通信

在实际中,当两个通信实体通过一个通信子网进行通信时,必然会经过一些中间节点，一般来说，通信子网中的节点只涉及低 3 层的结构，因此两个通信实体之间的层次结构如图 2-4 所示。

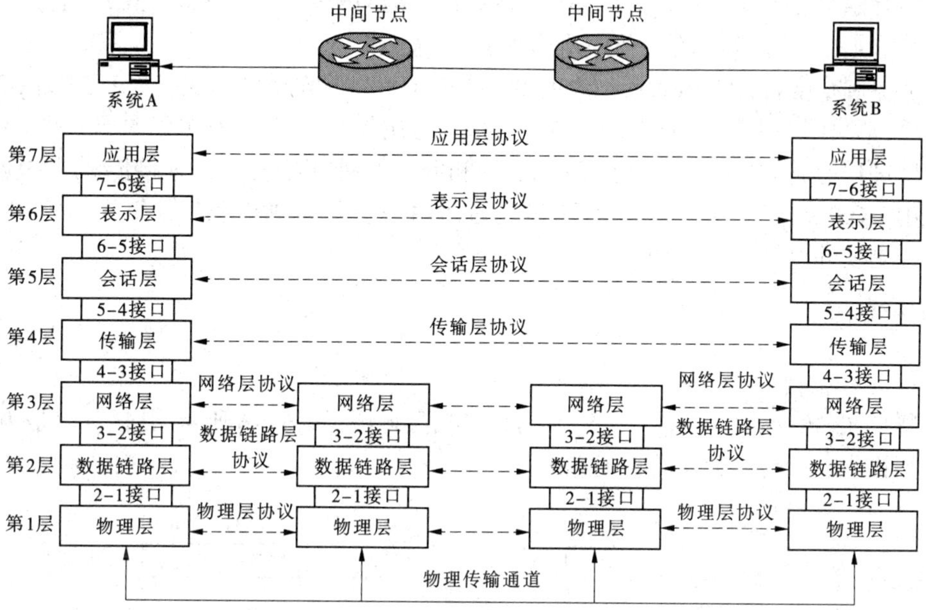

图 2-4　两个通信实体之间的层次结构

2. OSI/RM 模型中的信息流动

在物理层的通信是直接的，如图 2-5 所示，系统 A 将二进制位流发送给系统 B。但在更高的层，通信必须先通过系统 A 的各层向下移动，到了系统 B 后再经过各层向上移动。发送设备的每一层从它紧挨着的上层收到报文时，添加上本层的信息，然后将整个包装好的报文提出，传给紧挨着的下层。

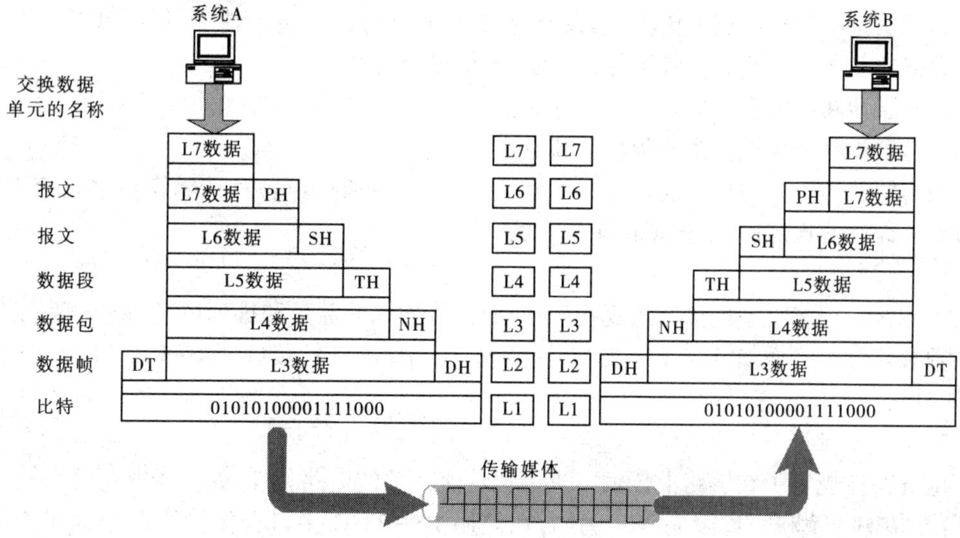

图 2-5　OSI/RM 模型中的信息流动

在第 1 层,整个的报文要转换成可向接收设备传送的形式。在接收设备上,报文要逐层被打开,每一个对等进程接收数据,然后取出对该层有意义的数据。例如,第 2 层把对第 2 层有意义的数据单元取走后,把其余部分传递给第 3 层。第 3 层把对它有意义的数据单元取走后,再把其余部分传递给第 4 层,依次类推。

从控制角度看,OSI/RM 模型中的第 1、2、3 层可以看作是网络支持层,负责通信子网的工作,解决网络中的通信问题;第 5、6、7 层为应用控制层,负责有关资源子网的工作,解决应用进程的通信问题;第 4 层为通信子网和资源子网的接口,起到连接传输层和应用层的作用。OSI 的上 3 层总是用软件来实现的;而下 3 层则由硬件和软件组成,但物理层的大部分是硬件。

任务 2　物理层

【任务描述】

物理层(Physical Layer)是 OSI 参考模型的最低层,如图 2-6 所示,其任务就是为它的上一层提供一个传输数据的物理连接。

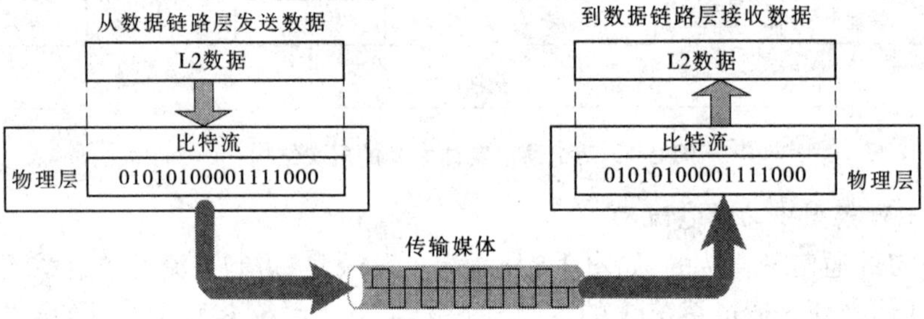

图 2-6　物理层与数据链路层的关系

【任务分析】

物理层是在物理信道上传输原始的数据比特(bit)流,提供为建立、维护和拆除物理层与数据链路层连接所需的各种传输介质、通信接口特性等。

物理层涉及的内容包括以下几个方面:

1. 通信接口与传输媒体的物理特性

除不同的传输介质自身的物理特性外,物理层还对通信设备和传输媒体之间使用的接口做了详细的规定,主要体现在 4 个方面。

1) 机械特性

机械特性规定物理连接器的规格尺寸、插针或插孔的数量和排列情况、相应通信介质的参数和特性等。例如,EIA RS-232C 标准规定的 D 型 25 针接口,ITU-T X. 21 标准规定的 15 针接口等。

2) 电气特性

电气特性规定了在链路上传输二进制比特流有关的电路特性,如信号电压的高低、阻抗匹配、传输速率和距离限制等。例如,在使用 RS-232C 接口且传输距离不大于 15 m 时,最大传输速率为 19. 2 Kb/s。

3)功能特性

功能特性规定各信号线的功能或作用。信号线按功能可分为数据线、控制线、定时线和接地线等。

4)规程特性

规程特性定义 DTE 和 DCE 通过接口连接时,各信号线进行二进制位流传输的一组操作规程(动作序列),如怎样建立、维持和拆除物理连接,全双工还是半双工操作等。

2. 物理层的数据交换单元为二进制比特

为了传输比特流,可能需要对数据链路层的数据进行调制或编码,使之成为模拟信号、数字信号或光信号,以实现在不同的传输介质上传输。

3. 比特的同步

物理层规定了通信的双方必须在时钟上保持同步的方法,如异步传输和同步传输等。

4. 线路的连接

线路的连接是指通信设备之间的连接方式,例如,在点对点连接中,两个设备之间采用了专用链路连接,而在多点连接中,所有的设备共享一个链路。

5. 物理拓扑的结构

物理拓扑定义了设备之间连接的结构关系,如星型拓扑、环型拓扑和网状型拓扑等。

6. 传输方式

传输方式是设备之间连接的传输方式,如单工、半双工和全双工。

任务3 数据链路层

【任务描述】

数据链路层(DataLink Layer)通过物理层提供的比特流服务,在相邻节点之间建立链路,传送以帧(Frame)为单位的数据信息,并且对传输中可能出现的差错进行检错和纠错,向网络层提供无差错的透明传输。

【任务分析】

数据链路层的有关协议和软件是计算机网络中基本的部分,在任何网络中数据链路层是必不可少的层次,相对高层而言,其所有的服务协议都比较成熟。数据链路层与网络层的关系如图 2-7 所示。

数据链路层主要负责以下任务。

1. 组帧

数据链路层把从网络层收到的数据划分成可以处理的数据单元,即帧。帧是一种用来移动数据的结构包,帧的构成类似于火车的结构,一些车厢负责运送旅客和行李(相当于数据),车头、车尾保证了列车的完整性(帧结构的完整),还有一些车厢完成其他的工作(对帧信息的校验、标识目的地址和源地址等),如图 2-8 所示,描绘了一个简化的帧结构。

2. 物理编址

如果这些帧需要发送给网络上的不同系统,那么数据链路层就要把首部加到帧上,以明确帧的发送端或接收端。如果这个帧是要发送给在发送端的网络以外的一个系统,则接收端地址就应当是将本网络连接到下一个网络的连接设备的地址。

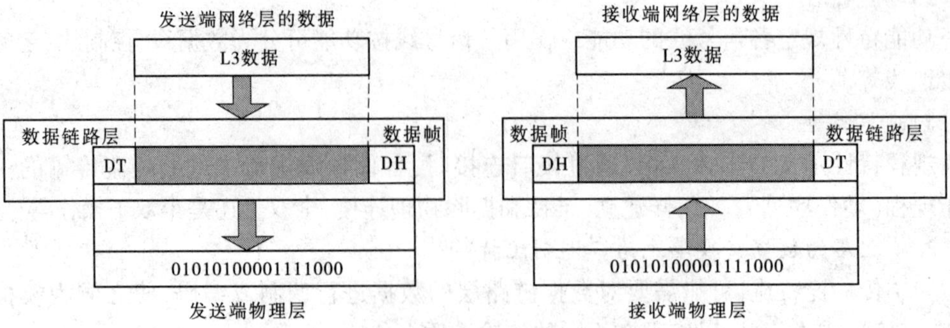

图 2-7　数据链路层与网络层的关系

源地址	目的地址	控制信息	数据	错误校验信息

图 2-8　简化的帧结构

3. 流量控制

如果接收端接收数据的速率小于发送端产生的速率，那么数据链路层就应使用流量控制机制来预防接收端因过载而无法工作的情况。

4. 差错控制

数据链路层增加了一些措施来检测和重传损坏或丢失的帧，因而将物理层增加了可靠性。它还采用前导机制来防止出现重复帧。差错控制通常是在帧的最后加上尾部来实现的。

5. 接入控制

当两个或更多的设备连接到同一条链路时，数据链路层就必须决定哪一个设备在什么时刻对链路有控制权。在后面单元讨论局域网时，介质访问控制技术是决定局域网特性的关键技术。

任务 4　网络层

【任务描述】

网络层的主要功能是提供路由，即选择到达目标主机的最佳路径，并沿该路径传送数据包(Packet)。除此之外，网络层还要能够消除网络拥挤，具有流量控制和拥塞控制的能力。

【任务分析】

网络层(Network Layer)位于 OSI 模型的第 3 层，解决的是网络与网络之间，即网际的通信问题，而不是同一网段内部的事。

数据链路层只是负责同一个网络中相邻两节点之间链路管理及帧的传输等问题。当两个节点连接在同一个网络中时，可能并不需要网络层，只有当两个节点分布在不同的网络中时，通常才会涉及网络层的功能，保证数据包从源节点到目的节点的正确传输。而且，网络层要负责确定在网络中采用何种技术，从源节点出发选择一条通路通过中间的节点，将数据包最终送达目的节点。图 2-9 表示网络层与传输层的关系。

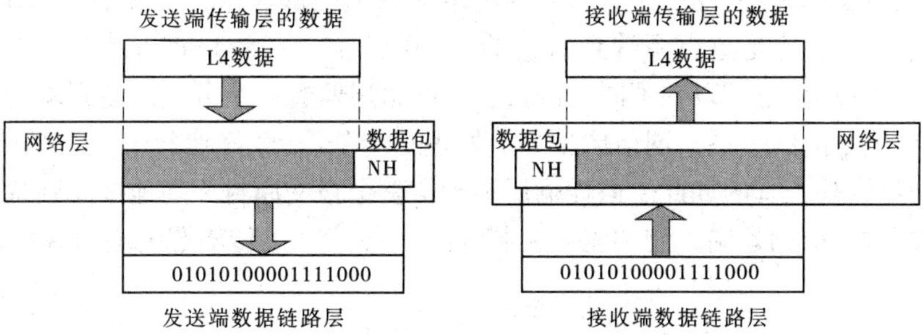

图2-9 网络层与传输层的关系

网络层主要负责以下任务。

1. 逻辑地址寻址

数据链路层的物理地址只是解决了在同一个网络内部的寻址问题,如果一个分组穿过了网络的边界,就需要一种编址来帮助用户区分源系统和目的系统。网络层对上层来的分组添加首部,其中包括发送端和目的端逻辑地址。

2. 路由功能

在网络中,端节点之间的数据传输可以选择多条路径,网络层为分组的存储、转发选择一条较好的路径称作路由选择。路由选择的关键是根据一定的原则和算法在传输通路中选出一条通向目的端的最佳路由。

3. 流量控制

在数据链路层中介绍过流量控制,在网络层同样也存在流量控制问题。只不过数据链路层中的流量控制是在两个相邻节点之间进行的,而在网络层中是完成数据包从源节点到目的节点过程中的流量控制。

4. 拥塞控制

信道带宽、节点发送与接收缓冲区、处理机速度等称为网络资源,一般采取拥塞控制的方法限制网络资源的使用。网络上传输的信息量是变化的,而网络的容量是不变的。把进入网络的分组数看作是负载量,从网络上输出的分组数看作是吞吐量,负载量大时,网络的吞吐量也大,但是当负载量继续增加时,网络的资源就会变得紧张。随着负载量的增加,吞吐量增加缓慢或不再增加,称这种现象为拥塞。

拥塞是由于进入网络的分组数太多造成的,拥塞的结果最终有可能导致死锁。通过拥塞控制,防止出现拥塞和死锁。

任务5 其他各层的简介

【任务描述】

OSI/RM 模型中第4层到第7层分别是传输层、会话层、表示层、应用层,这几层各自的功能是什么?

【任务分析】

1. 传输层

传输层(Transport Layer)所处的位置在7层中的第4层,是承上启下的一层,是 OSI

模型中至关重要的一层,几乎所有著名的网络体系结构都保留有传输层。传输层负责将报文准确、可靠、顺序地进行源端到目的端(端到端,End-To-End)的传输。这两个节点可以在同一网段上,也可以在不同的网段上。网络层监督单个分组的端到端传输,但并不考虑这些分组之间的关系。网络层独立地处理每个分组,就好像每个分组属于独立的报文那样,而不管是否真的如此。但传输层要确保整个报文原封不动地按序到达,监督从源端到目的端这一级的差错控制和流量控制。图 2-10 说明了传输层的端到端传输。

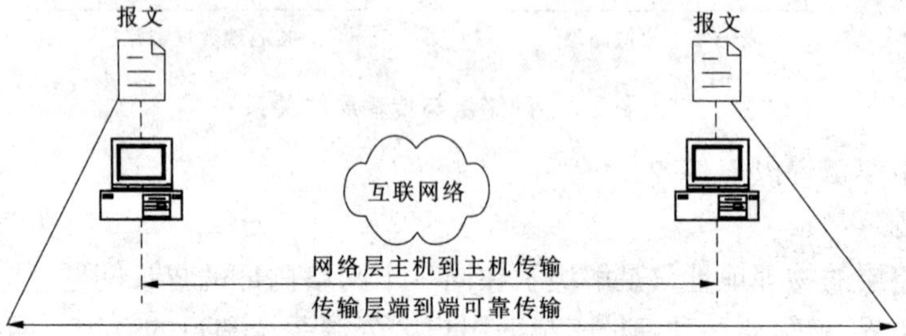

图 2-10　报文可靠的端到端传输

传输层是资源子网和与通信子网的接口和桥梁,无论通信子网提供的服务可靠性如何,经传输层处理后都应向上层提交可靠的、透明的数据。传输层在网络层提供服务的基础上为高层提供两种基本的服务:面向连接的服务和面向无连接的服务。面向连接的服务要求高层的应用在进行通信之前,先要建立一个逻辑的连接,并在此连接的基础上进行通信,通信完毕后要拆除逻辑连接,而且通信过程中还进行流量控制、差错控制和顺序控制。因此,面向连接提供的是可靠的服务,而面向无连接提供的是一种不太可靠的服务,由于它不需要高层应用建立逻辑连接,就不能保证传输的信息按发送顺序交给用户。不过,在某些场合是必须依靠这种服务的,如网络中的广播数据。

2. 会话层

会话层(Session Layer)的作用主要是在网络中不同用户、节点之间建立和维护通信通道,两个节点之间的会话,决定通信是否被中断以及中断时决定从何处重新发送。例如,从互联网中下载文件,就与想要下载的文件所在地(提供下载的网站)建立了联系,也就是说,建立了一个会话,这个下载的通道是会话层来控制的,下载的时候网络由于某种原因断掉了,等网络恢复正常后,仍然可以通过会话层的控制执行断点续传。

3. 表示层

表示层(Presentation Layer)处理的是两个系统所交换信息的语法和语义。表示层的作用主要包括以下几个方面:

(1)数据的解码与编码。两个系统中的进程(运行着的程序)所交换信息的形式通常都是字符串、数字等。这些信息在传送之前必须变换位流。由于不同计算机使用不同的编码系统,所以表示层的责任就是在这些不同的编码方法之间提供转换的可操作性。在发送端的表示层将信息转换为一种公共的格式,在接收端的表示层将此公共格式转换为与接收端有关的格式。

(2)数据的加密与解密。为了安全起见数据在发送前,要进行加密处理,在数据到达目的端后,网络的表示层将对接收到的数据进行解密,变成用户能识别的信息。

4. 应用层

应用层(Application Layer)位于OSI模型的最高层,它为计算机网络与应用软件提供接口,从而使得应用程序能够使用网络服务。这里的应用并不是单独指向某个特定程序的执行,例如打开一个Word文档、建立一个Excel表格等,而是在OSI/RM下面6层提供的数据传输和数据表示等各种服务的基础上,为网络用户或应用程序提供完成特定网络服务功能所需的各种应用协议。

常用的网络服务包括文件服务、电子邮件(E-mail)服务、打印服务、集成通信服务、目录服务、网络管理服务、安全服务、多协议路由与路由互联服务、分布式数据库服务、虚拟终端服务等。网络服务由相应的应用协议来实现,不同的操作系统提供的网络服务在功能、用户界面、实现技术、硬件平台支持以及开发应用软件所需的应用程序接口(API)等方面均存在较大差异,而应用协议也各有特色,因此应用协议的标准化是必需的。

任务6　数据的封装与拆分

【任务描述】

理解数据传输的封装及拆分过程,提高对OSI 7层模型各层功能的认识。

【任务分析】

1. 数据传输的封装及拆分机制

网络世界中数据的传输可以通过OSI 7层模型来解释其全过程,数据在通过各层的时候,均被附加一些该层的信息,把每一层在数据上附加该层信息的过程理解为各层对数据的封装,当接收方接收数据的时候,只要在各层上打开对应的封装,获得本层需要的数据,这个逆向的过程我们理解为拆分。封装与拆分的过程主要是在传输层、网络层、数据链路层、物理层来实现的。图2-11描绘了数据的封装过程。

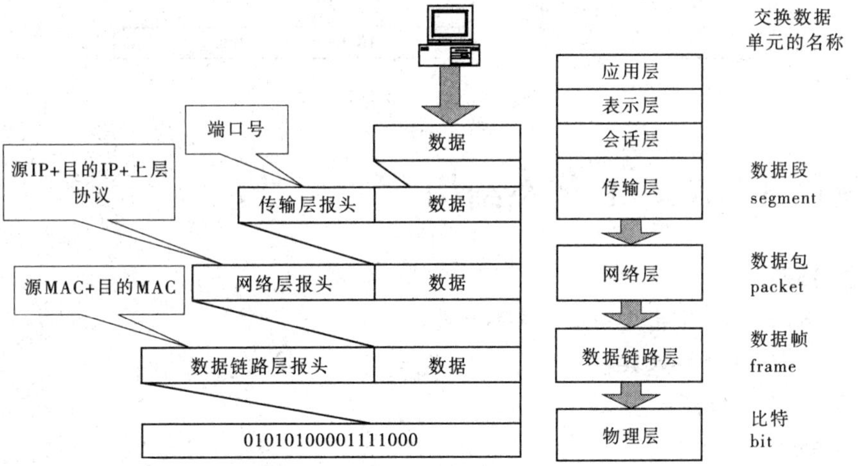

图2-11　数据的封装过程

2. 数据传输的封装及拆分过程

现在以发送电子邮件和接收电子邮件的过程为例来讨论封装及拆分的过程。当写好电子邮件后,提出一个发送到远程邮件服务器的请求,发送端的应用层会识别请求,并将请求(APDU,应用层协议数据单元)传递到表示层;表示层要判断是否格式化,若符合格式化要求,是否加密来自应用层的请求,然后表示层加入需要转换的代码信息,并将数据(PPDU,表示层协议数据单元)传递给会话层,会话层接收到表示层处理过的请求后,会在请求上赋给一个数据标记符,这个标记符指示是否有权限传输数据。然后会话层把数据(SPDU,会话层协议数据单元)传递给传输层。在传输层数据(包含上层加在数据上的控制信息)将被分割成可以被管理的数据段(segment),并在每个数据段的头部添加 TCP 报头(包含源端和目的端的端口号,实现端到端的连接)。传输层的数据到网络层后,网络层增加地址信息,在 TCP 报头前面添加 IP 报头(包括源地址和目的地址)。数据在这个时候称为数据包。数据包达到数据链路层后,加上 MAC 地址头部(包括源 MAC 地址和目的 MAC 地址),数据包在数据链路层被打包成单个的帧。数据帧被传输到物理层后,物理层不做任何解释,也不再添加信息,把数据帧发送到传输介质并通过位流的形式传输。在到达远程服务器的物理层时,服务器的数据链路层开始解析请求,并反向执行上述过程。图 2-12 描绘了数据的拆分过程。

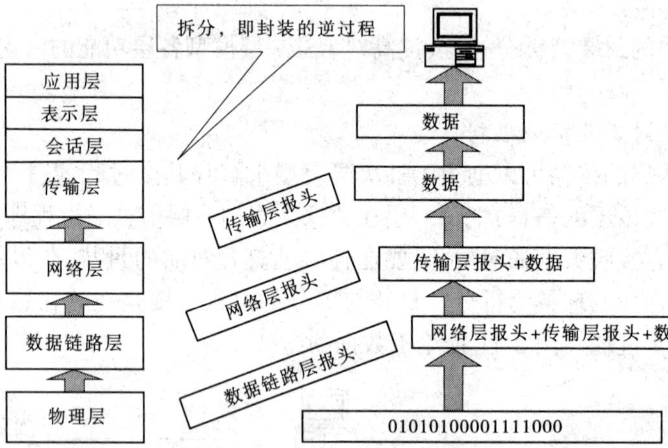

图 2-12　数据的拆分过程

项目 3　TCP/IP 体系结构

【项目目标】

- 了解 TCP/IP 体系结构中各层的功能。
- 了解 TCP/IP 协议簇。
- 了解 IP 编址技术。
- 了解子网技术。
- 了解 IPv6 技术。

任务1 TCP/IP 体系结构中各层的功能

【任务描述】

随着 Internet 的快速发展和广泛应用,TCP/IP 协议在各类网络和计算机应用系统中都得到了应用,包括 UNIX、Linux、Novell NetWare、Microsoft Windows NT/2000/2003 系列的各种计算机网络操作系统。人们非常熟悉的 Windows 系列操作系统(例如 Windows XP)过去默认安装的网络协议一般都是 Microsoft 公司自己的 NetBEUI,而现在已经改为 TCP/IP。虽然 TCP/IP 不是 ISO 标准,但是 TCP/IP 已成为事实上的国际标准和工业标准,并形成了 TCP/IP 参考模型。不过,ISO/OSI 模型的制定参考了 TCP/IP 协议簇及其分层体系结构的思想,而 TCP/IP 在不断发展的过程中也吸收了 OSI 标准中的概念及特征。

【任务分析】

TCP/IP 在 OSI 模型之前就开发了,因此 TCP/IP 协议簇的层次无法准确地和 OSI 模型对应。TCP/IP 是一个四层的体系结构,它包括网络接口层、网际层、传输层和应用层。但从实质上讲,TCP/IP 只有三层,即网际层、传输层和应用层,因为最下面的网络接口层并没有什么具体内容。因此,在学习计算机网络原理时往往采取折衷的方法,也就是综合 OSI 和 TCP/IP 的优点,采用一种五层协议的体系结构:物理层、数据链路层、网络层、传输层和应用层。图 2-13 为 TCP/IP 四层体系的参考模型与 OSI 参考模型层次结构的对照关系。

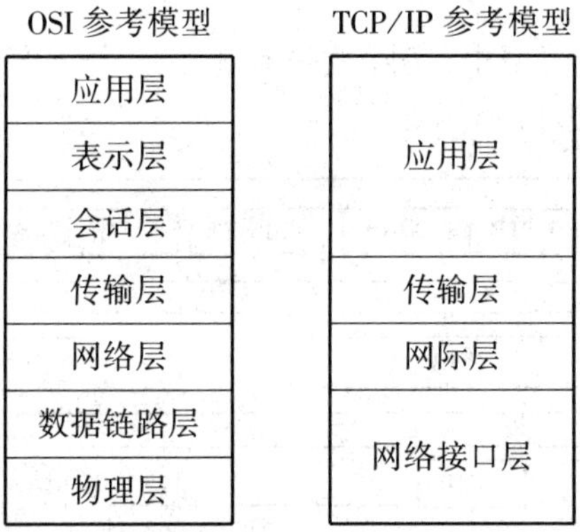

图 2-13 OSI 参考模型与 TCP/IP 参考模型的各层次对照关系

1. 网络接口层

网络接口层,也被称为网络访问层,包括了能使用 TCP/IP 与物理网络进行通信的协议,它对应 OSI 的物理层和数据链路层。TCP/IP 标准并没有定义具体的网络接口协议。

该层的主要功能包括:

(1)参考模型的最低层,负责通过网络发送和接收 IP 数据包。

(2)允许主机连入网络时使用多种现成的与流行的协议,如局域网的 Ethernet、令牌网、分组交换网的 X.25、帧中继、ATM 协议等。

(3)当一种物理网被用作传送 IP 数据包的通道时,就可以认为是这一层的内容。

(4)充分体现出 TCP/IP 协议的兼容性与适应性,它也为 TCP/IP 的成功奠定了基础。

2. 网际层

网际层是在 Internet 标准中正式定义的第一层。IP 协议是这一层最核心的协议。

该层的主要功能包括:

(1)相当于 OSI 参考模型网络层无连接网络服务。

(2)处理互联的路由选择、流量控制与网络拥塞问题。

(3)IP 协议是无连接的、提供"尽力而为"服务的网络层协议。

3. 传输层

TCP/IP 协议中的传输层对应 OSI 模型中的传输层。

该层的主要功能包括:

(1)在互联网中源主机与目的主机的对等实体间建立用于会话的端到端连接。

(2)传输控制协议 TCP 是一种可靠的面向连接协议。

(3)用户数据报协议 UDP 是一种不可靠的无连接协议。

4. 应用层

TCP/IP 协议中的应用层对应 OSI 模型中的会话层、表示层和应用层。应用层的主要功能是通过基于特定协议的应用软件为用户提供各项针对性的服务。如文件传输协议、超文本传输协议、简单邮件传输协议等,所有的应用软件通过该层利用网络。

任务 2　TCP/IP 协议簇

【任务描述】

TCP/IP 四层体系的参考模型中,实际上只有 3 个层次包含了实际的协议。TCP/IP 参考模型中各层的协议如图 2-14 所示。

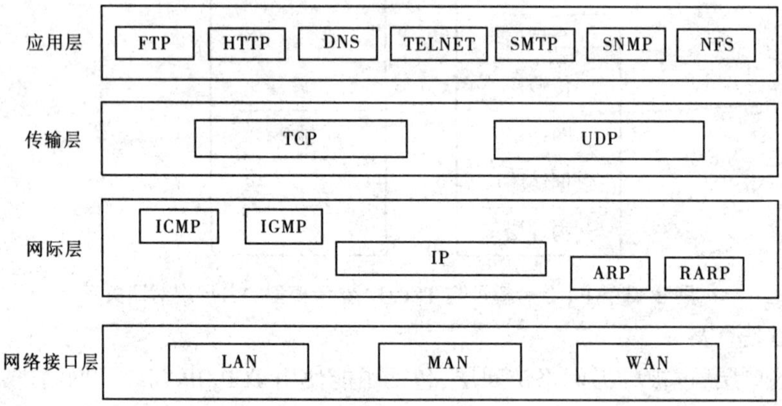

图 2-14　TCP/IP 协议簇

【任务分析】

1. 网际层的协议

1)IP

网际协议 IP(Internet Protocol)的任务是对数据包进行相应的寻址和路由,并从一个网络转发到另一个网络。主机上的 IP 层基于数据链路层的服务向传输层提供服务。IP 从源运输实体取得数据,通过它的数据链路层服务传给目的主机的 IP 层。若目的主机直接连接在本网中,IP 可直接通过网络将数据包传给目的主机;若目的主机在远地网络,IP 通过本地 IP 网关所在的路由器传送数据包,而路由器依次通过下一网络将数据包传到目的主机或下一网关。IP 协议的另一项工作是要分割和重编在传输层被分割的数据包。由于数据包要从一个网络到另一个网络,当两个网络所支持传输的数据包的大小不相同时,IP 协议就要在发送端将数据包分割,然后在分割的每一段前再加入控制信息进行传输。当接收端接收到数据包后,IP 协议将所有的片段重新组合形成原始的数据。

IP 是一个无连接的协议。无连接是指主机之间不建立用于可靠通信的端到端的连接,源主机只是简单地将 IP 数据包发送出去,而数据包可能会丢失、重复、延迟时间长或者 IP 数据包的次序会混乱。因此,要实现数据包的可靠传输,就必须依靠高层的协议或应用程序,如传输层的 TCP。IP 提供一种全网统一的地址,并在统一管理下进行地址分配,通过这种逻辑地址实现网际层的寻址,从而避免了网络接口层不同链路节点物理地址的差异。

在 IP 层的分组叫作数据报或数据包。图 2-15 给出了 IP 数据报的格式。数据报是可变长度分组,它由两部分组成:首部和数据。首部的前一部分是固定长度,共 20 字节,是所有 IP 数据报必须有的。后面的一些可选字段,其长度是可变的。

图 2-15　IP 数据报的格式

IP 报文结构为:IP 协议头+载荷,对 IP 协议头部的分析是分析 IP 报文的主要内容,下面是首部各字段的意义。

(1)版本:占 4 bit,指 IP 协议的版本。目前广泛使用的版本号为 Ipv4。

(2)首部长度:占 4 bit,以 4 字节为单位,取值范围是 5~15,所以首部长度范围是 20~60 字节。

(3)服务类型 TOS:占 8 bit,用来获得更好的服务。当网络流量较大时,路由器会根据服务类型 TOS 内不同字段的值,决定哪些数据报该先发送,哪些后发送。

(4)总长度:占 16 bit,单位是字节,因此数据包的最大长度为 65 535 字节。虽然用尽可能长的数据报会使传输效率提高，但由于以太网的普遍应用，实际上使用的数据报长度很少超过 1 500 字节。当数据报长度超过网络所允许的最大长度时，就必须将过长的数据报进行分片。数据报首部总长度字段是指分片后的首部长度与数据长度的总和。

(5)标识：占 16 bit，用于数据报的分片与重组。它有一个计数器，当 IP 协议发送数据报时，它就将这个计数器的当前值复制到标识字段中。如果数据报要进行分片，则将这个值复制到每一个分片后的数据报片中。这些数据报片到了接收端，就按照标识字段的值使这些分片后的数据报片重组成为原来的数据报。

(6)标志(flag)：占 3 bit。表示数据报的分片信息。目前只用低位的 2 bit。

①最低位 MF(More Fragment)：MF=1 表示后面还有分片的数据报。MF=0 表示这已经是若干数据报片中的最后一个。

②中间位 DF(Don't Fragment)：DF=1 表示不能分片。DF=0 表示允许分片。

(7)片偏移：占 13 bit，以 8 个字节为偏移单位。表示分片后的分组在原分组中的相对位置。

(8)生存时间(TTL)：数据报在网中的寿命，单位是 s。

(9)协议：占 8 bit，协议字段指此数据报携带的数据使用的是何种协议，即位于 IP 层之上的协议是什么。当目的主机收到 IP 数据报，就根据协议字段的值将此 IP 数据报的数据部分交给其相应的上层协议处理。例如，此字值为 1，代表 ICMP；6 代表 TCP；17 代表 UDP；89 代表 OSPF。

(10)首部校验和：占 16 bit，IP 首部校验和只检验 IP 数据报的首部，不包括数据部分。

当然源地址和目的地址部分肯定各占 4 字节。

2)ICMP

网际控制报文协议(Internetwork Control Message Protocol)为 IP 提供差错报告。由于 IP 不保证服务的可靠性，在主机资源不足的情况下，它可能丢弃某些数据包，同时 IP 也不检查数据链路层遗失或丢弃的报文，为此设计者在 IP 层中加入了一类特殊用途的报文机制，即 ICMP。向发送 IP 数据包的主机汇报错误就是 ICMP 的责任。例如，如果某台设备不能将一个 IP 数据包转发到另一个网络，它就向发送数据包的源主机发送一个消息，并通过 ICMP 解释这个错误。ICMP 能够报告的一些普通错误类型有目标无法到达、阻塞、回波请求和回波应答等。

ICMP 是 IP 正式协议的一部分，其数据报是通过 IP 送出，如图 2-16 所示。

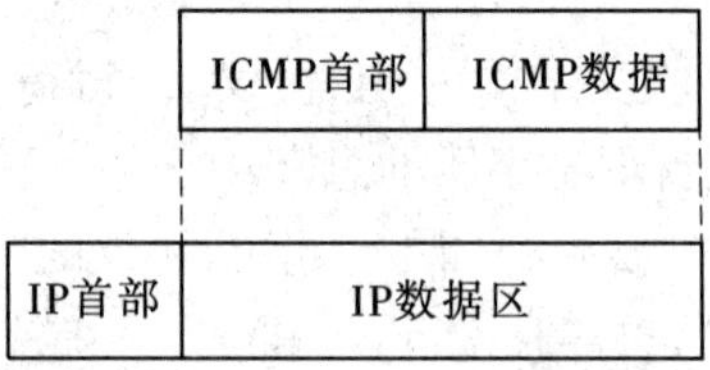

图 2-16　ICMP 报文的封装

3)IGMP

因特网组管理协议 IGMP(Internet Group Management Protocol)是在多播环境下使用的协议，它用来帮助多播路由器识别加入到一个多播组的成员主机。和 ICMP 相似，IGMP 使用 IP 数据报传递其报文，即 IGMP 报文加上 IP 首部构成 IP 数据报，但它也为 IP 提供服务。因此，IGMP 不是一个单独的协议，而是属于整个网际协议 IP 的一个组成部分。

4)ARP 和 RARP

在 TCP/IP 网络环境下,每个主机分配的 IP 地址只是一种逻辑地址,这样在传送时必须转换成物理地址,地址解析协议 ARP(Address Resolution Protocol)就是完成这一功能的。

反向地址解析协议 RARP(Reverse Address Resolution Protocol)是将物理地址转换成逻辑地址。若站点初始化之后只有自己的物理网络地址而没有 IP 地址,这时它可以通过 RARP 协议发出广播请求,征寻自己的 IP 地址,而 RARP 服务器则回答这个问题,使无 IP 地址的站点通过 RARP 协议取得自己的 IP 地址。这个地址在下一次系统重新开始以前有效。RARP 协议广泛用于获取无盘工作站的 IP 地址。

2. 传输层协议

1)TCP

传输控制协议 TCP(Transmission Control Protocol)向高层提供了面向连接的可靠报文段的传输服务。TCP 也是在 IP 层之上,TCP 报文段包括首部和数据字段两部分,封装在 IP 数据报中传输。

IP 层向传输层提供了不可靠的数据报服务,可靠性的问题由 TCP 完善而得以解决。TCP 协议将源主机应用层的数据分成多个分段,然后将每个分段传送到网际层,网际层将数据封装为 IP 数据包,并发送到目的主机。目的主机的网际层将 IP 数据包中的分段传送给传输层,再由传输层对这些分段进行重组,还原成原始数据,传送给应用层。

TCP 协议还要完成流量控制和差错检验的任务,以保证可靠的数据传输。

2)UDP

用户数据报协议 UDP(User Datagram Protocol)是一种无连接的传输服务,所以 UDP 协议非常简单,只是在 IP 数据报的基础上增加了端口的功能,以便在数据传输时识别端点。UDP 协议在通信的过程中无连接、无确认,没有提供检测手段。UDP 的真正意义在于高效率,UDP 数据传输因为不需烦琐的连接、确认过程,所以可以得到非常高的传输效率。在高质量的物理网络(如局域网)条件下,在信息量较小、交互传输的应用中,UDP 是一种相当不错的传输协议。在 TCP/IP 协议中,如 TFTP、DNS 等许多应用服务都使用 UDP 协议。UDP 用户数据报文包括首部和数据字段两部分,封装在 IP 数据报中传输。

3. 应用层协议

在 TCP/IP 参考模型中,应用层包括了所有的高层协议,而且总是不断有新的协议加入,应用层的协议主要有以下几种:

(1)文件传输协议(FTP)。可以在本地和远程系统之间通过互联网进行远程文件传输,不但可以传输文本文件,还可以传输二进制文件。

(2)超文本传输协议(HTTP)。用于 Internet 中客户机与 WWW 服务器之间的数据传输。

(3)域名服务协议(DNS)。用于实现主机名与 IP 地址之间的映射。

(4)远程登录协议(TELNET)。本地主机作为仿真终端,登录到远程主机上运行应用程序。

(5)简单邮件传输协议(SMTP)。实现主机之间电子邮件的传送。

(6)简单网络管理协议(SNMP)。实现网络的管理。

(7)网络文件系统(NFS)。实现主机之间的文件系统的共享。

与 OSI 模型的应用层相同,TCP/IP 模型中的应用层为网络用户或应用程序提供完成特定网络服务功能所需的各种应用协议。

任务 3 IP 编址技术

【任务描述】

在 Internet 上连接的所有计算机,从大型机到微型计算机都是以独立的身份出现,我们称它为主机。为了实现各主机间的通信,每台主机都必须有一个唯一的网络地址。就好像每一个住宅都有唯一的门牌号一样,才不至于在传输数据时出现混乱。

【任务分析】

Internet 的网络地址是指连入 Internet 网络的计算机的地址编号。在 Internet 网络中,网络地址唯一地标识一台计算机,这个地址就叫作 IP(Internet Protocol)地址。

1. 物理地址与逻辑地址

在计算机寻址中经常会遇到"名字""地址"和"路由"这三个术语,它们之间是有较大区别的。名字是要找的,就像人名一样;地址是用来指出这个名字在什么地方,就像人的住址一样;路由是解决如何到达目的地址的问题,就像已经知道了某个人住在什么地方,现在要考虑走什么路线、采用什么交通工具到达目的地最为简便。不同的网络所采用的地址编址方法和内容均不相同。

互联网通过路由器把各个通信子网互联。通信子网又称为物理网络,在物理网络内的节点都存在一个物理地址,这是各节点的唯一标识。在互联网中,不同物理地址连成虚拟网后必须有一个统一的地址,以便互联网上的主机(host)在整个网络上有一个唯一的节点标识,这就是 IP 地址(逻辑地址)。IP 地址对各个物理网络地址的统一是通过上层软件进行的,这种软件没有改变任何物理地址,而是屏蔽了它们,建立了一种 IP 地址与它们之间的映射关系。这样,在互联网络层使用 IP 地址,到了底层,通过映射得到物理地址。IP 地址作为互联网的逻辑地址也是层次型的。

2. IP 地址的划分

IP 协议主要是解决地址的问题。IP 协议要寻找的"地址"是 32 bit,32 bit 的 IP 地址被划分为地址类别、网络号和主机号,如图 2-17 所示。IP 地址各部分比特的位数一旦确定,就等于确定了整个互联网中所能包含的网络数量以及各个网络所能容纳的主机数量。

由于 IP 地址以 32 个二进制数字形式表示,不适合阅读和记忆。为了便于用户阅读和理解 IP 地址,Internet 管理委员会采用了一种"点分十进制"表示方法表示 IP 地址。即将 IP 地址分为 4 个字节(每个字节 8 bit),且每个字节用十进制表示,并用点号"."隔开,如图 2-18 所示。

IP 地址的类别就是将 IP 地址划分为若干个固定类,每一类别地址都由两个固定长度的字段组成,分别为网络号和主机号。网络号用来标识主机或路由器所连接到的网络,主机号用来标识该主机或路由器。每一个 IP 数据报都包含源 IP 地址和目的 IP 地址,用来标识源网络和目的网络以及主机。每一个网络都有唯一的网络地址,所有连接到这个网络中的主机,都有相同的网络位和唯一的主机位。

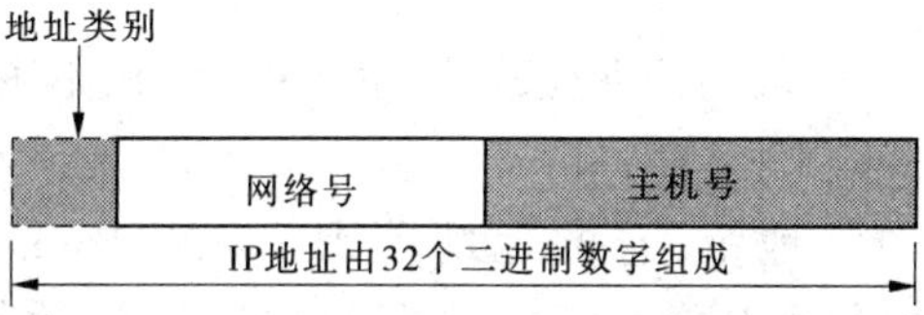

图 2-17 IP 地址的结构

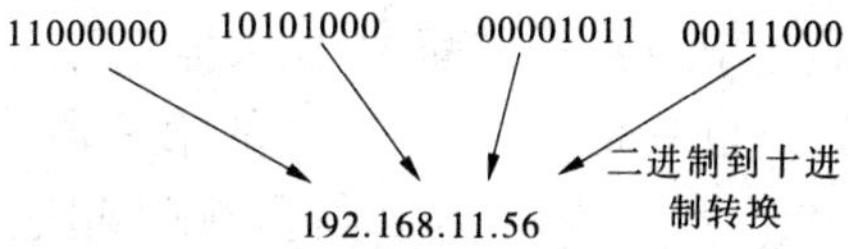

图 2-18 点分十进制的 IP 表示方法

IP 地址可分为 A 类、B 类、C 类、D 类和 E 类，地址格式如图 2-19 所示。

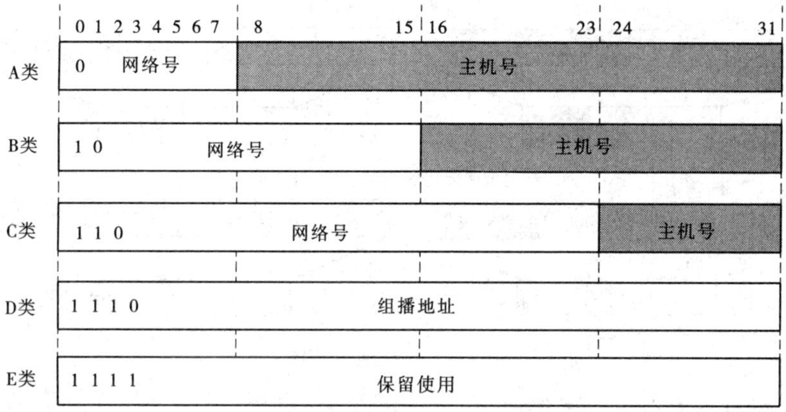

图 2-19 IP 地址分类

1) A 类 IP 地址

A 类地址第一字节的第一位为“0”，其余 7 位表示网络号。第二、三、四字节共计 24 位，表示主机号。通过网络号和主机号的位数就可以知道，A 类地址的网络数为 2^7(128) 个，每个网络包含的主机数为 2^{24} (16 777 216) 个，A 类地址的范围是 0.0.0.0～127.255.255.255，如图 2-20 所示。由于网络号全为 0 和全为 1 保留用于特殊目的，所以 A 类地址有效的网络数为 126 个，其范围是 1～126。另外，主机号全为 0 和全为 1 也有特殊作用，所以每个网络号包含的主机数应该是($2^{24}-2$)(16 777 214)个。因此，一台主机能使用的 A 类地址的有效范围是 1.0.0.1～126.255.255.254。

A 类地址一般分配给具有大量主机的网络用户，例如 IBM 公司的网络。

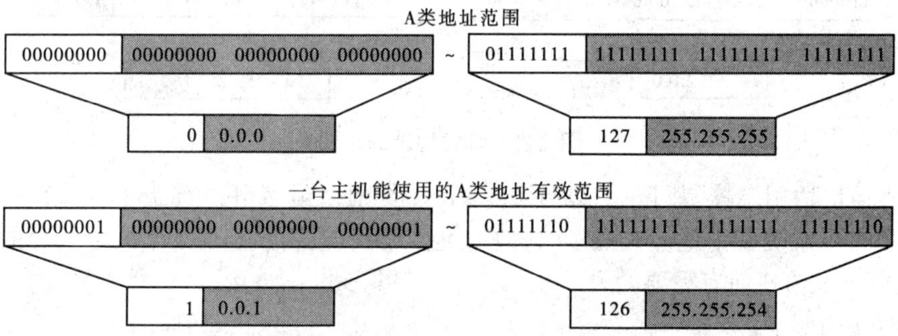

图 2-20 A 类地址的范围

2)B 类 IP 地址

B 类 IP 地址用前面 16 位来标识网络号,其中最前面两位规定为“10”,后 16 位标识主机号。也就是说,B 类地址的第一段“10000000 至 10111111”,转换成十进制后即为 128~191,第一段和第二段合在一起表示网络地址,它的地址范围为 128. 0. 0. 0~191. 255. 255. 255。B 类地址为 2^{14}(16 384)个,每个 B 类网络最多可以连接 2^{16}(实际有效的主机数为 $2^{16}-2=65\ 534$)台计算机。由于主机号全 0 和全 1 有特殊作用,一台主机能使用的 B 类地址的有效范围是 128.0.0.1~191.255.255.254,如图 2-21 所示。

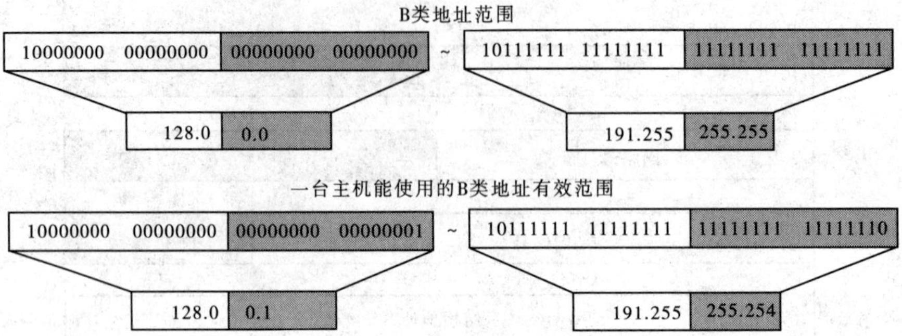

图 2-21　B 类地址范围

B 类 IP 地址通常分配给中等规模的网络。

3)C 类 IP 地址

C 类 IP 地址用前面 24 位来标识网络号,其中最前面三位规定为“110”,后 8 位标识主机号。这样 C 类地址的第一段取值为“11000000 至 11011111”之间,转换成十进制后即为 192~223。第一段、第二段、第三段合在一起表示网络号,最后一段标识网络上的主机号,它的地址范围为 192.0.0.0~223.255.255.255,如图 2-22 所示。

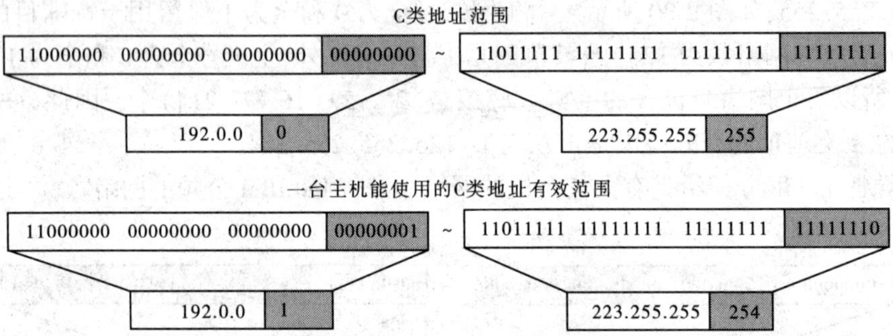

图 2-22　C 类地址的范围

C 类地址适用于校园网等小型网络,每个 C 类网络最多可以有 254 台计算机。这类地址是所有地址类型中地址数最多的,但这类网络所允许连接的计算机是最少的。这类 IP 地址可分配给任何有需要的人。

4)D 类 IP 地址

D 类 IP 地址用于多播组,一个多播组可能包括一台或更多主机,或根本没有。D 类地址的最高位为 1110,第一段取值为“11100000 至 11101111”,转换成十进制即为 224~

239,地址范围为224.0.0.0~239.255.255.255。在多播操作中没有网络或主机位,数据包将传送到网络中选定的主机子集中,只有注册了多播地址的主机才能接收到数据包。Microsoft支持D类地址,用于应用程序将多播数据发送到网络间的主机上,包括WINS和Microsoft NetShow。

5)E类IP地址

E类IP地址通常是不用的实验性地址,保留作为以后使用。E类IP地址第一字节的前4位为“1111”。

3. 几种特殊的IP地址

1)广播地址

如果主机地址为全1,代表广播地址,广播地址是针对标识网络上所有主机的地址。如136.147.255.255就是一个B类网广播地址。

2)有限广播地址

有时需要在本网内广播,但又不知道本网的网络号,于是TCP/IP规定,32位全为“1”的IP地址用于本网广播。因此,该地址称为“有限广播地址”,即255.255.255.255。

3)回送地址

A类IP地址中网络号127是个回送地址,所谓回送的含义是任何分组都不发向网络,而是又回到了应用程序中。这个地址主要用于对所安装的TCP/IP软件是否配置合理进行测试,最常用的是127.0.0.1。

4)0地址

TCP/IP规定,主机号全为“0”时,表示“本地网络”。例如,“10.0.0.0”表示“10”这个A类网络,“192.168.1.0”表示“192.168.1”这个C类网络。

有了这些特殊地址后,不同类网络能表示的网络数和主机数就要有些出入了,比如A类网的网络数实际上不是128个,而是126个,各类网内主机数也应减去2。

4. 专用IP地址

互联网上的IP地址统一由一个名为“IANA”(Internet Assigned Numbers Authority,互联网网络号分配机构)的组织来管理。IANA在IP地址中保留了3个地址字段,它们只在某机构的内部有效,不会被路由器转发到公网中。这些IP地址存在的意义是:假定在一个机构内部的计算机通信也是采用TCP/IP协议,那么原则上讲,对于这些仅在机构内部使用的计算机就可以由本机自行分配其IP地址。就是说,让这些计算机使用仅在本机构有效的IP地址,而不需要向因特网管理机构申请全球唯一的IP地址,这样做既可以避免与合法的Internet地址造成冲突,又可以节省宝贵的全球IP地址资源。

我们将这样的IP地址称为专用地址(Private Addres)。这些地址只能用作本地地址而不能用作全部地址。在因特网中的所有路由器对目的地址是专用地址的数据报一律不进行转发。这些专用地址是:

A类:10.0.0.0~10.255.255.255。

B类:172.16.0.0~172.31.255.255。

C类:192.168.0.0~192.168.255.255。

5. 地址解析

互联网是由许多物理网络与一些如路由器和网关的联网设备所组成的。从源主机发出的分组在到达目的主机之前,可能经过许多不同的物理网络。

在网络级上,主机和路由器用它们的逻辑地址来标志。在物理级上,主机和路由器用它们的物理地址来标志。物理地址是本地地址,如以太网和令牌环网中的 48 位 MAC 地址,它被写入装在主机或路由器的网络接口卡。

报文发送到主机或路由器需要两级地址:逻辑地址和物理地址。ARP 可将逻辑地址映射为物理地址;RARP 可将物理地址映射为逻辑地址。

在任何时候,当主机或路由器有数据报要发送给另一个主机或路由器时,它必须有接收端的逻辑地址。但是 IP 数据报必须封装成帧才能通过物理网络。这就表示,发送端必须有接收端的物理地址。因此,需要从逻辑地址到物理地址的映射。此时它发送 ARP 查询报文,这个报文包括发送端的物理地址和 IP 地址,以及接收端的 IP 地址。因为发送端不知道接收端的物理地址,查询就在网络上广播。

ARP 的工作过程如图 2-23 所示。具体如下所述:

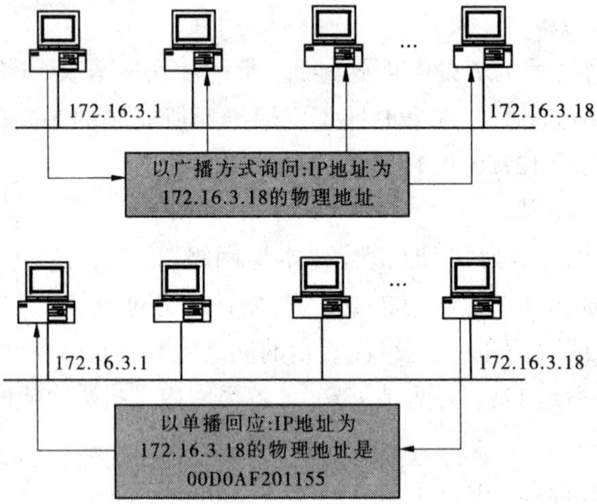

图 2-23　ARP 的工作过程

(1)获得发送端地址。

(2)IP 请求 ARP 产生 ARP 请求报文,填入发送端的物理地址、发送端的 IP 地址以及目标 IP 地址等。

(3)这个报文发送给数据链路层,在这一层它被封装成帧,使用发送端的物理地址作为源地址,而将物理广播地址作为目的地址。

(4)每一个主机或路由器都收到这个帧。因为这个帧使用了广播目的地址,所有站都把这个报文送交给 ARP。除目标机器外,所有的机器都丢弃这个报文。目标机器识别这个 IP 地址。

(5)目标机器用 ARP 回答报文进行应答,这个报文包含它的物理地址。这时报文使用单播应答。

注:单播是指一个源地址发送一个目的地址。

(6)发送端收到这个回答报文。它现在知道了目标机器的物理地址。

(7)携带发给目标机器的 IP 数据报封装成帧,用单播发送给目的站。

任务4 子网技术

【任务描述】

出于对管理和安全方面的考虑,许多单位把一个网络划分为多个物理网络,并使用路由设备将它们连接起来。将一个网络划分成更小的一系列物理网络,这些物理网络统称为子网,如图 2-24 所示。

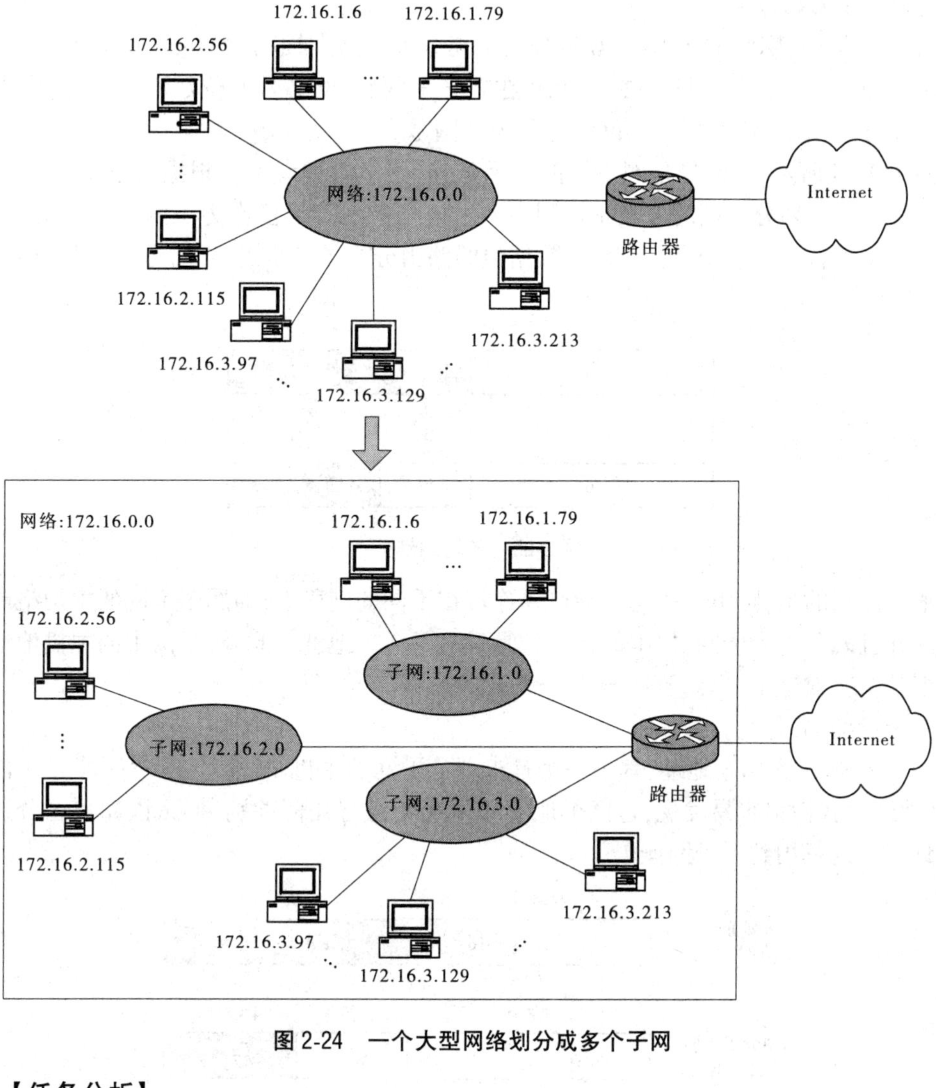

图 2-24 一个大型网络划分成多个子网

【任务分析】

1. 划分子网的目的

1) 充分利用地址

如果我们将一个网络划分成若干个子网,就可以使 IP 地址的应用更加充分。例如,对一个 B 类网络“163. 246. 0. 0”,可以有 65 534 个主机,这么多的主机在单一的网络下是不能工作的。因些,为了能更有效地使用地址空间,有必要把可用地址分配给更多较小的网络。

2)更安全的管理网络

将原有的处于同一个网段上的主机分成不同的网段或子网,同时也将原来的一个广播域划分成了若干个较小的广播域,减少了网络广播风暴所造成的网络拥塞。

由于网络中只有在同一个子网内的主机才能进行直接通信,不同的子网可分配给不同的部门,部门之间增加了网络的安全性。

2. 划分子网的方法

在图 2-24 中,网络 172. 16. 0. 0 被分成了三个子网,分别是 172. 16. 1. 0,172. 16. 2. 0,172. 16. 3. 0。一个 B 类地址 172. 16. 0. 0 在划分子网后,网络号的位数增加了,由原来的 16 位变成了 24 位。我们增加的网络位称为子网号。

如图 2-25 所示,子网号是网络号的一个延伸,网络管理者可以根据自己的需要决定子网号的位数。划分子网的方法是从网络的主机号借用若干位作为子网号,而主机号也就相应减少了若干位。于是,一个 IP 数据包的路由分为了三步走:网络号、子网号和主机号。

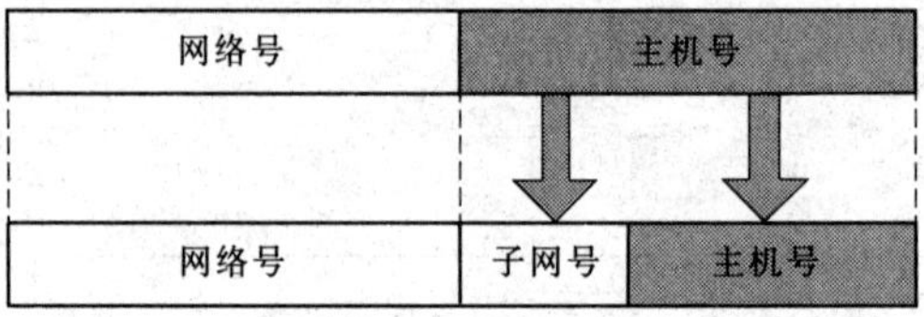

图 2-25　子网的划分

值得注意的是,路由器的每个端口要连接在不同的网段上,即属于不同的主网络或子网络。并且划分一个子网,付出的代价就是丢失了 2 个地址。此外,子网中的主机地址同样不能是全 0 或全 1。

3. 子网掩码

图 2-26 所示为两个地址,其中一个是未划分子网的主机 IP 地址,而另一个是子网中的 IP 地址。我们很容易发现,这两个地址从外观上没有任何差别,那么该如何区分这两个地址呢? 这就用到了子网掩码。

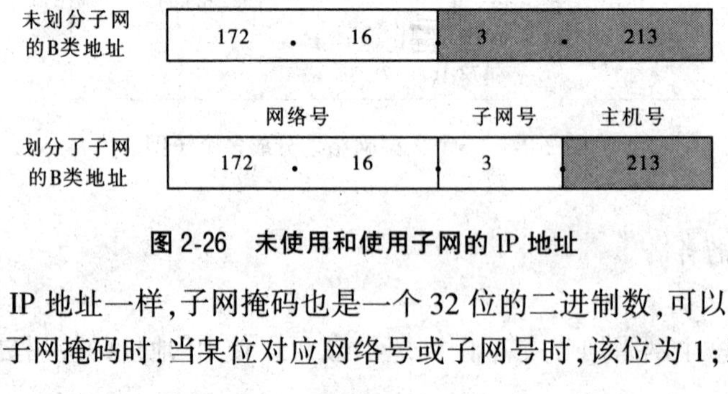

图 2-26　未使用和使用子网的 IP 地址

子网掩码与 IP 地址一样,子网掩码也是一个 32 位的二进制数,可以用 8 位一组的方法来表示。给出子网掩码时,当某位对应网络号或子网号时,该位为 1;当某位对应主机号时,该位为 0。标准的 A 类、B 类和 C 类地址都有一个默认的子网掩码,如表 2-1 所示。

表 2-1　A 类、B 类和 C 类 IP 地址的默认子网掩码

地址类别	点分十进制表示	子网掩码的二进制位			
A	255.0.0.0	11111111	00000000	00000000	00000000
B	255.255.0.0	11111111	11111111	00000000	00000000
C	255.255.255.0	11111111	11111111	11111111	00000000

为了识别网络地址,TCP/IP 对子网掩码和 IP 地址进行"按位与"操作。"按位与"就是两个位之间进行"与"运算:若两个值为 1,则结果为 1;若其中任何一个值为 0,则结果为 0。子网掩码的作用是与 IP 地址进行"按位与"运算可以得到该 IP 地址所在的网络号。

针对图 2-26 所示的例子,B 类地址 172.16.3.213,网络号占 16 位,主机号占 16 位,子网掩码为 255.255.0.0;划分子网后的地址 172.16.3.213,子网号通过向主机位借 8 位,网络号占 24 位,主机号占 8 位,子网掩码为 255.255.255.0。从外表上看 IP 地址 172.16.3.213 没有什么变化,但它与两个子网掩码"按位与"后,将每个 IP 地址的网络地址取出,便可知道两个 IP 地址所对应的网络,运算过程如图 2-27 所示。

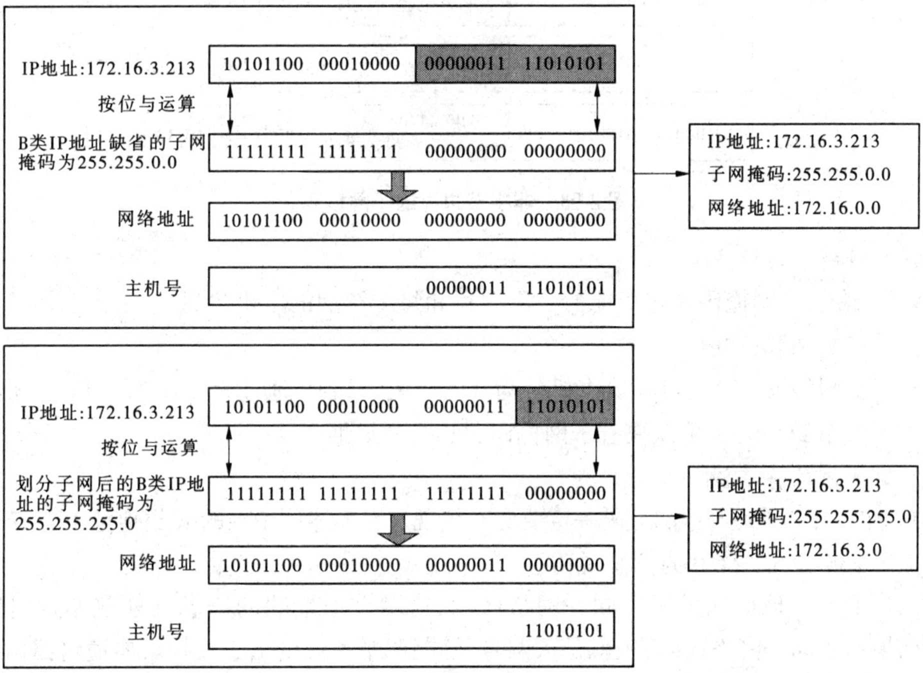

图 2-27　子网掩码的作用

如果这个子网掩码是一个 A 类网的子网掩码,那么子网字段将占 16 位,主机字段占 8 位;如果是一个 C 类网的子网掩码,子网字段为 0 位,表示没有规定子网。在这个 B 类 IP 地址的例子中,子网掩码的边界正好是字节的边界,也可以不在字节边界。例如对于

一个 B 类 IP 地址 163. 37. 0. 0,若将第三字节的前 3 位用于子网号,而将剩下的位用于主机号,则子网掩码为 255. 255. 224. 0。由于借用主机号的 3 位划分子网,网络号+子网号=19 位,主机号占 13 位,所以可将这个 B 类 IP 地址 163. 37. 0. 0 划分成 8 个子网,但全 0 子网和全 1 子网不可用,所以可用的子网只有 6 个,如图 2-28 所示。

B类网络163.37.0.0使用第三字节的前3位划分子网

子网掩码: 255.255.224.0　　11111111 11111111　11100000　00000000

	网络号+子网号	主机号的范围	每个子网中主机可用IP地址范围
子网一 163.37.0.0	10100011 00100101　000	00000 00000001 11111 11111110	163.37.0.1~163.37.31.254
子网二 163.37.32.0	10100011 00100101　001	00000 00000001 11111 11111110	163.37.32.1~163.37.63.254
子网三 163.37.64.0	10100011 00100101　010	00000 00000001 11111 11111110	163.37.64.1~163.37.95.254
子网四 163.37.96.0	10100011 00100101　011	00000 00000001 11111 11111110	163.37.96.1~163.37.127.254
子网五 163.37.128.0	10100011 00100101　100	00000 00000001 11111 11111110	163.37.128.1~163.37.159.254
子网六 163.37.160.0	10100011 00100101　101	00000 00000001 11111 11111110	163.37.160.1~163.37.191.254
子网七 163.37.192.0	10100011 00100101　110	00000 00000001 11111 11111110	163.37.192.1~163.37.223.254
子网八 163.37.224.0	10100011 00100101　111	00000 00000001 11111 11111110	163.37.224.1~163.37.255.254

图 2-28　非字节边界的子网排码

4. 子网掩码的标注

我们知道,子网掩码决定可能的子网数目和每个子网的主机数目。

1) 无子网的标注法

对无子网的 IP 地址,可写成主机号为 0 的掩码。如 IP 地址为 210. 73. 140. 5,子网掩码为 255. 255. 255. 0,也可以缺省子网掩码,只写 IP 地址。

2) 有子网的标注法

有子网时,IP 地址与子网掩码一定要配对出现。以上述例子中的 B 类地址 163. 37. 0. 0,子网掩码 255. 255. 224. 0 为例来说明。

(1)两个 IP 地址如果属于同一网络区间,这两个地址间的信息交换就不通过路由器。如果不属同一网络区间,也就是子网号不同,两个地址的信息交换就要通过路由器进行。例如:对于 IP 地址为 163. 37. 33. 5 的主机来说,其主机号为 00001 00000101,对于 IP 地址为 163. 37. 41. 6 的主机来说,它的主机号为 01001 00000110,以上两个主机第三字节前三位全是 001,说明这两个 IP 地址在同一个网络区域中,这两台主机在交换信息时不需要通过路由器。对于 IP 地址为 163. 37. 65. 5 的主机,其主机号为 00001 00000101,对于 IP 地址为 163. 37. 105. 6 的主机,其主机号为 01001 00000110,但两台主机的第三字节前三位 010 和 011 不同,说明二者在不同的网络区域,要交换信息需要通过路由器,如图 2-29 所示。

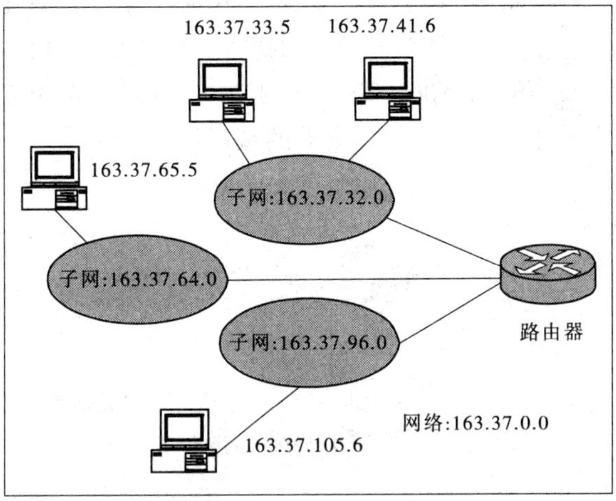

图 2-29　不同网段间交换信息需要通过路由器

(2)子网掩码的作用是说明有子网和有几个子网,但子网数只能表示为一个范围,不能确切讲具体几个子网。子网掩码不说明具体子网号,只有 IP 地址与子网掩码“按位与”运算后才能得出该 IP 地址所在的子网。

5. 子网划分的规则

在 RFC 文档中,RFC 950 规定了子网划分的规范,其中对网络地址中的子网号做了如下的规定:

由于网络号全为“0”代表的是本地网络,所以网络地址中的子网号也不能全为“0”,子网号全为“0”时,表示本地子网网络。

由于网络号全为“1”表示的是广播地址,所以网络地址中的子网号也不能全为“1”,全为“1”的地址用于向子网广播。

虽然 Internet 的 RFC 950 文档禁止使用子网网络号全为“0”(全 0 子网)和子网网络号全为“1”的子网网络,但在实际情况中,很多供应商的产品都支持全 0 子网和全 1 子网。在现代网络技术中,可变长子网划分和 CIDR,它们都支持全 0 子网和全 1 子网。

6. 可变长子网的掩码

前面定义子网掩码时,将整个网络中的子网掩码都假设为同一个掩码。也就是说,无论各个子网中容纳了多少台主机,只要这个网络被划分了子网,这些子网都将使用相同的子网掩码。然而在许多情况下,网络中不同的子网连接的主机数可能有很大的差别。这就需要在一个主网络中定义多个子网掩码。我们将这种方式称为可变长子网掩码 VLSM (variable-length subnet masks)。

1) VLSM 的优点

(1) VLSM 使 IP 地址更加有效,减少了子网中 IP 地址的浪费,并且 VLSM 允许对于已经划分过子网的网络继续划分子网。

如图 2-30 所示,网络 172.16.0.0/16(子网掩码中 1 的个数为 16)被划分成/24 的子网，其中子网 172.16.14.0/24 又被继续划分成/27 的子网。这个/27 的子网的网络范围是 172.16.14.0/27 ~ 172.16.14.224/27，可这样理解：172.16.14.000000000/27 ~ 172.16.14.111000000/27。从图 2-30 中可以看到，又将其中的子网 172.16.14.128/27 用掩码/30 再分成只有 2 个主机地址的小子网，小子网的范围从 172.16.14.128/30 ~ 172.16.14.156/30（可这样理解：172.16.14.10000000/30 ~ 172.16.14.10011100/30），对于每个小子网中的这两个 IP 地址正好为连接两台路由器的端口使用。

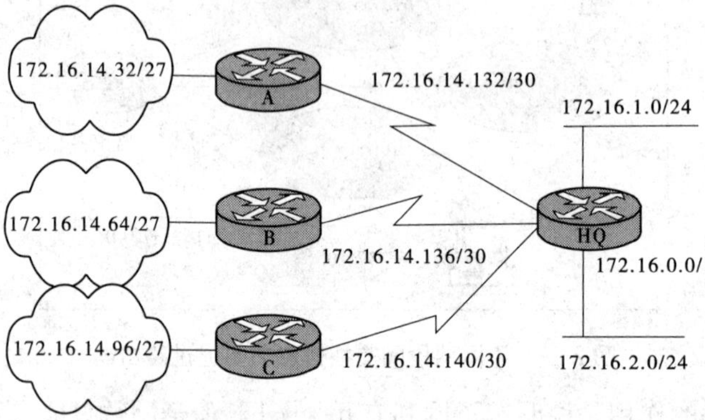

图 2-30　VLSM 可变长的子网掩码

注：在表示子网掩码时，除点分十进制表示子网掩码外，还有一种网络前缀法，用网络前缀表示为“/位数”，位数表示的是本子网中网络号的位数。

(2) VLSM 提高了路由汇总的能力。VLSM 加强了 IP 地址的层次化结构设计，使路由表的路由汇总更加有效。例如，在图 2-30 中，路由器 HQ 的路由表中子网 172.16.14.0/24 汇总了所有从 172.16.14.0 中进一步划分出来的地址，包括 172.16.14.0/27 ~ 172.16.14.128/30。

2) VLSM 的计算

现在假设一个企业的分支机构已经被分配了一个子网地址 172.16.32.0/20，该分支机构共拥有 10 个用户。对于/20 的网络来说，所能容纳的最大主机数超过了 4 000（$2^{12}-2=4\ 094$）台，造成了非常多的地址资源的浪费。此时，如果使用 VLSM 技术，就可以将原来的一个子网地址划分出更多的子网地址，并且每个子网中拥有的主机地址减少了。

如图 2-31 所示，子网由原来的 172.16.32.0/20 变成子网 172.16.32.0/26，得到 64 个子网，每个子网可支持 62（$2^6-2=62$）台主机。

7. 子网划分实例

划分子网时计算掩码是关键。

1) 利用子网数来计算

问题提出：某公司拥有一个 C 类 IP 地址 192.168.10.0，公司总共有 5 个部门，请问如何划分子网？且每个部门有多少台主机？

解决方法：

在求子网掩码之前必须先搞清楚要划分的子网数目，以及每个子网内所需主机的数目。

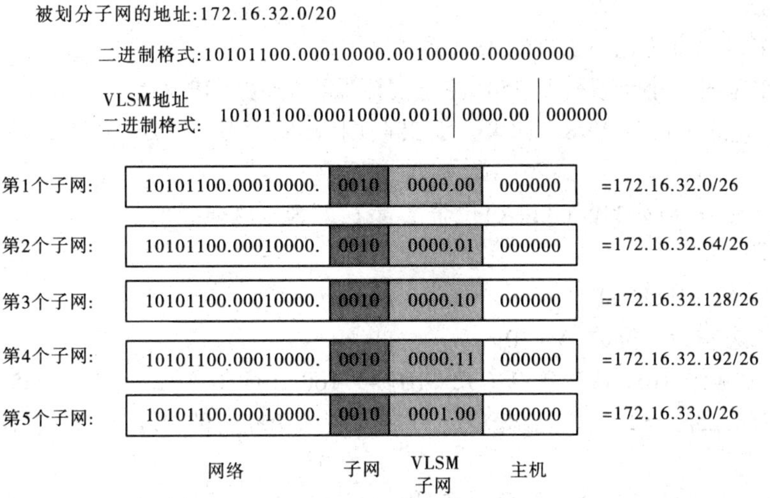

图 2-31　计算 VSLM

(1)将子网数目转化为二进制来表示。

(2)取得该二进制的位数,为 N。

(3)取得该 IP 地址的 C 类子网掩码,将其主机地址部分的前 N 位置 1 即得出该 IP 地址划分子网的子网掩码。

具体步骤:

(1) $(5)_{10}=(101)_2$。

(2)该二进制为 3 位数,$N=3$。

(3)将 C 类地址的子网掩码 255. 255. 255. 0 的主机地址前 3 位置 1,得到 192. 168. 10. 0/27 = 255. 255. 255. 11100000 = 255. 255. 255. 224,即为划分成 5 个子网的 C 类 IP 地址 192. 168. 10. 0 的子网掩码。

C 类 IP 地址实际从第 4 字节的主机地址借了 3 位,即子网数为 $2^3=8$,第 4 字节的主机地址部分变成了 5 位,主机 IP 地址数为 $2^5-2=30$(个)。

所有子网的有效 IP 地址如下:

192. 168. 10. 000 00001 ~192. 168. 10. 00011110→192. 168. 10. 1~ 192. 168. 10. 30
192. 168. 10. 001 00001 ~192. 168. 10. 00111110→192. 168. 10. 33~ 192. 168. 10. 62
192. 168. 10. 010 00001 ~192. 168. 10. 01011110→192. 168. 10. 65~ 192. 168. 10. 94
192. 168. 10. 011 00001 ~192. 168. 10. 01111110→192. 168. 10. 97~ 192. 168. 10. 126
192. 168. 10. 100 00001 ~192. 168. 10. 10011110→192. 168. 10. 129~192. 168. 10. 158
192. 168. 10. 101 00001 ~192. 168. 10. 10111110→192. 168. 10. 161~192. 168. 10. 190
192. 168. 10. 110 00001 ~192. 168. 10. 11011110→192. 168. 10. 193~192. 168. 10. 222
192. 168. 10. 111 00001 ~192. 168. 10. 11111110→192. 168. 10. 225~192. 168. 10. 254

2)利用主机数来计算

问题提出:欲将 B 类 IP 地址 168. 195. 0. 0 划分成若干子网,每个子网内有主机 700 台。

解决方法：

(1)将主机数目转化为二进制来表示。

(2)如果主机数小于或等于254(注意去掉保留的两个IP地址)，则取得该主机的二进制位数为N，这里肯定$N<8$。如果大于254，则$N>8$，这就是说，主机地址将占据不止8位。

(3)将该类IP地址的前($32-N$)位全部置1，即为子网掩码值。

具体步骤：

(1)700=10 10111100。

(2)该二进制为十位数，$N=10$。

(3)子网掩码 168.195.0.0/(32-10)= 168.195.0.0/22=255.255.11111100.00000000=255.255.252.0。这就是欲划分成主机为700台的B类IP地址168.195.0.0的子网掩码。

B类IP地址实际从第3字节的主机地址借了6位，即子网数为$2^6=64$；第3字节的主机地址部分变成了2位，再加上第4字节的8位，主机IP地址数为$2^{10}-2=1\ 022$(个)。

3)注意事项

(1)使用某类IP地址划分更多子网时，在每个子网上的可用主机地址数目会比原先减少。

(2)在计算子网掩码时，要注意IP地址中的保留地址，即0地址和广播地址，它们是指网络中主机地址全为0或1时的IP地址，它们代表着本地网络地址和广播地址，一般是不能被计算在内的。

(3)现代网络技术中，可变长子网划分支持全0子网和全1子网。

4)知识的扩充

(1)使用专门的子网掩码计算工具，如SubNetter，进行子网划分。

(2)下面列出各类IP地址所能划分出的所有子网，其划分后的主机和子网占位数，以及主机和子网的(最大)数目，注意要去掉保留的IP地址(划分后有主机位全为0或全为1的)，如表2-2~表2-4所示。

表2-2　A类IP地址能划分出的所有子网的情况

子网位/主机位	子网掩码	子网最大数/主机最大数
2/22	255.192.0.0	4/4 194 302
3/21	255.224.0.0	8/2 097 150
4/20	255.240.0.0	16/1 048 574
5/19	255.248.0.0	32/524 286
6/18	255.252.0.0	64/262 142
7/17	255.254.0.0	128/131 070
8/16	255.255.0.0	256/65 534
9/15	255.255.128.0	512/32 766

续表 2-2

子网位/主机位	子网掩码	子网最大数/主机最大数
10/14	255. 255. 192. 0	1 024/16 382
11/13	255. 255. 224. 0	2 048/8 190
12/12	255. 255. 240. 0	4 096/4 094
13/11	255. 255. 248. 0	8 192/2 046
14/10	255. 255. 252. 0	16 384/1 022
15/9	255. 255. 254. 0	32 768/510
16/8	255. 255. 255. 0	65 536/254
17/7	255. 255. 255. 128	131 072/126
18/6	255. 255. 255. 192	262 144/62
19/5	255. 255. 255. 224	524 288/30
20/4	255. 255. 255. 240	1 048 576/14
21/3	255. 255. 255. 248	2 097 152/6
22/2	255. 255. 255. 252	4 194 304/2

表 2-3 B 类 IP 地址能划分出的所有子网的情况

子网位/主机位	子网掩码	子网最大数/主机最大数
2/14	255. 255. 192. 0	4/16 382
3/13	255. 255. 224. 0	8/8 190
4/12	255. 255. 240. 0	16/4 094
5/11	255. 255. 248. 0	32/2 046
6/10	255. 255. 252. 0	64/1 022
7/9	255. 255. 254. 0	128/510
8/8	255. 255. 255. 0	256/254
9/7	255. 255. 255. 128	512/126
10/6	255. 255. 255. 192	1 024/62
11/5	255. 255. 255. 224	2 048/30
12/4	255. 255. 255. 240	4 096/14
13/3	255. 255. 255. 248	8 192/6
14/2	255. 255. 255. 252	16 384/2

表 2-4　C 类 IP 地址能划分出的所有子网的情况

子网位/主机位	子网掩码	子网最大数/主机最大数
2/6	255.255.255.192	4/62
3/5	255.255.255.224	8/30
4/4	255.255.255.240	16/14
5/3	255.255.255.248	32/6
6/2	255.255.255.252	64/2

任务 5　IPv6 技术

【任务描述】

IP 协议是因特网的核心协议。现在使用的 IP(IPv4)是在 20 世纪 70 年末期设计的,无论是从计算机本身发展还是从因特网规模和网络传输速率来看,现在 IPv4 已很不适用了。要解决 IP 地址耗尽的问题,虽然各方面都在研究一些补救的方法,如用地址翻译(NAT)来缓解 IP 地址的紧张,用无类域间路由选择来改善路由性能等,但这些方法只能给 IPv4 带来暂时的改善,并不能解决长远的地址匮乏问题。

【任务分析】

为了解决现行因特网出现的问题,IETF(国际互联网工程任务组)于 1992 年开始开发 IPv6 协议,1995 年 12 月在 RFC 1883 中公布了建议标准(proposal standard),1996 年 7 月和 1997 年 11 月先后发布了版本 2 和 2.1 的草案标准(draft standard),1998 年 12 月发布了标准 RFC 2460。

我国也不断致力于 IPv6 的开发和应用。中国下一代互联网示范工程 CNGI 示范网络核心网 CNGI-CERNET2 于 2004 年建成,到 2007 年已与全国 20 个城市的 167 所高校科研机构进行了互联,传输速度达到 2.5~10 Gb/s。2017 年 11 月 26 日,中共中央办公厅、国务院办公厅印发了《推进互联网协议第六版(IPv6)规模部署行动计划》(以下简称《计划》),极大地推进了我国 IPv6 的部署和应用加速。

1. IPv6 的技术特点

与 IPv4 相比,IPv6 具有如下优点:

(1)扩展的寻址能力。

IPv6 将 IP 地址长度从 32 位扩展到 128 位,以支持大规模数量的网络节点。采用了层次化的地址结构把 IPv6 的地址空间按照不同的地址前缀来划分,以利于骨干网路由器对数据包的快速转发。

(2)简化的报头和灵活的扩展。

IPv6 对数据报头做了简化,以减少处理器开销并节省网络带宽。IPv6 的报头由一个基本报头和多个扩展报头(Extension Header)构成,基本报头具有固定的长度(40 字节),放置所有路由器都需要处理的信息。由于 Internet 上的绝大部分数据包都只是被路由器简单地转发,因此固定的报头长度有助于加快路由速度。IPv6 还定义了多种扩展报头,这使得IPv6变得极其灵活,能提供对多种应用的强力支持,如路由、分段报头、身份认证报头,同时又为以后支持新的应用提供了可能。

(3)即插即用的联网方式。

IPv6自动将IP地址分配给用户的功能作为标准功能。只要机器一连接上网络便可自动设定地址。它有两个优点:一是最终用户不用进行地址设定;二是可以大大减轻网络管理者的负担。IPv6有两种自动设定功能:一种是和IPv4自动设定功能一样的名为“全状态自动设定”功能;另一种是“无状态自动设定”功能。

(4)网络层的认证与加密。

安全问题始终是与Internet相关的一个重要话题。由于在IP协议设计之初没有考虑安全性,因而在早期的Internet上时常发生诸如企业或机构网络遭到攻击、机密数据被窃取等事件。为了加强Internet的安全性,从1995年开始,IETF着手研究制定了一套用于保护IP通信的IP安全协议(IPSec)。IPSec是IPv4的一个可选扩展协议,是IPv6的一个必须组成部分。

(5)服务质量的满足。

基于IPv4的Internet在设计之初,只有一种简单的服务质量,即采用“尽最大努力”传输,从原理上讲服务质量QoS是无保证的。文本传输、静态图像等传输对QoS并无要求。随着IP网上多媒体业务增加,如IP电话、VoD、电视会议等实时应用,对传输延时和延时抖动均有严格的要求。

IPv6数据包的格式包含一个8位的通量类(Class)和一个新的20位的流标签(Flow Label)。IPv6中流的概念仍然是在无连接协议的基础上引入的,一个流可以包含几个TCP连接,一个流的目的地址可以是单个节点也可以是一组节点。IPv6的中间节点接收到一个信息包时,通过验证它的流标签,就可以判断它属于哪个流,然后就可以知道信息包的QoS需求,进行快速的转发。

(6)对移动通信更好的支持。

未来移动通信与互联网的结合将是网络发展的大趋势之一。移动互联网将成为我们日常生活的一部分,改变我们生活的方方面面。移动互联网不仅仅是移动接入互联网,它还提供一系列以移动性为核心的多种增值业务:查询本地化设计信息、远程控制工具、无限互动游戏、购物付款等。移动IPv6的设计汲取了移动IPv4的设计经验,并且利用了IPv6许多新的特征,所以提供了比移动IPv4更多的、更好的特点。移动IPv6成为IPv6协议不可分割的一部分。

2. IPv6的地址表示方法

IPv6地址有3种格式,即首选格式、压缩格式和内嵌IPv4的IPv6格式。

1)首选格式

首选格式就是采用冒号十六进制法,也就是说,将IPv6的128位地址的每个16位划分为一段,每段被转换为一个4位十六进制数,并用冒号隔开,例如:

68E6:8C64:FFFF:0:1180:F:960A:FFFF

在第4段中将0000的前3个0省略了,在六段中将000F缩写为F。

2)压缩格式

压缩格式是指一连串连续的零可以为一对冒号所取代,例如:

FF05:0:0:0:0:0:0:B3

可以写成:

FF05::B3

3)内嵌 IPv4 的 IPv6 格式

冒号十六进制法可结合点分十进制记法的后缀。这种结合在 IPv4 向 IPv6 转换阶段特别有用。例如,下面的串是一个合法的冒号十六进制法,即内嵌 IPv4 的 IPv6 格式。

0:0:0:0:0:0:128.10.2.1

也可使用压缩格式,写成:

::128.10.2.1

3. IPv6 的地址的种类

IPv6 定义了三种不同的地址类型,分别为单点传送地址(Unicast Address),多点传送地址(Multicast Address)和任意点传送地址(Anycast Address)。所有类型的 IPv6 地址都是属于接口(Interface)而不是节点(node)。一个 IPv6 单点传送地址被赋给某一个接口,而一个接口又只能属于某一个特定的节点,因此一个节点的任意一个接口的单点传送地址都可以用来标识该节点。

IPv6 中的单点传送地址是连续的,以位为单位的可掩码地址与带有 CIDR 的 IPv4 地址很类似,一个标识符仅标识一个接口的情况。在 IPv6 中有多种单点传送地址形式,包括基于全局提供者的单点传送地址、基于地理位置的单点传送地址、NSAP 地址、IPX 地址、节点本地地址、链路本地地址和兼容 IPv4 的主机地址等。

多点传送地址是一个地址标识符对应多个接口的情况(通常属于不同节点)。IPv6 多点传送地址用于表示一组节点。一个节点可能会属于几个多点传送地址。在 Internet 上进行多播是在 1988 年随着 D 类 IPv4 地址的出现而发展起来的。这个功能被多媒体应用程序所广泛使用,它们需要一个节点到多个节点的传输。RFC 2373 对于多点传送地址进行了更为详细的说明,并给出了一系列预先定义的多点传送地址。

任意点传送地址也是一个标识符对应多个接口的情况。如果一个报文要求被传送到一个任意点传送地址,则它将被传送到由该地址标识的一组接口中的最近一个(根据路由选择协议距离度量方式决定)。任意点传送地址是从单点传送地址空间中划分出来的,因此它可以使用表示单点传送地址的任何形式。从语法上来看,它与单点传送地址间是没有差别的。当一个单点传送地址被指向多于一个接口时,该地址就成为任意点传送地址,并且被明确指明。当用户发送一个数据包到这个任意点传送地址时,离用户最近的一个服务器将响应用户。这对于一个经常移动和变更的网络用户大有益处。

4. IPv4 向 IPv6 的过渡

由于现在整个 Internet 网上使用老版本 IPv4 的路由器的数量太大,因此"规定一个日期,从这一天起所有的路由器一律都改用 IPv6",这样显然是不可行的。因此,向 IPv6 过渡只能采用逐步演进的办法,同时还必须使新安装的 IPv6 系统向后兼容。这就是说,IPv6 系统必须能够接收和转发 IPv4 的分组,并且能够为 IPv4 分组选择路由。

下面介绍两种向IPv6过渡的策略,即使用双协议栈和使用隧道技术。

1)双协议栈

双协议栈(Dual Stack)是指在完全过渡到IPv6之前,使一部分主机(或路由器)装有两个协议栈,一个IPv4和一个IPv6,因此双协议栈主机(或路由器)既能够和IPv6的系统进行通信,又能够和IPv4的系统进行通信。双协议栈主机(或路由器)记为IPv6/IPv4,表明它具有两种IP地址:一个IPv6地址和一个IPv4地址。

2)隧道技术

隧道技术就是在IPv6数据报要进入IPv4网络时,将IPv6数据报封装成IPv4数据报(整个IPv6数据报变成了IPv4数据报的数据部分)。然后IPv6数据报就在IPv4网络的隧道中传输。当IPv4数据报离开IPv4网络的隧道时再将其数据部分(原来的IPv6数据报)交给主机的IPv6协议栈。

总结与回顾

本单元介绍了计算机网络体系结构的基本概念,其中重点介绍了ISO/OSI参考模型和TCP/IP模型。在ISO/OSI参考模型的介绍中,重点是各层功能,这对于理清概念与层次、理论与应用之间的关系至关重要;在ISO/OSI参考模型的介绍中,除各层的功能外,重点对常用的协议及其选择方法、IP编址与子网划分进行了介绍,并且本着实用的原则,对这两种模型之间的异同和IPv6也做了一定程度的介绍。

实训与练习

一、名词解释

1. 协议　2. 体系结构　3. 服务　4. 接口　5. OSI

二、判断题

1. 体系结构由服务和接口两部分构成。　(　　)
2. IP是面向连接的、可靠的协议。　(　　)
3. OSI中的“开放”意味着其中的标准可由人们任意修改和添加。　(　　)
4. 10.0.0.1是一个公用的A类地址。　(　　)
5. IPv6使用128个二进制位表示地址。　(　　)
6. 子网掩码的作用是确定一个绑定IP地址的主机属于哪个网络。　(　　)

三、简答题

1. 简述OSI/RM模型中数据的封装与拆分过程。
2. 比较IPv6与IPv4的异同。
3. 简述A、B、C类公用IP地址的范围及其子网掩码。
4. 简述A、B、C类私用IP地址的范围及其子网掩码。
5. 比较TCP与UDP的异同。
6. 简述IP、DNS、DHCP、ARP、RARP、ICMP的用途。

7. OSI/RM 没有得以推广应用的主要原因有哪些?

四、实训题

1. 某公司获得一个 C 类网络号 206. 120. 33. 0,该公司拥有 4 个部门,每部门的主机不超过 30 台,各自连成小型局域网,自成体系。要求:通过为这 4 个小网分配 IP 地址段和子网掩码,实现它们之间的互联和子网划分。

2. 某厅局网络中心欲将 B 类 IP 地址 168. 195. 0. 0 划分成 27 个子网,以供各市局网络使用,请问该如何划分?

第3单元　网络互联设备

【课程思政】

在信息时代,交换机、路由器是维护国家信息安全的重要基础设施之一。习近平总书记鼓励我们要坚持走创新的路,把核心技术牢牢掌握在自己手里。通过使用国产交换机、路由器,可以保障国家信息安全,维护国家利益。其产业链包括芯片、设备制造、软件开发等多个环节,可以带动相关产业的发展。同时,国产交换机的推广应用还能够促进信息技术的普及和应用,提高生产效率和服务质量,为经济发展提供有力支撑。国际市场竞争激烈,国内企业通过自主研发和技术创新,逐步提升国产交换机的品质和性能,使其在国际市场上更具竞争力,有助于推动我国信息产业的国际化发展。

计算机与计算机或工作站与服务器进行连接时,除使用连接介质外,还需要一些中介设备,才能把它们连接起来。本单元将介绍工作于不同层中的网络互联设备。学习网络设备是进行网络系统运行和维护的基础。

项目1　网络传输介质互联设备

【项目目标】

- 了解网络传输介质的作用。
- 了解网络传输介质互联设备。

任务1　认识网络传输介质互联设备

【任务描述】

在计算机网络中,节点之间必须使用传输介质才能联通,但传输介质有多少种?它们是如何与用户节点连接的?

【任务分析】

传输介质是通信网络中发送方和接收方之间的物理通路。传输介质与用户节点具体连接时,可能遇到以下几种设备。

1. 屏蔽或非屏蔽双绞线连接器 RJ-45

RJ-45 非屏蔽双绞线连接器有 8 根连针,在 10Base-T 以太网、100Base-TX 以太网、1000Base-TX 以太网中都可以使用,传输介质都是双绞线,不过根据带宽的不同对介质也有不同的要求,特别是 1000Base-TX 千兆以太网连接时,至少要使用超 5 类线,若要保证稳定高速还要使用 6 类线。

2. 千兆以太网光纤网卡

千兆以太网光纤网卡采用 SC 光纤接口，通过光纤尾纤（见图 3-1，SC－SC）连接到千兆以太网上，缓解主机拥塞，为终端提供更高的带宽，解决 Intranet 模式中主机网卡的瓶颈问题。

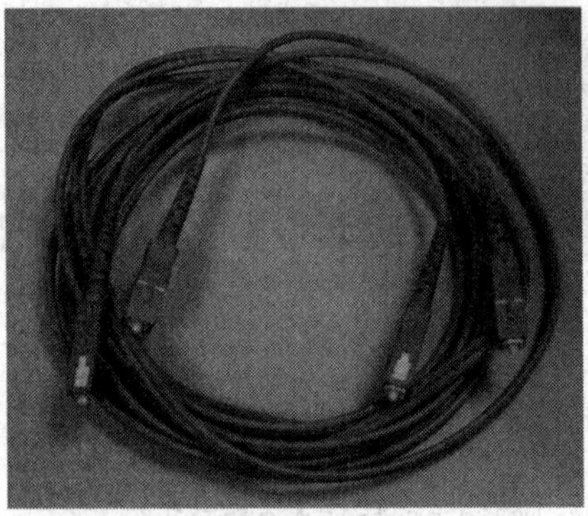

图 3-1　SC－SC 的光纤尾纤

3. BNC 接口

BNC 是专门用于与细同轴电缆连接的接口，细同轴电缆也就是我们常说的细缆。BNC 接口与细缆连接时，有手工安装和工具型安装之分，用户可根据实际情况和线路的可靠性进行选择。

目前采用同轴电缆作为传输介质的网络已经很少见了，而一般是在 RJ－45 接口的基础上为了兼顾同轴电缆介质的网络连接，配上 BNC 或 AUI 接口。

4. AUI 接口

AUI 接口专门用于连接粗同轴电缆，早期的网卡上有这样的接口与集线器、交换机相连组成网络，现在一般用不到了。

AUI 接口是一种“D”型 15 针接口，之前在令牌环网或总线型网络中使用，可以借助于外接的收发转发器（AUI-to-RJ－45），实现与 10Base－T 以太网的连接。

5. RS－232（DB－25）接口

RS－232（DB－25）接口是目前计算机与线路接口的常用方式。

6. DB－9 串口

DB－9 串口可以用于连接鼠标，也可以用于交换机或路由器的 CONSOLE（控制台）端口。新购买的路由器或交换机若设置参数，CONSOLE 端口是最常用、最基本的路由器或交换机管理和配置端口。

当使用计算机配置路由器或交换机时，必须使用反转线将路由器或交换机的 CONSOLE 端口与计算机的串口连接在一起，这种连接线一般来说需要特制，根据计算机端所使用的串口，选择制作 RJ－45－to－DB－9 转换适配器。

7. 调制解调器

调制解调器（Modem）的功能是将计算机的数字信号转换成模拟信号或反之，以便在电话线路或微波线路上传输。调制是把数字信号转换成模拟信号；解调是把模拟信号转换成数字信号，它一般通过串口与计算机相连。

任务 2　网线的制作与测试

【任务描述】

掌握直通线与交叉线的制作规范和方法。

【任务分析】

网络设备（网卡、集线器、交换机）之间一般采用双绞线进行连接。双绞线有 4 组共 8 根线，用颜色来区分，白橙与橙、白蓝与蓝、白绿与绿、白棕与棕两两绞在一起，常用于星型拓扑结构的网络中。双绞线的 8 根线要接入 RJ-45 连接头（俗称“水晶头”），如图 3-2、图 3-3 所示。

图 3-2　双绞线

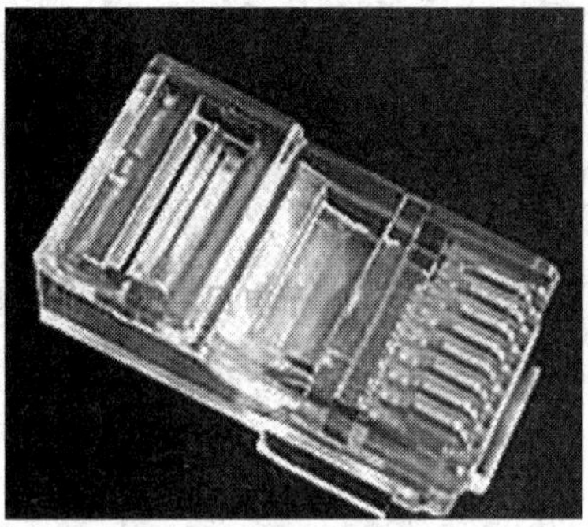

图 3-3　连接双绞线用水晶头

【操作步骤】

1. 网线的制作

下面以图示的方法介绍双绞线接入水晶头的制作过程，如图 3-4～图 3-14 所示。

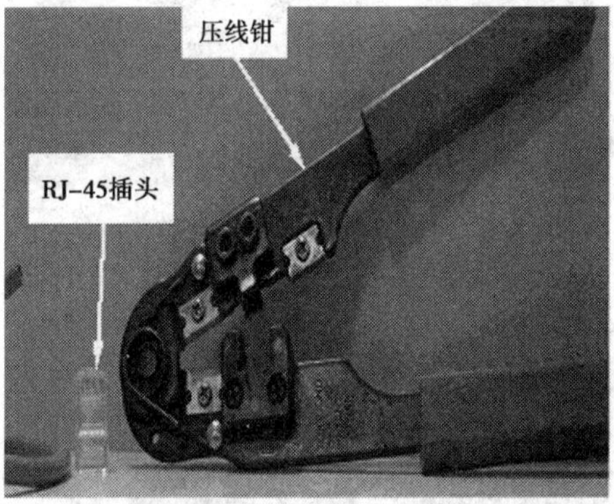

图 3-4　步骤一：准备

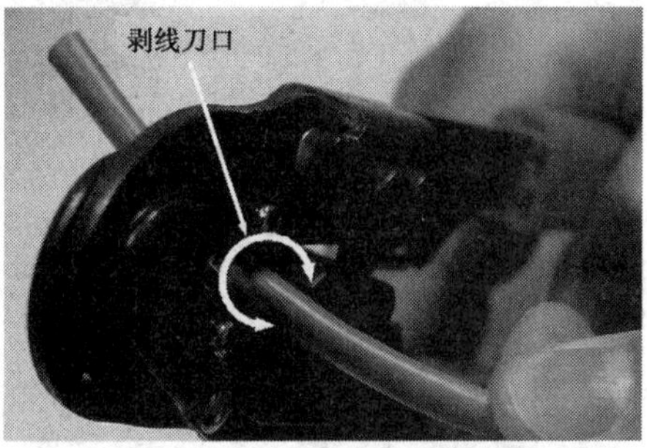

图 3-5　步骤二：剥线

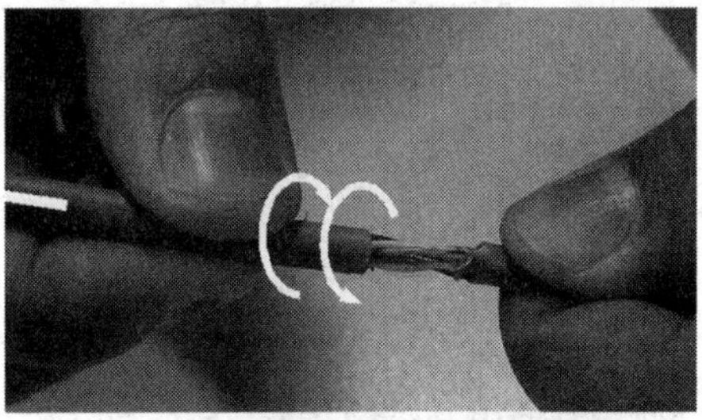

图 3-6　步骤三：抽出外套层

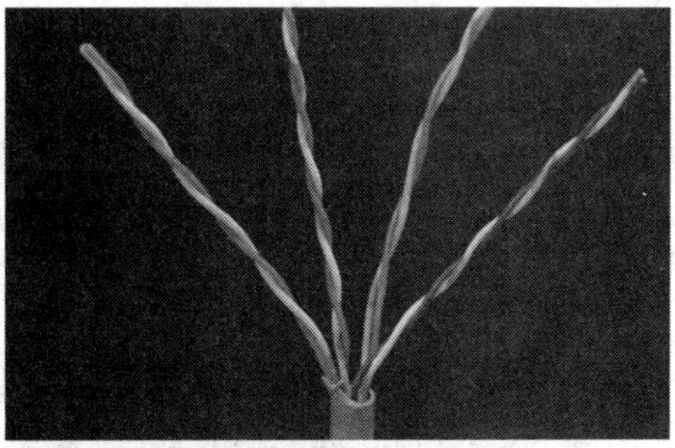

图 3-7　步骤四：露出 4 对线

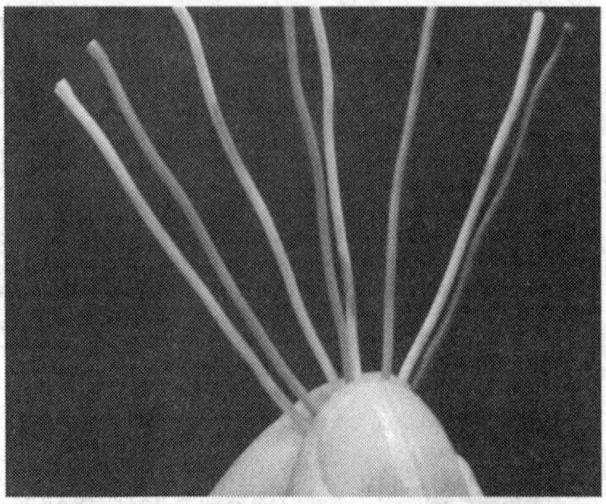

图 3-8　步骤五:按序号排好

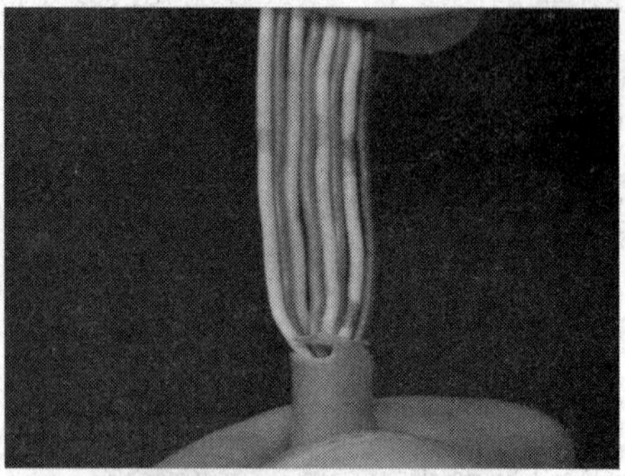

图 3-9　步骤六:排列整齐

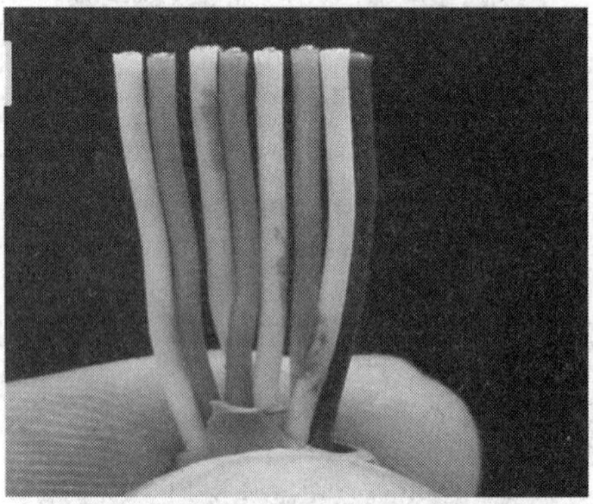

图 3-10　步骤七:剪断

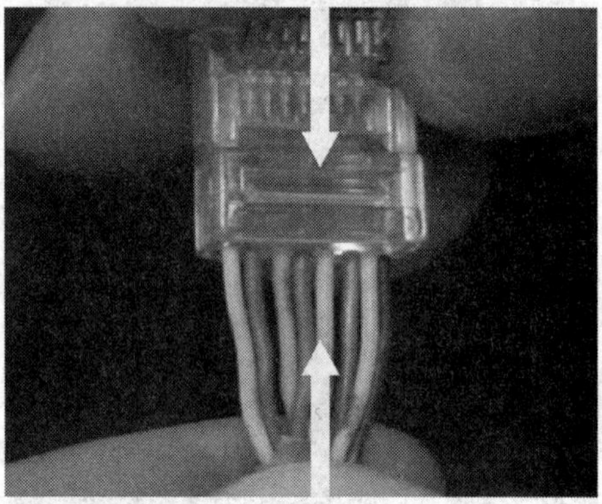

图 3-11　步骤八:放入插头

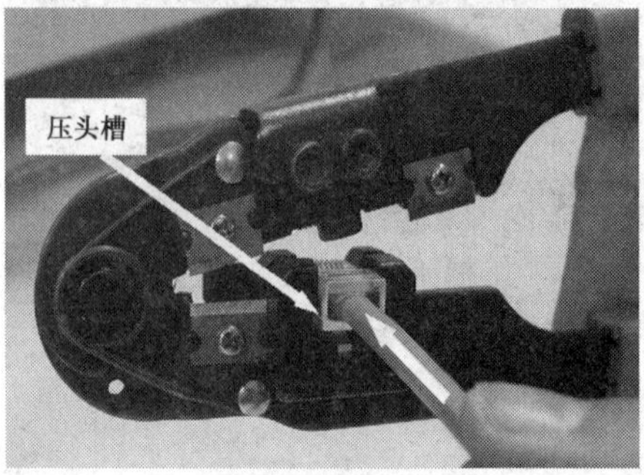

图 3-12　步骤九:准备压实

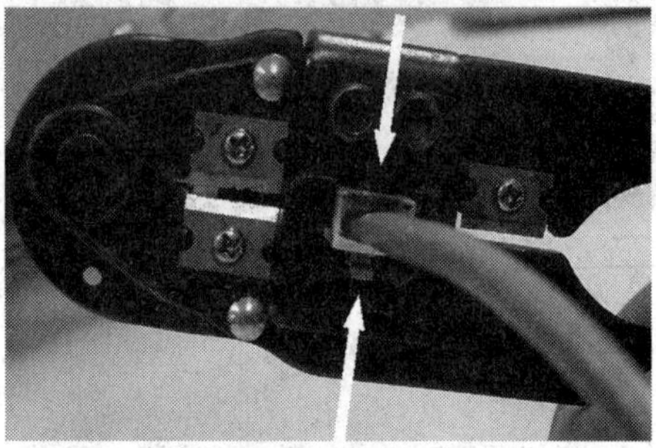

图 3-13　步骤十:压紧

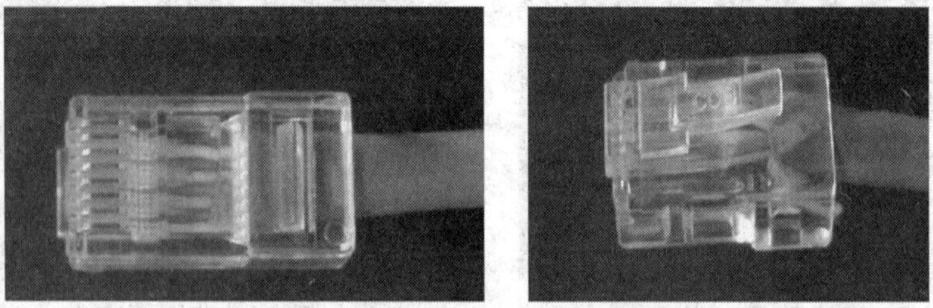

图 3-14　做好后的接头正反面

提示：在双机互联网线的制作中，因双机互联时网卡上的接线排序相同，因此连接线需要设为反线序，即水晶头一端遵循568A标准，而另一端则采用568B标准。

2. 网线的测试

测试线路是否通畅应使用RJ-45测试仪，如图3-15所示。

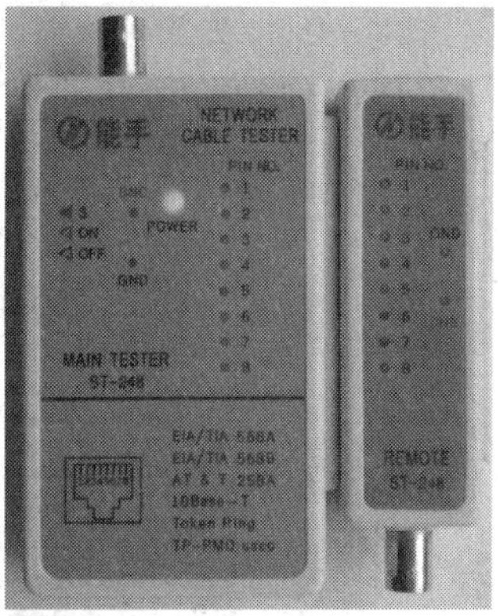

图3-15 RJ-45测试仪

测试时，将网线插头分别插入主测试器和远程测试器，如果是直通线，则主测试器和远程测试器的8个指示灯1—2—3—4—5—6—7—8依次闪亮；如果是交叉线，则主测试器的8个指示灯1—2—3—4—5—6—7—8依次闪亮，而远程测试器对应的8个指示灯按3—6—1—4—5—2—7—8闪亮。

【知识链接】

1. 双绞线电缆及连接线

1）双绞线的结构

双绞线电缆由两股彼此绝缘，而又拧在一起的导线组成。双绞线的目的是抵消电缆中由于电流流动而产生的电磁场干扰，对绞的两条线，扭绞的次数越多，抗干扰的能力越强。为了提高双绞线的抗干扰能力，还可以在双绞线的外壳上加一层金属屏蔽护套。因此，它可分为非屏蔽双绞线电缆UTP（Un-shielded Twisted-Pair）和屏蔽双绞线电缆STP（Shielded-Pair）两种。屏蔽双绞线电缆比非屏蔽双绞线电缆传输可靠，串音减少，具有更高的数据传输率，传输的距离更远。

2）双绞线连接器

双绞线连接器通常被称为RJ插头，可用于双绞线电缆和网卡或其他设备如集线器、调制解调器、电话等的连接。根据双绞线电缆的类型，RJ插头也有不同的规格，常见的是用于电话的RJ-11型插头（4线）以及RJ-45型插头（8线）。

3）非屏蔽双绞线类型

非屏蔽双绞线根据传输特性可以分为以下类型，如表3-1所示。

表3-1 非屏蔽双绞线的类型

类型	导线对数	传输率	应用特性
1类线	2	话音级	用于电话场合，但不适合数据传输（虽然也可以用于短距离场合）
2类线	2	4 Mb/s	可以用于数据通信，但实际很少使用；568A标准中没有此种类型
3类线	4	10 Mb/s	用于10Base-T网络及语音通信
4类线	4	16 Mb/s	用于语音传输和IBM令牌环网
5类线	4	100 Mb/s	用于语音传输和以太网100Base-TX网络
超5类线	4	1 000 Mb/s	满足大多数应用需要，尤其支持千兆以太网1000Base-TX
6类线	4	1 000 Mb/s	支持千兆以太网1000Base-TX

2. RJ-45 接头及跳线

一般而言,RJ-45 接头用于局域网中双绞线电缆的连接。在 8 根 4 对的双绞线中,实际上只有 4 根 2 对线用于传输数据。其中 1、2 线对用于发送数据,3、6 线对用于接收数据。按照 TIA/EIA 568A 标准和 TIA/EIA 568B 标准,连接头与电缆线对的连接和排列有两种不同的方法,其颜色标志及电缆线对的排列顺序如下,如图 3-16、图 3-17 所示。

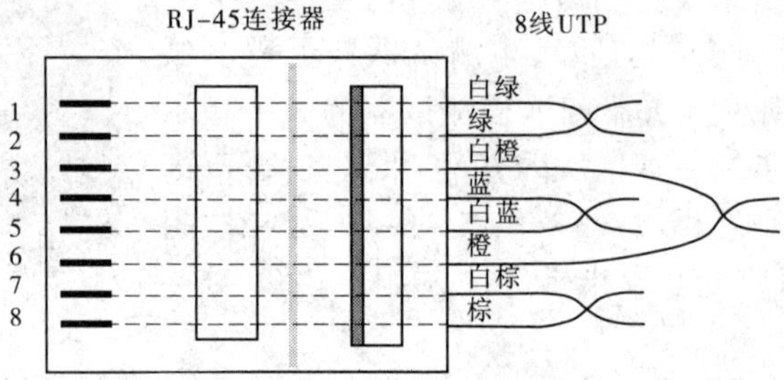

图 3-16　TIA/EIA 568A 线序

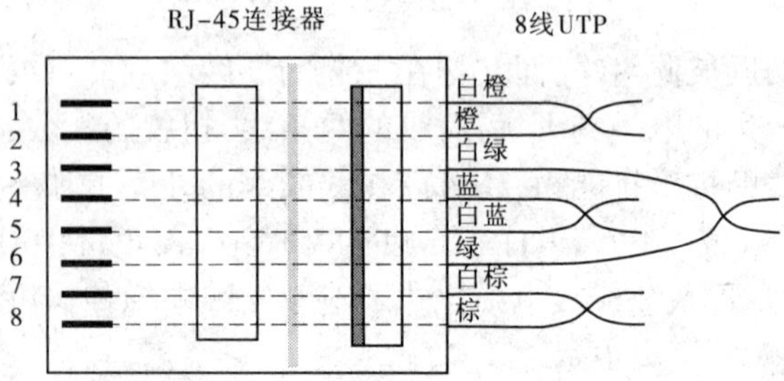

图 3-17　TIA/EIA 568B 线序

TIA/EIA 568A 标准规定线对顺序为

1—白绿;2—绿;3—白橙;4—蓝;5—白蓝;6—橙;7—白棕;8—棕。

TIA/EIA 568B 标准规定线对顺序为

1—白橙;2—橙;3—白绿;4—蓝;5—白蓝;6—绿;7—白棕;8—棕。

在实际的连接中,关键要保证 1、2 线对是一对;3、6 线对是一对;4、5 线对是一对;7、8 线对是一对。实际应用中使用较多的是 TIA/EIA 568B 的接线方法。

双绞线的连接方法主要有直通方式和交叉方式。直通连接方法一般用于计算机与集线器或配线架与集线器之间的连接。这种连接方式的电缆两端的 RJ-45 连接头中的线序完全相同,线缆两端都是 TIA/EIA 568A 或都是 TIA/EIA 568B 的连接。交叉连接方法一般用于集线器与集线器或者网卡与网卡之间的连接。这种连接方式的电缆两端的 RJ-45 连接头中的线序,一端是 TIA/EIA 568A 的连接,而另一端是 TIA/EIA 568B 的连接。

任务 3　常用的网络操作命令

【任务描述】

经常需要对网络设备之间的联通性进行测试,利用操作系统本身内置的一些网络故障诊断命令,再结合网络测试工具,就可以满足日常网络维护的要求。

【任务分析】

常用的网络故障诊断命令有 Ping、Ipconfig/Winipcfg、Arp、Netstat、Tracert 等命令。

【知识链接】

1. Ping 命令

1）了解 Ping 命令

Ping 命令是一个基于 ICMP 的实用程序，它的主要功能是检测网络的联通情况和分析网络速度。由于该命令发送的数据包非常小，在网上传递得非常快，所以可以快速地检测出当前的网络故障。

凡是应用 TCP/IP 协议的局域网或广域网，当客户端之间无法正常进行访问或者网络工作出现各种不稳定的情况时，建议大家使用 Ping 命令测试网络的通信是否正常，多数情况下是可以一次奏效的。

2）Ping 命令的使用

选择"开始"→"程序"→"附件"命令，选择"命令提示符"，打开"命令提示符"窗口，在窗口命令行下，输入"ping 127.0.0.1"，其中"127.0.0.1"是用于本地回环测试的 IP 地址（"127.0.0.1"代表本地主机），按回车键后，就会显示测试结果，如图 3-18 所示。

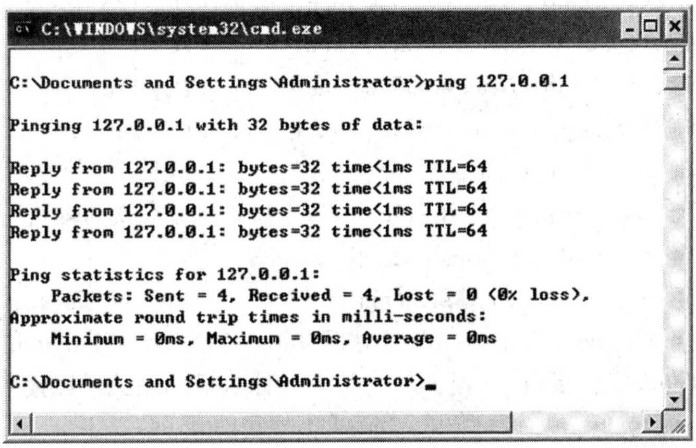

图 3-18　Ping 命令的使用

若输入简单的"ping 127.0.0.1"命令，Ping 程序将对本机网卡进行检测。在返回 4 次检测结果中，如果网卡工作正常，网卡的返回时间将小于 10 ms。

一般 Ping 公网地址，响应时间小于 300 ms 都可以认为是正常，当时间超过 400 ms 时，则说明这里连接较慢。出现"请求暂停（Request timeout）"信息意味着网址没有在 1 s 内响应，这表明服务器没有对 Ping 做出响应的配置或者网址反应极慢。如果出现 4 个"请求暂停"信息，说明网址拒绝 Ping 请示，因为过多的 Ping 测试会对网络服务器产生不必要的消耗，因此许多网络管理员会对服务器进行必要的设置，不让服务器接受无限制的 Ping 测试。

3）Ping 命令的参数介绍

从命令格式中输入"ping /?"可以看出它的详细使用方法，Ping 命令后面是它的执行参数，下面对其常用参数做详细的介绍。

-t：不间断地 Ping 指定计算机，直到管理员中断。

-a:将地址解析为计算机名。

-n count:发送 count 指定的 Echo(空)数据包数。在默认情况下,Ping 将发送 4 个数据包。通过这个参数,我们可以定义发送的个数,这对衡量网络平均速度很有帮助。例如,输入“ping -n 60 202.102.224.25”,可以测试发送到主机的 60 个数据包的返回平均时间为多少,最快时间为多少,最慢时间为多少。

-l size:指定发送到目标主机的数据包的大小。在默认的情况下 Windows 的 Ping 发送的数据包大小为 32 Byte,用户也可以自己定义它的大小,但有一个大小的限制,就是最大只能发送 65 500 Byte。因为 Windows 系列的系统都有一个安全漏洞。当一次发送的数据包大于或等于 65 532 Byte 时,将可能导致接收方计算机宕机。微软公司为了解决这一安全漏洞,限制了 Ping 的数据包大小。虽然微软公司已经做了此限制,但这个参数配合其他参数以后危害依然非常强大,比如攻击者可以通过-t 参数实施 Dos 攻击。

例如:ping -l 65500 -t 172.16.0.88

```
Pinging 172.16.0.88 with 65500 Bytes of data:
Reply from 172.16.0.88: Bytes=65500 time=12ms TTL=128
Reply from 172.16.0.88: Bytes=65500 time=13ms TTL=128
Reply from 172.16.0.88: Bytes=65500 time=12ms TTL=128
Reply from 172.16.0.88: Bytes=65500 time=12ms TTL=128
Reply from 172.16.0.88: Bytes=65500 time=12ms TTL=128
Reply from 172.16.0.88: Bytes=65500 time=12ms TTL=128
Ping statistics for 172.16.0.88:
        Packets: Sent = 6, Received = 6, Lost = 0 (0% loss),
    Approximate round trip times in milli-seconds:
        Minimum = 12ms, Maximum = 13ms, Average = 12ms
```

这样它就会不停地向 172.16.0.88 计算机发送大小为 65 500 Byte 的数据包,如果只有一台计算机也许没有什么效果,但如果有很多台计算机那么就可以使对方完全瘫痪。

4)Ping 命令的实训总结

网络故障可能由许多因素引起,如本地配置错误、远程主机协议失效、设备故障。下面列出了一个典型的网络管理员排除网络故障的步骤:

(1)使用 ipconfig/all 观察本地网络设置是否正确。

(2)ping 127.0.0.1。127.0.0.1 是回环地址,Ping 回环地址是为了检查本地的 TCP/IP 协议有没有设置好。

(3)Ping 本机 IP 地址,这样可以检查本机的 IP 地址是否设置有误。

(4)Ping 本网网关或本网 IP 地址,这样做的目的是检查硬件设备是否有问题,也可以检查本机与本地网络连接是否正常(在非局域网中这一步骤可以忽略)。

(5)Ping 远程 IP 地址,检查本网或本机与外部的连接是否正常。

最后提供作者的一点经验:一般网络错误的原因主要是协议设置出现了问题,可以从软件方面着手进行检查。如果网络设置正确,测试本地主机也联通,但与相邻主机不联通,网卡与交换机相连端口的网线也没有出现松动,那么 TCP/IP 协议或网卡驱动程序要重新安装一遍。如果问题还没有解决,最后检查的重点是与交换机所连的端口。

2. Ipconfig/Winipcfg 命令

1）了解 Ipconfig 和 Winipcfg 命令

利用 Ipconfig 和 Winipcfg 命令可以查看和修改网络中与 TCP/IP 协议有关的配置。在发现和解决 TCP/IP 网络问题时，首先需要检查出有问题的计算机上的 TCP/IP 配置，如 IP 地址、网关、子网掩码等。这两个工具在 Windows 9x 中都能使用，功能基本相同，只是 Ipconfig 是以 DOS 的字符形式显示，在 Windows 9x/2000/XP 中都可以使用；而 Winipcfg 则用图形界面显示，只能在 Windows 9x 中使用。

2）Ipconfig 命令的使用

Ipconfig/?：显示 Ipconfig 的格式和参数的英文说明。

在本地主机执行不带参数的 Ipconfig 命令，如图 3-19 所示。

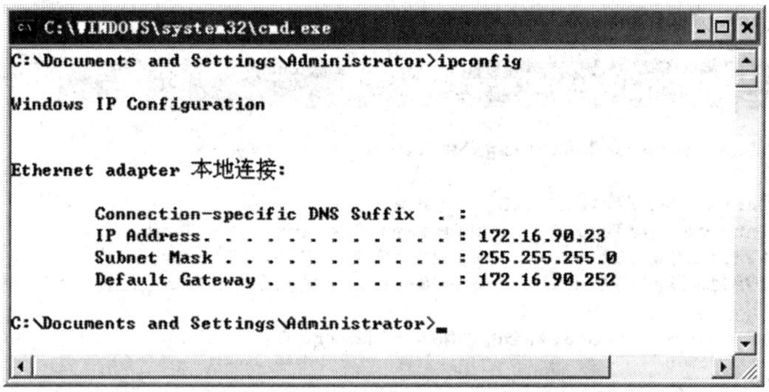

图 3-19　不带参数的 Ipconfig 命令

使用带/all 参数的 Ipconfig 命令时，将给出所有接口的详细配置报告，从而可以了解当前计算机使用的网卡类型、主机的 IP 地址、子网掩码、路由器的地址，甚至包括任何已配置的串行端口和网络适配器的物理地址，如图 3-20 所示。如果 IP 地址是从 DHCP 服务器租用的，Ipconfig 将显示 DHCP 服务器的 IP 地址和租用地址预计失效的日期。

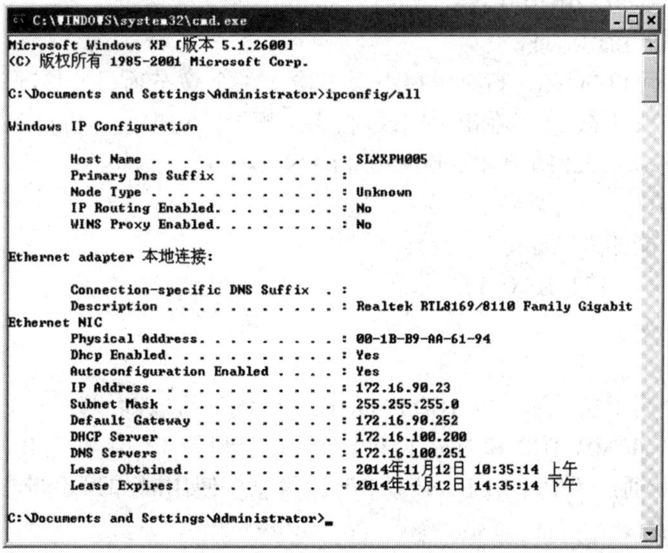

图 3-20　参数/all 的使用

3. Arp 命令

1) 了解 Arp 命令

我们知道,每个网卡都有一个全球唯一的物理地址,上网时,动态的 IP 地址就是根据这个物理地址进行映射的。在每台安装 TCP/IP 协议的电脑里都有一个 ARP 缓存表,表里的 IP 地址与 MAC 地址是一一对应的。

Arp. exe 是一个管理网卡底层物理地址的程序。利用该命令可以显示和修改地址解析协议(ARP)缓存中的项目。如果在没有参数的情况下使用 Arp 命令将显示帮助信息。

2) Arp 命令的使用

(1) arp -a。

本命令用于查看高速缓存中的所有项目。

例如,arp-a,结果如图 3-21 所示。-a 可被视为 all,即全部的意思。

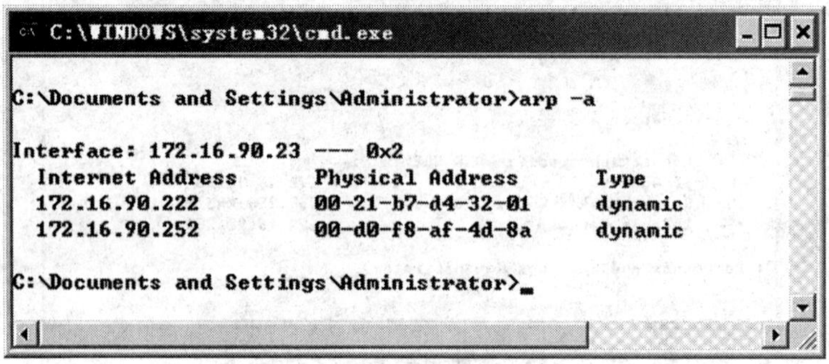

图 3-21　显示缓存表

(2) arp -a IP。

如果有多块网卡,那么使用 arp - a 命令加上接口的 IP 地址,就可以只显示与该接口相关的 ARP 缓存项目。

例如,arp - a 172. 16. 0. 135。

(3) arp -s IP 物理地址。

使用该命令可以向 ARP 高速缓存中人工输入一个静态项目。该项目在计算机引导过程中将保持有效状态,或者在出现错误时,人工配置的物理地址将自动更新该项目。

例如,arp - s　172. 16. 0. 135 00-50-8b-e9-04-00。

(4) arp -d IP。

使用本命令能够人工删除一个静态项目。

例如,arp - d　172. 16. 0. 135。

4. Netstat 命令

1) 了解 Netstat 命令

Netstat 命令用于显示活动的 TCP 连接、计算机侦听的端口、以太网统计信息、IP 路由表、IPv4(对于 IP、ICMP、TCP 和 UDP 协议)统计信息以及 IPv6(对于 IPv6、ICMPv6、通过 IPv6 的 TCP 以及通过 IPv6 的 UDP 协议)统计信息。使用时如果不带参数,Netstat 显示活动的 TCP 连接。

Netstat 使用格式:Netstat[-a][-e][-n][-s][-p proto][-r][interval]

-a:显示所有活动的 TCP 连接以及计算机侦听的 TCP 和 UDP 端口。

-e：显示以太网统计信息，如发送和接收的字节数、数据包数。该参数可以与-s 结合使用。

-n：以数字表格形式显示地址和端口。

-s：显示每个协议的使用状态(包括 TCP 协议、UDP 协议、IP 协议)。

-p proto：显示通过 proto 参数指定的协议的连接。proto 参数可以是 TCP、UDP 或 IP 协议。

-r：显示本机路由表的内容。

interval：每隔 interval 秒重新显示一次选定的信息。按 Ctrl+C 键停止重新显示统计信息。如果省略该参数，Netstat 将只打印一次选定的信息。

2) Netstat 命令的使用

(1) 要显示本机路由表信息，执行如下命令：

netstat － r

结果如图 3-22 所示。

```
C:\WINDOWS\system32\cmd.exe

C:\Documents and Settings\Administrator>netstat -r

Route Table
===========================================================================
Interface List
0x1 ........................... MS TCP Loopback interface
0x2 ...00 1b b9 aa 61 94 ...... Realtek RTL8169/8110 Family Gigabit Ethernet NIC
 - 360 Wifi QHNAT Miniport
===========================================================================
===========================================================================
Active Routes:
Network Destination        Netmask          Gateway       Interface  Metric
          0.0.0.0          0.0.0.0    172.16.90.252   172.16.90.23       20
        127.0.0.0        255.0.0.0        127.0.0.1      127.0.0.1       1
      172.16.90.0    255.255.255.0     172.16.90.23   172.16.90.23       20
     172.16.90.23  255.255.255.255        127.0.0.1      127.0.0.1       20
   172.16.255.255  255.255.255.255     172.16.90.23   172.16.90.23       20
        224.0.0.0        240.0.0.0     172.16.90.23   172.16.90.23       20
  255.255.255.255  255.255.255.255     172.16.90.23   172.16.90.23       1
Default Gateway:      172.16.90.252
===========================================================================
Persistent Routes:
  None

C:\Documents and Settings\Administrator>_
```

图 3-22　显示路由表

(2) 要想显示以太网统计信息和所有协议的统计信息，执行以下命令：

netstat -e -s

(3) 要想仅显示 TCP 和 UDP 协议的统计信息，执行以下命令：

netstat -s -p tcp udp

5. Tracert 命令

1) 了解 Tracert 命令

Tracert(跟踪)命令是路由跟踪实用程序，用于确定 IP 数据包访问目标所采取的路径。Tracert 命令用 IP 生存时间(TTL)字段和 ICMP 错误消息来确定从一个主机到网络上其他主机的路由。通过向目标发送不同 IP 生存时间(TTL)值的“Internet 控制消息协议(IMCP)”回应数据包，Tracert 诊断程序确定本机到目标所采取的路由。Tracert 先发送

TTL 为 1 的回应数据包,并在随后的每次发送过程中将 TTL 递增 1,直到目标响应或 TTL 达到最大值,从而确定路由。

2) Tracert 命令的使用

Tracert 实用程序对于解决网络问题非常有用。使用不带参数的 Tracert 显示帮助。例如,输入"tracert www. 163. com "命令,可以看到 Tracert 程序会自动将 www. 163. com 域名解析为 IP 地址,如图 3-23 所示。

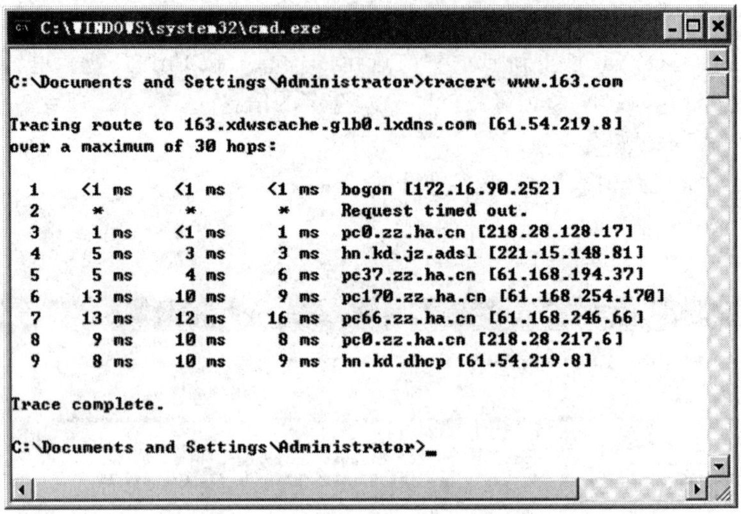

图 3-23 Tracert 命令的应用实例

从返回的结果可以看出,从当前计算机到 www. 163. com,需要经过 8 个路由器。其中第一个路由器"172. 16. 90. 252",是本地网络的路由器,所以响应时间非常快。而其后的几个路由器,则由于处的位置不同,响应也有所不同。

项目 2 物理层互联设备

【项目目标】

- 了解中继器的功能。
- 了解集线器的功能。

任务 1 中继器

【任务描述】

由于存在损耗,在物理线路上传输的信号功率会逐渐衰减,衰减到一定程度时将造成信号失真,因此会导致接收错误。中继器就是为解决这一问题而设计的。

【任务分析】

中继器(Repeater)是连接网络线路的一种装置,常用于两个网络节点之间物理信号的双向转发工作。中继器是最简单的网络互联设备,主要完成物理层的功能,负责在两个节点的物理层上按位传递信息,完成信号的复制、调整和放大功能,以此来延长网络的长度。它在 OSI 参考模型(开放系统互联参考模型,OSI/RM)中的位置如图 3-24 所示。

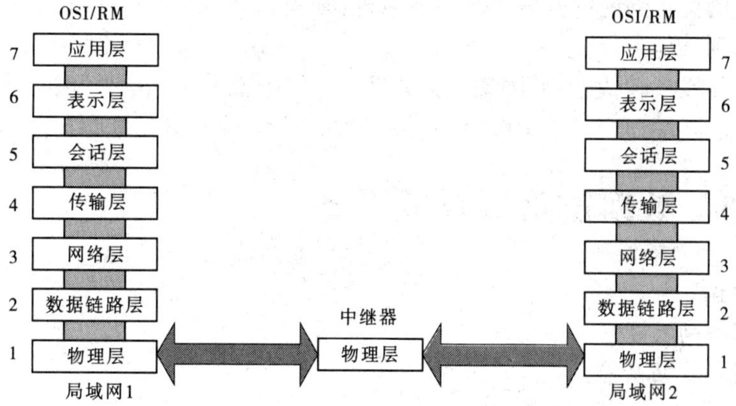

图 3-24 中继器在 OSI 参考模型中的位置

一般情况下,中继器的两端连接的是相同的媒体,但有的中继器也可以完成不同媒体的转换工作。从理论上讲,中继器的使用是无限的,网络也因此可以无限延长。事实上这是不可能的,因为网络标准中都对信号的延迟范围做了具体的规定,中继器只能在此规定范围内进行有效的工作,否则易引起网络故障。以太网标准中就约定了一个以太网上只允许出现 5 个网段,最多使用 4 个中继器,而且其中 3 个网段可以挂接计算机终端。

任务 2 集线器

【任务描述】

对于多台设备要连到网络中的情况,集线器作为网络中的中央节点,克服了中继器单一通道的缺陷。

【任务分析】

集线器(Hub)是中继器的一种形式,区别在于集线器能够提供多端口服务,也称为多口中继器。集线器在 OSI 参考模型中的位置如图 3-25 所示。

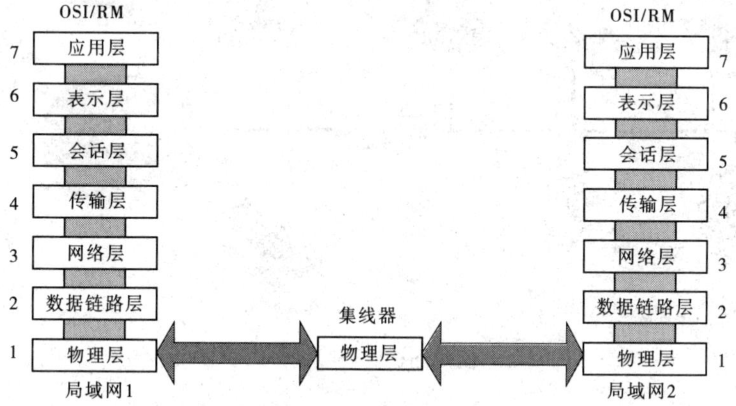

图 3-25 集线器在 OSI 参考模型中的位置

集线器是局域网中使用的连接设备,它具有多个端口,可连接多台计算机。在局域网中常以集线器为中心,将所有分散的工作站与服务器连接在一起,形成星型结构的局域网系统。集线器的优点除能够互联多个终端以外,还有一点在于当一个节点的线路发生故障时不会影响到其他节点。

集线器产品发展较快,局域网集线器通常分为以下五种不同的类型:单中继网段集线器、多网段集线器、端口交换式集线器、网络互联集线器、交换式集线器。

项目3　数据链路层互联设备

【项目目标】

- 掌握网桥的功能。
- 掌握交换机的功能。

任务1　网桥

【任务描述】

要实现不同局域网的连接需要用到网桥。网桥能把两个物理网络(段)连接成一个逻辑网络,使这个逻辑网络的行为看起来就像一个单独的物理网络。

【任务分析】

网桥(Bridge)是一个局域网与另一个局域网之间建立连接的桥梁,如图3-26所示。网桥是属于数据链路层的一种设备,它的作用是扩展网络和通信手段,在各种传输介质中转发数据信号,扩展网络的距离,同时又有选择地将有地址的信号从一个传输介质发送到另一个传输介质,并能有效地限制两个介质系统中无关紧要的通信。网桥可分为本地网桥和远程网桥。本地网桥是指在传输介质允许长度范围内互联网络的网桥;远程网桥是指连接的距离超过网络的常规范围时使用的远程桥,通过远程网桥互联的局域网将成为城域网或广域网。如果使用远程网桥,则远程桥必须成对出现。

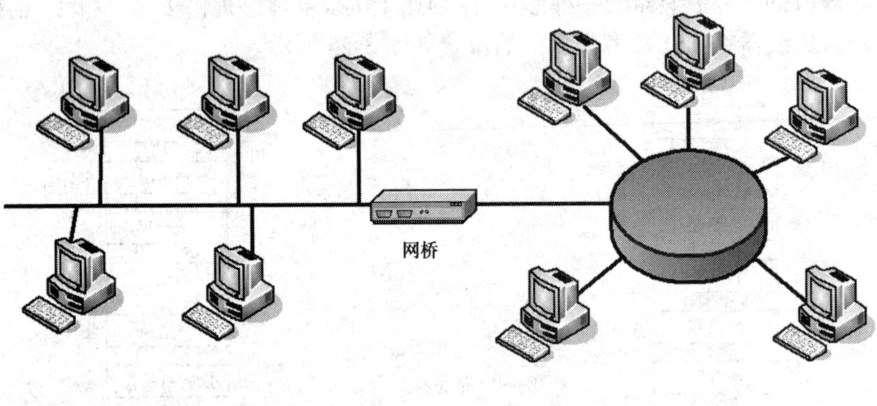

图3-26　使用网桥实现数据链路层互联

在网络的本地连接中,网桥可以使用内桥和外桥。内桥是文件服务的一部分,通过文件服务器中的不同网卡连接起来的局域网,由文件服务器上运行的网络操作系统来管理。外桥安装在工作站上,实现两个相似或不同的网络之间的连接。外桥不是运行在网络文件服务器上,而是运行在一台独立的工作站上,外桥可以是专用的,也可以是非专用的。

作为专用网桥的工作站不能当普通工作站使用,只能建立两个网络之间的桥接。而非专用网桥的工作站既可以作为网桥,也可以作为工作站。

任务2 交换机

【任务描述】

局域网交换机拥有许多端口,每个端口有自己的专用带宽,并且可以连接不同的网段。交换机各个端口之间的通信是同时的、并行的,这就大大提高了信息吞吐量。

为了实现交换机之间的互联或与高档服务器的连接,局域网交换机一般拥有一个或几个高速端口,如100 Mb/s以太网端口、FDDI(Fiber Distributed Data Interface)端口或155 Mb/s ATM端口,从而保证整个网络的传输性能。

【任务分析】

1. 交换机的功能

通过集线器共享局域网的用户不仅是共享带宽,而且是竞争带宽。可能由于个别用户需要更多的带宽而导致其他用户的可用带宽相对减少,甚至被迫等待,因而也就耽误了通信和信息处理。利用交换机的网络微分段技术,可以将一个大型的共享式局域网的用户分成许多独立的网段,减少竞争带宽的用户数量,增加每个用户的可用带宽,从而缓解共享网络的拥挤状况。由于交换机可以将信息迅速而直接地送到目的地,能大大提高速度和带宽,能保护用户以前在介质方面的投资,并提供良好的可扩展性,因此交换机不但是网桥的理想替代物,而且是集线器的理想替代物。

与网桥和集线器相比,交换机从以下几方面改进了性能:

(1)通过支持并行通信,提高了交换机的信息吞吐量。

(2)将传统的一个大局域网上的用户分成若干工作组,每个端口连接一台设备或连接一个工作组,有效地解决拥挤现象。这种方法人们称为网络微分段技术。

(3)虚拟网(VLAN)技术的出现,给交换机的使用和管理带来了更大的灵活性。

(4)端口密度可以与集线器相媲美,一般的网络系统都有一个或几个服务器,而绝大部分都是普通的客户机。客户机都需要访问服务器,这样就导致服务器的通信和事务处理能力成为整个网络性能好坏的关键。

交换机主要从提高连接服务器的端口的速率以及相应的帧缓冲区的大小,来提高整个网络的性能,从而满足用户的要求。一些高档的交换机还采用全双工技术进一步提高端口的带宽。以前的网络设备基本上都是采用半双工的工作方式,即当一台主机发送数据包的时候,它就不能接收数据包,当接收数据包的时候,就不能发送数据包。由于采用全双工技术,即主机在发送数据包的同时,还可以接收数据包,普通的10 Mb/s端口就可以变成20 Mb/s端口,普通的100 Mb/s端口就可以变成200 Mb/s端口,这样就进一步提高了信息吞吐量。

2. 二层交换技术

二层交换技术发展比较成熟,二层交换机属数据链路层设备,可以识别数据包中的MAC(Media Access Control,介质访问控制)地址信息,根据MAC地址进行转发,并将这些

MAC 地址与对应的端口记录在自己内部的一个地址表中。具体的工作流程如下：

(1)当交换机从某个端口收到一个数据包时，它先读取包头中的源 MAC 地址，这样它就知道源 MAC 地址的机器是连在哪个端口上的。

(2)再去读取包头中的目的 MAC 地址，并在地址表中查找相应的端口。

(3)如地址表中有与该目的 MAC 地址对应的端口，把数据包直接复制到该端口上。

(4)如地址表中找不到相应的端口，则把数据包广播到所有端口上，当目的机器对源机器回应时，交换机又可以掌握一个目的 MAC 地址与哪个端口对应，在下次传送数据时就不再需要对所有端口进行广播了。

不断地循环这个过程，对于全网的 MAC 地址信息都可以掌握到，二层交换机就是这样建立和维护自己的地址表。

3. 转发方式

转发方式分为直通式转发、存储式转发和无碎片直通式转发(更高级的直通式转发)，由于不同的转发方式适用于不同的网络环境，因此应根据实际需要进行选择。低端交换机通常只有一种转发方式，或是存储转发模式，或是直通模式，通常只有中高端产品才兼具两种转发模式，并具有智能转换功能，即交换机加电后，按直通转发方式工作，若链路可靠性太差或帧碎片太多，交换机就会自动切换为存储转发工作方式，以获得较高的工作效率。

1)直通式转发

直通式转发是在输入端口检测到一个数据包后，只检查其包头，取出目的地址，通过内部的地址表确定相应的输出端口，然后把数据包转发到输出端口。这样就完成了交换。因为它只检查数据包的包头(通常只检查 14 B)，所以这种方式具有延迟时间短，交换速度快的优点。直通式转发的缺点是：第一，不具备错误检测和处理能力；第二，如果要连到高速网络上，如提供快速以太网(100Base-T)、FDDI 或 ATM 连接，就不能简单地将输入、输出端口"接通"，因为输入、输出端口的速度有差异；第三，当交换机的端口增加时，交换矩阵将变得越来越复杂，实现起来比较困难。直通式转发如图 3-27 所示。

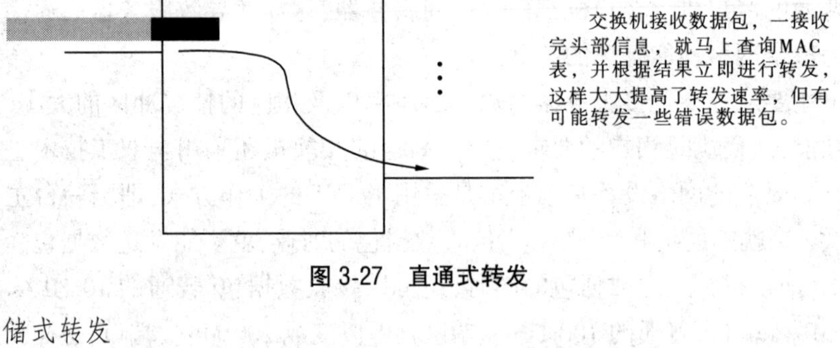

图 3-27　直通式转发

2)存储式转发

存储式转发是计算机网络领域使用得最为广泛的技术之一。在这种工作方式下，交换机的控制器先缓存输入到端口的数据包，然后进行 CRC(Cylie Redundancy Check，循环冗余校验)，滤掉不正确的包，确认包正确后，取出目的地址，通过内部的地址表确定相应的输出端口，然后把数据包转发到输出端口。

存储式转发在处理数据包时延迟时间比较长，但它可以对进入交换机的数据包进行错误检测，并且能支持不同速度的输入、输出端口间的数据交换。

支持不同速度端口的交换机必须使用存储转发方式，否则就不能保证高速端口和低速端口间的正确通信。例如，当需要把数据从 10 Mb/s 端口传送到 100 Mb/s 端口时，就必须缓存来自低速端口的数据包，再以 100 Mb/s 的速率进行发送。存储式转发如图 3-28 所示。

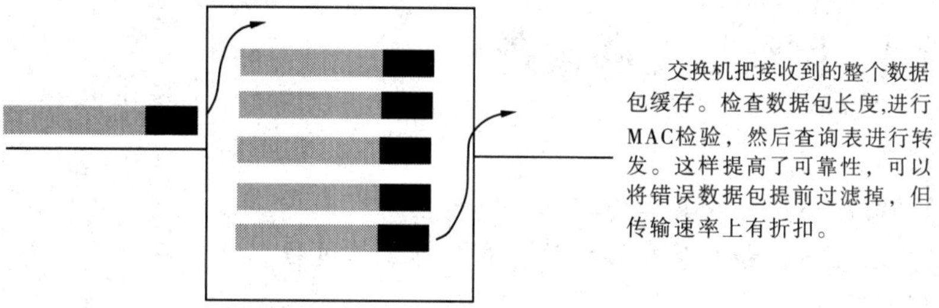

图 3-28　存储式转发

3）无碎片直通式转发

碎片是指信息发送过程中由于冲突而产生的残缺不全的帧（残帧）。碎片是无用的信息。

无碎片直通式转发是介于直通式转发和存储式转发之间的一种解决方案。它检查数据包的长度是否够 64 B（512 b），如果小于 64 B，说明该包是碎片，则丢弃该包；如果大于 64 B，则发送该包。该方式的数据处理速度比存储式转发方式快，但比直通式转发慢。由于能够避免残帧的转发，所以此方式被广泛应用于低档交换机中。

该方式使用了一种特殊的缓存。这种缓存采用先进先出（First In First Out，FIFO）的方式工作，即帧从一端进入，再以同样的顺序从另一端出来。当帧被接收时，它被保存在 FIFO 缓存中，如果帧以小于 512 b 的长度结束，那么 FIFO 缓存中的内容（残帧）就会被丢弃。因此，采用此方式不存在直通式转发交换存在的残帧转发问题，是一个比较好的解决方案，能够在较大程度上提高网络的工作效率。无碎片直通式转发如图 3-29 所示。

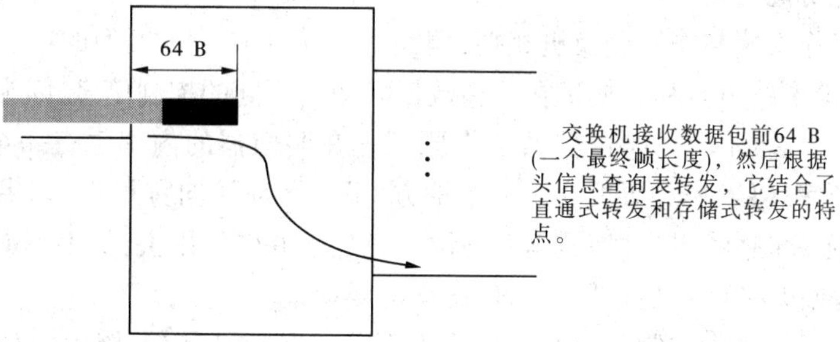

图 3-29　无碎片直通式转发

通常情况下，如果网络对数据的传输速率要求不是太高，可选择存储式转发；网络对数据的传输速率要求较高，可选择直通式转发。

4. 背板带宽

背板带宽是交换机接口处理器或接口卡和数据总线间所能吞吐的最大数据量。背板带宽标志了交换机总的数据交换能力，单位为 Gb/s，也称交换总线带宽，一般的交换机的背板带宽从几 Gb/s 到上百 Gb/s 不等。交换机的背板带宽越高，其所能处理数据的能力就越强，但同时设计成本也会越高。

项目 4　网络层互联设备

【项目目标】

- 掌握路由器的功能及其工作过程。
- 掌握三层交换机和四层交换机的功能及其工作过程。

任务 1　路由器

【任务描述】

如图 3-30 所示，PCA 需要向 PCB 传送信息（并假定 PCB 的 IP 地址为 118.0.6.1），它们之间如何通过多个路由器进行接力传递。

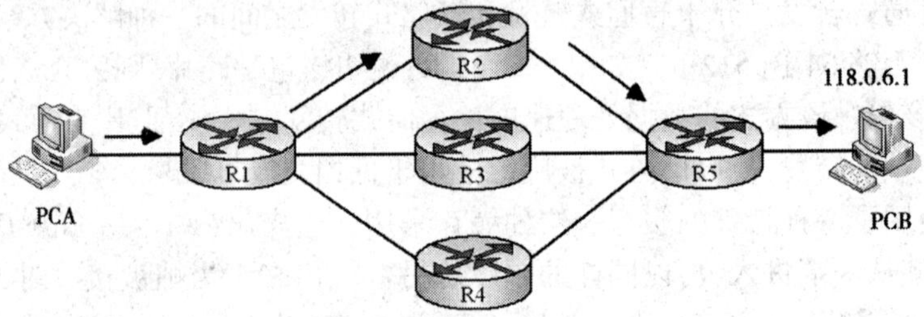

图 3-30　路由器的工作原理

【任务分析】

1. 路由器的功能

路由器的工作模式与二层交换机相似，但路由器工作在 OSI 模型的第三层——网络层，这个区别决定了路由器和交换机在传递数据时使用不同的控制信息，因为控制信息不同，实现功能的方式就不同。路由器的工作原理是在路由器的内部也有一个表（叫作路由表），这个表所表述的是，如果要去某一个地方，下一步应该向哪里走；如果能从路由表中找到数据包下一步往哪里走，把数据链路层信息加上并转发出去；如果不能知道下一步走向哪里，则将此包丢弃，然后返回一个信息交给源地址。

路由器内部可以分为控制部分和数据通道部分。在控制部分，路由协议可以有不同的类型。路由器通过路由协议交换网络的拓扑结构信息，依照拓扑结构动态生成路由表。在数据通道上，转发机制从输入线路接收 IP 包后，分析与修改包头，使用转发表查找输出端口，把数据交换到输出线路上。

而路由表的维护，也有两种不同的方式。一种是路由信息的更新，将部分或者全部的路由信息公布出去，路由器通过互相学习路由信息，就掌握了全网的拓扑结构，这一类的路由协议称为距离矢量路由协议；另一种是路由器将自己的链路状态信息进行广播，通过互相学习掌握全网的路由信息，进而计算出最佳的转发路径，这类路由协议称为链路状态路由协议。

由于路由器需要做大量的路径计算工作，一般来讲处理器的工作能力直接决定其性能的优劣。当然这一说法还是对中低端路由器而言的，因为高端路由器往往采用分布式处理系统进行设计。

2. 路由器的工作原理

(1)在网络间截获发送到远地网段的报文，起转发的作用。

(2)选择最合适的路由，引导通信。为了实现这一功能，路由器要按照某种路由通信协议，查找路由表，路由表中列出整个互联网络中包含的各个节点，以及节点间的路径情况和它们相联系的传输费用。如果到特定的节点有一条以上路径，则基于预先确定的准则选择最优(最经济)的路径。由于各种网络段和其相互连接情况可能发生变化，因此路由情况的信息需要及时更新，这是由所使用的路由信息协议规定的定时更新或者按变化情况更新来完成。网络中的每个路由器按照这一规则动态地更新它所保持的路由表，以便保持有效的路由信息。

(3)路由器在转发报文的过程中，为了便于在网络间传送报文，按照预定的规则把大的数据包分解成适当大小的数据包，到达目的地后再把分解的数据包包装成原有形式。

(4)多协议的路由器可以连接使用不同通信协议的网络段，作为不同通信协议网络段通信连接的平台。

(5)路由器的主要任务是把通信引导到目的地网络，然后到达特定的节点站地址。后一个功能是通过网络地址分解完成的。例如，把网络地址部分的分配指定成网络、子网和区域的一组节点，其余的用来指明子网中的特别站。分层寻址允许路由器对有很多个节点站的网络存储寻址信息。

在广域网范围内的路由器按其转发报文的性能可以分为两种类型，即中间节点路由器和边界路由器。尽管在不断改进的各种路由协议中，对这两种路由器所使用的名称可能有很大的差别，但所发挥的作用却是一样的。

中间节点路由器在网络中传输时，提供报文的存储和转发。同时根据当前的路由表所保持的路由信息情况，选择最好的路径传送报文。有多个互联的LAN组成的公司或企业网络一侧和外界广域网相联接的路由器，就是这个企业网络的边界路由器。它从外部广域网收集向本企业网络寻址的信息，转发到企业网络中有关的网络段；另外集中企业网络中各个LAN段向外部广域网发送的报文，对相关的报文确定最好的传输路径。

3. 路由器的具体工作过程

(1)PCA将PCB的地址118.0.6.1连同数据信息以数据帧的形式发送给路由器R1。

(2)路由器R1接收到PCA的数据帧后，先从报头中取出地址118.0.6.1，并根据路径表计算出发往PCB的最佳路径(路由器R1→路由器R2→路由器R5→PCB)，并将数据帧发往路由器2。

(3)路由器R2重复路由器R1的工作，并将数据帧转发给路由器R5。

(4)路由器R5同样取出目的地址，发现118.0.6.1就在该路由器所连接的网段上，于是将该数据帧直接交给 PCB。

(5)PCB 收到工作站 A 的数据帧,宣告一次通信过程结束。

事实上,路由器除上述的路由选择这一主要功能外,还具有网络流量控制功能。有的路由器仅支持单一协议,但大部分路由器可以支持多种协议的传输,即多协议路由器。由于每一种协议都有自己的规则,要在一个路由器中完成多种协议的算法,势必会降低路由器的性能。因此,我们认为,支持多协议的路由器性能相对较低。用户购买路由器时,需要根据自己的实际情况,选择自己需要的网络协议的路由器。

近年来出现了交换路由器产品,从本质上来说它不是什么新技术,而是为了提高通信能力,把交换机的原理组合到路由器中,使数据传输能力更快、更好。

4. 路由器的优缺点

1) 优点

(1)适用于大规模的网络。

(2)适用于复杂的网络拓扑结构,能实现负载共享和最优路径。

(3)能更好地处理多媒体。

(4)安全性高。

(5)隔离不需要的通信量。

(6)节省局域网的带宽。

(7)减少主机负担。

2) 缺点

(1)不支持非路由协议。

(2)安装复杂。

(3)价格高。

5. 集线器、交换机与路由器的特点

1) 集线器的特点

①所有端口同在一个广播域内;②所有端口同在一个冲突域内;③所有端口共享带宽;④广播式转发数据。

2) 交换机的特点

①交换机的所有端口都在一个广播域内;②交换机每个端口带宽是独立的;③交换机每个端口都是独立的冲突域;④交换机能够识别数据链路层的控制信息。

3) 路由器的特点

①路由器每个端口都是独立的广播域;②路由器每个端口都是独立的冲突域;③路由器能够识别网络层的控制信息。

任务 2　三层交换机

【任务描述】

为了适应网络应用深化带来的挑战,网络在规模和速度方向都在急剧发展,局域网的速度已从最初的 10 Mb/s 提高到 100 Mb/s,目前千兆以太网技术已得到普遍应用。

在网络结构方面也从早期的共享介质的局域网发展到目前的交换式的局域网。交换式局域网技术使专用的带宽为用户所独享,极大地提高了局域网传输的效率。可以说,在网络系统集成的技术中,直接面向用户的第一层接口和第二层交换技术方面已得到令人满意的答案。但是,作为网络核心,起到网间互联作用的路由器技术却没有质的突破。在这种情况下,一种新的路由技术应运而生,这就是第三层交换技术。

【任务分析】

1. 三层交换机的概念

三层交换(也称多层交换技术,或 IP 交换技术)是相对于传统交换概念而提出的。众所周知,传统的交换技术是在 OSI 网络标准模型中的第二层——数据链路层进行操作的,而三层交换技术是在网络模型中的第三层实现了数据包的高速转发。简单地说,三层交换技术就是二层交换技术+三层转发技术。

三层交换技术既可以说是路由器技术,因为它可操作在网络协议的第三层,是一种路由连接设备,并可起到路由决定的作用;也可说是交换机技术,是因为它的速度极快,几乎达到第二层交换的速度。

三层交换技术的出现,打破了局域网中网段划分之后网段中子网依赖路由器进行管理的局面,解决了传统路由器低速、复杂所造成的网络瓶颈问题。

2. 三层交换机原理

首先通过一个简单的网络来看看三层交换机的工作过程。

使用 IP 的设备 A 通过三层交换机与使用 IP 的设备 B 相连。例如,设备 A 要给设备 B 发送数据,已知目的 IP,那么设备 A 就用子网掩码取得网络地址,判断目的 IP 是否与自己在同一网段。如果在同一网段,但不知道转发数据所需的 MAC 地址,设备 A 就发送一个 ARP 请求,设备 B 返回其 MAC 地址,设备 A 用此 MAC 封装数据包并发给交换机,交换机启用二层交换模块,查找 MAC 地址表,将数据包转发到相应的端口。

如果目的 IP 地址显示不是同一网段的,那么设备 A 要实现和设备 B 的通信,而在流缓存条目中没有对应 MAC 地址条目,就将第一个正常数据包发送向一个缺省网关,这个缺省网关一般在操作系统中已经设好,对应第三层路由模块,所以对于不是同一子网的数据,最先在 MAC 表中放的是缺省网关的 MAC 地址;然后就由三层模块接收到此数据包,查询路由表以确定到达设备 B 的 MAC 地址为目的 MAC 地址。通过一定的识别出发机制,确立主机 A 与主机 B 的 MAC 地址以及转发端口的对应关系,并记录在流缓存条目表,以后的设备 A 到设备 B 的数据,就直接交由二层交换模块完成。这就通常所说的一次路由多次转发。

以上就是三层交换机工作过程的简单概括,可以看出三层交换的特点:

(1)结合硬件实现数据的高速转发。

这不是简单的二层交换机和路由器的叠加,三层路由模块直接叠加在二层交换的高速背板总线上,突破了传统路由器的接口速率限制,速率可达几十 Gb/s。此项参数与背板带宽是三层交换机性能的两个重要参数。

(2)简洁的路由软件使过程简化。

大部分的数据转发,除必要的路由选择由路由软件处理外,其他的路由选择都是由二层模块高速转发,路由软件大多都是经过处理的高效优化软件,并不是简单照搬路由器中的软件。

3. 二层交换、三层交换、四层交换与路由器技术的区别

二层交换机用于小型的局域网络。在小型局域网中,广播包影响不大,二层交换机的快速交换功能、多个接入端口和低廉价格为小型网络用户提供了很完善的解决方案。

路由器的优点是接口类型丰富,支持的三层功能强大,路由能力强大,适合用于大型的网络间的路由。三层交换机的优势在于选择最佳路由、负荷分担、链路备份以及和其他网络进行路由信息的交换等路由器所具有的功能。

三层交换机的最重要的功能是加快大型局域网络内部的数据的快速转发,加入路由功能也是为了这个目的服务的。如果把大型网络按照部门、地域等因素划分成一个个小局域网,这将导致大量的网际互访,单纯地使用二层交换机不能实现网际互访;如单纯地使用路由器,由于接口数量有限和路由转发速度慢,将限制网络的速度和网络规模,采用具有路由功能的快速转发的三层交换机就成为首选。一般来说,在内网数据流量大,要求快速转发响应的网络中,如全部由三层交换机做这个工作,会造成三层交换机负担过重,响应速度受影响,将网络的路由交路由去完成,充分发挥不同设备的优点,不失为一种好的组网策略,当然,前提是客户的经济实力很强,不然就退而就求其次,让三层交换机也兼为网际互联。

第四层交换的一个简单定义是:它是一种功能,它决定传输不仅仅依据 MAC 地址(第二层网桥)或源/目标 IP 地址(第三层路由),而且依据 TCP/UDP(第四层)应用端口。第四层交换功能就像是虚拟 IP,指向物理服务器。它传输的业务、服从的协议多种多样,有 HTTP、FTP、NFS、Telnet 或其他协议。这些业务在物理服务器基础上,需要复杂的载量平衡算法。在 IP 世界,业务类型由终端 TCP 或 UDP 端口地址来决定,在第四层交换中的应用区间则由源端和终端 IP 地址、TCP 和 UDP 端口共同决定。

4. 端口号

OSI 模型的第四层是传输层。传输层负责端对端通信,并包括有 TCP 协议和 UDP 协议。工作于网络层的 IP 协议负责主机到主机的通信,只能将报文传送给目的计算机。但是,这是一种不完整的传输。这个报文还必须送到正确的进程。TCP 和 UDP 就是负责将报文转发给适当进程的。

两台主机要进行远程通信就必须定义本地主机、本地进程、远程主机、远程进程。

要定义进程,就要定义 IP 地址和端口号。本地主机和远程主机是用 IP 地址来定义的。端口号可以唯一区分每个数据包包含哪些应用协议(例如 HTTP、FTP 等)。在 TCP/IP 协议栈中,端口号是 0~65 535 的整数。

客户程序使用端口号定义它自己,这个端口号由运行在客户主机上的 UDP 软件随机选取,这种端口号叫作短暂端口号。当本地主机访问远程主机的某种网络访问时,有远程主机的 IP 地址和熟知端口号、本地主机的 IP 地址和短暂端口号,便可以进行完整的传输,如图 3-31 所示。

Internet 地址分配机构(IANA)将端口号划分为三个范围:熟知的、注册的和动态的(或私有的)。

(1)熟知端口号:0~1 023,由 IANA 指派和控制。表 3-2 和表 3-3 分别是 TCP 和 UDP

协议的熟知端口。

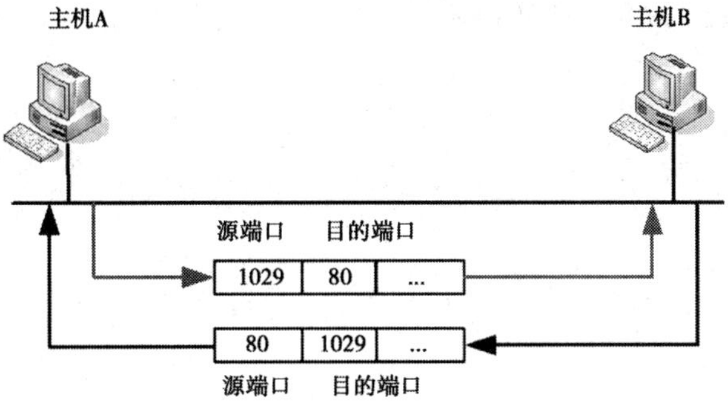

图 3-31 端口号

表 3-2 TCP 的熟知端口

端口	协议	说明
7	Echo	将收到的数据报回送到发送端
20	FTP(Data)	文件传送协议(数据连接)
21	FTP(Control)	文件传送协议(控制连接)
23	Telnet	远程登录
25	SMTP	简单邮件传送协议
53	DNS	域名服务
80	HTTP	超文本传送协议

表 3-3 UDP 的熟知端口

端口	协议	说明
7	Echo	将收到的数据报回送到发送端
53	DNS	域名服务
69	TFTP	简单文件传输协议
161	SNMP	简单网络管理协议
162	SNMP	简单网络管理协议(陷阱)

(2)注册端口:1 024~49 151,IANA 不指派也不控制。它们只能在 IANA 注册以防止重复。

(3)动态端口:49 152~65 535,既不用指派也不用注册。它们可以由任何进程来使用,是临时的端口。

项目 5　应用层互联设备

【项目目标】

- 了解网关的功能。
- 了解防火墙的功能。

任务 1　网关

【任务描述】

在一个计算机网络中，当连接不同类型且协议差别又较大的网络时，要选用网关(Gateway)设备。

【任务分析】

网关的功能体现在 OSI 模型的最高层，它将协议进行转换，将数据重新分组，以便在两个不同类型的网络系统之间进行通信。由于协议转换是一个复杂的事，一般来说，网关只进行一对一转换，或是少数几种特定应用协议的转换，网关很难实现通用的协议转换，用于网关转换的应用协议有电子邮件、文件传输和远程工作站登录等。

网关和多协议路由器(或特殊用途的通信服务器)组合在一起可以连接多种不同的系统。

与网桥一样，网关可以是本地的，也可是远程的。当然，有些网关可通过软件来实现协议转换操作，并能起到与硬件类似的作用，但是以损耗计算机的运行时间为代价来实现的。

网关在概念上与网桥相似，它与网桥有以下几点不同之处：

(1)网关用于实现不同局域网的连接。

(2)网关建立在应用层，网桥建在数据链路层。

(3)网关可以将具有不相容的地址格式的网络连接起来，而网桥则不能实现此功能。

目前，网关已成为网络上每个用户都能访问大型主机的通用工具。

任务 2　防火墙

【任务描述】

在大厦构造中，防火墙被用来防止火从大厦的一部分传播到另一部分。网络的防火墙与此相类似：防止因特网的危险传播到我们的内部网络。实际上，因特网防火墙不仅像一座现代化大厦中的防火墙，它更像中世纪城堡的护城河。

【任务分析】

防火墙(Firewall)是在两个网络之间实现访问控制的一个或一组软件或硬件系统，如图 3-32 所示。防火墙的最主要功能就是屏蔽或允许指定的数据通信，而该功能的实现又主要是依靠一套访问控制策略，由访问控制策略来决定通信的合法性。

防火墙可以安装在一个单独的路由器中，用来过滤不想要的信息包，也可以安装在路由器和主机中，发挥更大的网络安全保护作用。

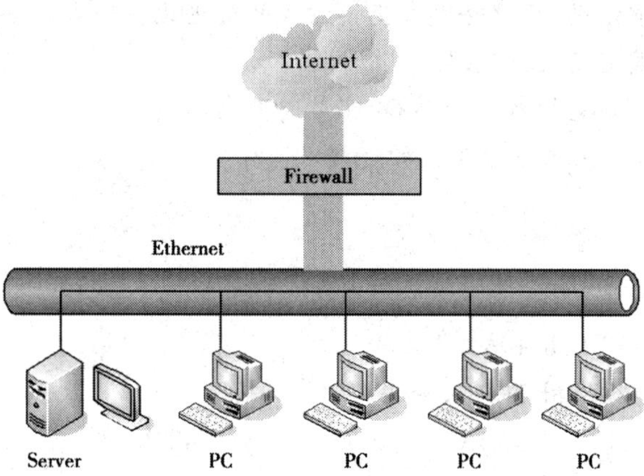

图3-32　防火墙的作用

防火墙广泛用来让用户在一个安全屏障后接入互联网,还用来把一家企业的公共网络服务器和企业内部网络隔开。另外,防火墙还可以用来保护企业内部网络某一个部门的安全。例如,一个公司的会计子网可能很容易受到来自企业内部网络的窥视。

总结与回顾

网络互联设备是计算机网络系统中重要的、不可缺少的组成部分。网络线路与用户节点具体连接时,要根据网络传输介质正确选择互联接口设备。在物理层互联设备中,要注意中继器与集线器的区别,以及集线器的分类。在数据链路层互联设备中,要注意网桥与交换机的区别,二层交换机的交换技术、转发方式和背板带宽。在网络层互联设备中,要了解路由器的工作原理,三层、四层交换机的区别。在应用层互联设备中,要了解网关和防火墙的概念。

实训与练习

一、选择题

1.(多选)下列网络设备中哪些能够隔离冲突域?（　　）

A.集线器　B.交换机　C.中继器　D.路由器

2.某单位的100BASE-T网络新增加了60台计算机,员工抱怨说网络反应很慢,解决办法有哪些?（　　）

A.升级网络设备

B.提升网络带宽

C.增加新的网络线路

D.以上解决方法都可以

3.下列关于直通式交换机和存储转发式交换机的论述,哪句是正确的?（　　）

A.直通式交换相对于存储转发式交换速度快、延时小,因而其可靠性高

B. 由于检查帧错误，存储转发式交换方式的延迟比直通式交换方式的大

C. 存储转发式交换又叫作路由

D. 直通式交换是交换机收到第 64 字节时开始转发

4. TCP 协议通过什么来区分不同的连接？（　　）

A. IP 地址

B. 端口号

C. IP 地址+端口号

D. MAC 地址+IP 地址+端口号

5. 下列哪个应用既使用 TCP 又使用 UDP？（　　）

A. Telnet　　B. DNS　　C. HTTP　　D. WINS

二、填空题

1. 千兆以太网光纤网卡一般采用________光纤接口；________是专门用于与细同轴电缆连接的接口；________专门用于连接粗同轴电缆。

2. 以太网交换机是根据接收到的数据帧的________来学习 MAC 地址表的。

3. ________是交换机接口处理器或接口卡和数据总线间所能吞吐的最大数据量。

三、简答题

1. 简述集线器、二层交换机和路由器的特点。

2. 简述三层交换机的工作原理。

3. 简述路由器的工作原理。

四、实训题

说出 6 种网络设备，并说明这些网络设备的选购方法。

第 4 单元 交换机配置与应用

【课程思政】

党的二十大报告提出,加快建设制造强国、质量强国、航天强国、交通强国、网络强国、数字中国。这是计算机网络领域奋进新征程、建功新时代的伟大契机。网络强国建设承载着以习近平同志为核心的党中央的深切关怀、殷切期望。习近平总书记强调,要站在实现“两个一百年”奋斗目标和中华民族伟大复兴中国梦的高度,加快推进网络强国建设,向着网络基础设施基本普及、自主创新能力显著增强等方向不断前进。习近平总书记的重要指示,为网络强国建设指明了前进方向、提供了根本遵循。

作为全球网络交换设备的主要供应商,“民企之光”华为不断受到以美国为首的西方国家的打压和制裁。然而,华为不惧不慌,自力更生、攻坚克难、自主创新,及时推出自主研发的鸿蒙系统和麒麟芯片,为业务正常运转提供了有力支撑,网络交换设备全球市场份额不断提升!作为新时代信息科技人才,通过华为事件,我们更要坚定民族自信心、自强不息。同时,充分认识到核心技术是国之重器,是信息化发展的基石,只有刻苦钻研、突破创新、敢为人先、勇挑重担,才能为祖国科技事业的发展贡献自己的力量。

交换机是目前局域网中使用最广的网络设备,它工作在数据链路层。交换机将其他网络设备(如集线器、交换机和路由器等)和所有终端设备(如计算机、服务器和网络打印机等)连接在一起,实现彼此之间的通信。

项目 1 交换机基本配置管理

【项目目标】

- 掌握交换机配置线的连接。
- 掌握交换机配置的基本操作。
- 掌握配置交换机支持 Telnet。

任务 1 启动过程与配置的基本操作

【任务描述】

启动交换机电源,观察交换机的自检过程,观察交换机的 LED 指示灯工作状态,对交换机进行初始配置。

【任务分析】

对交换机进行初始配置,要准备好 1 台 PC、1 根反转线和 1 台有控制台端口的交换机。

【操作步骤】

1. 连接配置线

为了配置交换机,需要将一台计算机用反转线缆连接交换机背面的控制台端口(console port)和计算机背面的串口(com port),如图 4-1 所示。

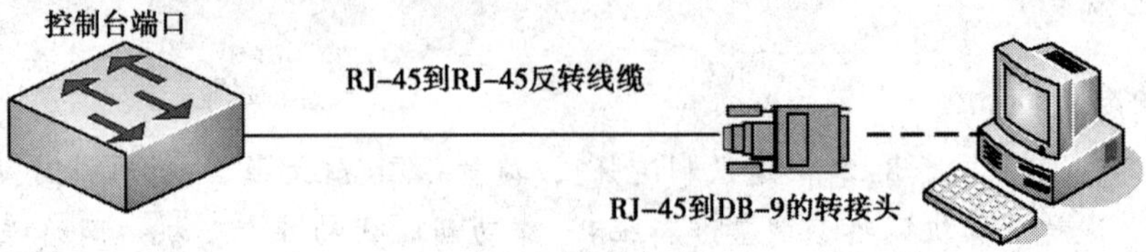

图 4-1　连接交换机和 PC

2. 设置超级终端

(1)单击 XP 系统的“开始”→“程序”→“附件”→“通讯”→“超级终端”,如果是第一次运行,会出现“位置信息”对话框,在“您的区号(或城市号)是什么?”栏下输入“010”,如图 4-2 所示。

(2)单击“确定”按钮,出现“电话和调制解调器选项”对话框,单击“确定”按钮。

(3)出现“连接描述”对话框,在“名称”栏下输入“qq”,在“图标”栏下选择所需图标,如图 4-3 所示。

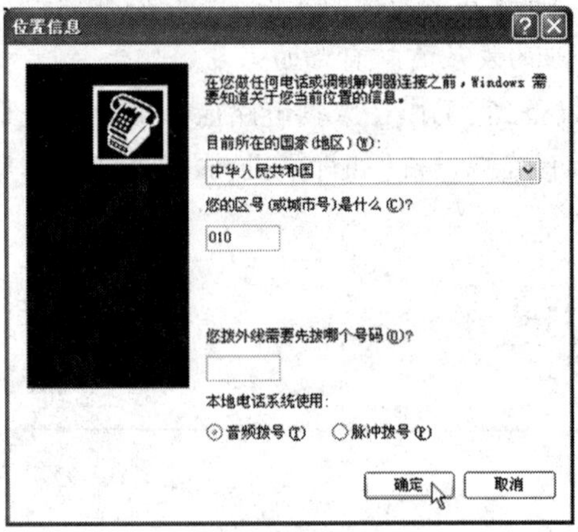

图 4-2　“位置信息”对话框

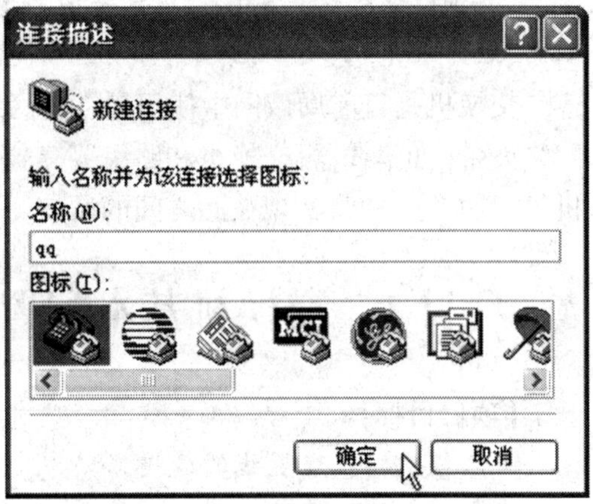

图 4-3　“连接描述”对话框

(4)单击“确定”按钮,出现“连接到”对话框,在“连接时使用”栏选择“COM1”,即选择连接使用的串口,如图 4-4 所示。

(5)单击“确定”按钮,出现“COM1 属性”对话框,配置相关参数,如图 4-5 所示,选择还原默认值,此时终端的硬件设置为:每秒位数,9600;数据位,8;奇偶校验,无;停止位,1;数据流控制,无。

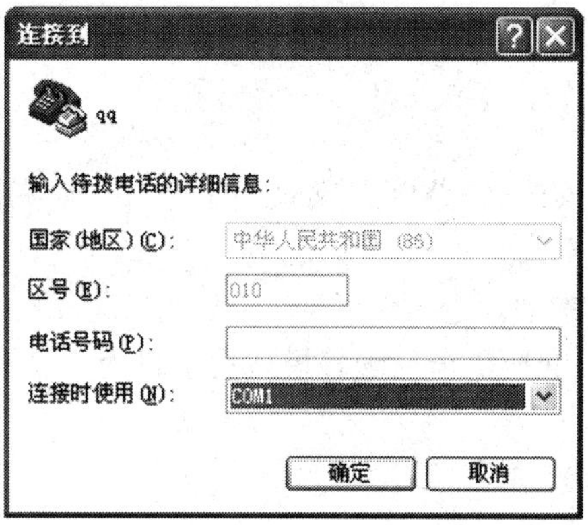

图 4-4　选择 PC 串口

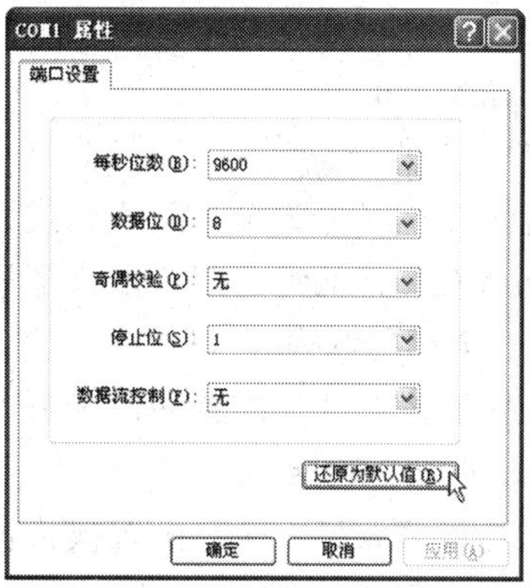

图 4-5　PC 端口参数配置

(6)单击“确定”按钮,出现“超级终端”界面,如图 4-6 所示。

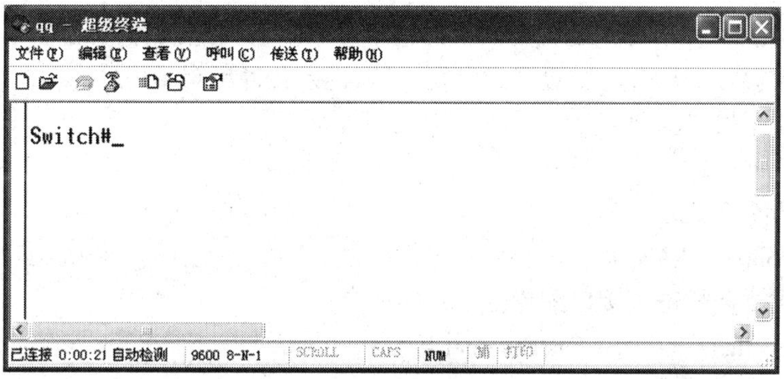

图 4-6　“超级终端”界面

3. 交换机配置的基本操作

作为一项安全功能,交换机 IOS(Internetwork Operating System,IOS)软件将命令分为用户模式、特权模式和配置模式。

1)用户模式

该模式只允许有限数量的基本监视命令。不允许任何会改变交换机配置的命令。通过提示符“>”标识。

在没有进行任何配置的情况下,默认的 Cisco 交换机用户模式提示符为

Switch>

2)特权模式

该模式提供了对交换机所有命令的访问,可以通过输入用户 ID 和口令来保护。这种模式只允许经过授权的用户访问,交换机特权模式通过提示符“#”标识。

在没有进行任何配置的情况下,默认的 Cisco 交换机特权模式提示符为

Switch#

从用户模式进入特权模式:

Switch>enable

返回用户模式命令：

Switch#exit

3）配置模式

配置模式又分为全局配置模式和接口配置模式、线路配置模式等子模式。全局配置模式和所有其他的特定配置模式都只能从特权模式到达。

（1）全局配置模式，用于配置交换机的整体参数。

在没有进行任何配置的情况下，默认的思科交换机全局配置模式提示符为

Switch(config)#

从特权模式进入全局配置模式：

Switch#configure terminal

返回特权用户模式命令：

Switch(config)#exit 或【Ctrl+C】键

Switch#

（2）接口配置模式，用于配置交换机的接口参数。若要进入各种配置模式，首先必须进入全局配置模式。从全局配置模式出发，可以进入各种配置子模式，如：

接口配置子模式：

Switch(config-if)#

VLAN 配置子模式：

Switch(config-VLAN)#

从全局配置模式进入接口配置子模式的命令为

Switch(config)#interface FastEthernet 0/1

返回全局配置模式的命令为

Switch(config-if)#exit

Switch(config)#

从子模式下直接返回特权模式的命令为

Switch(config-if)#end 或【Ctrl+C】键

Switch#

4. 帮助命令

通过键入一个问号（?）可以执行帮助命令。当在命令提示符后执行帮助命令时，当前命令模式下可用命令列表就会显示出来。

【知识链接】

1. 交换机简介

交换机是目前局域网中使用最广的网络设备，主要是作为工作站、服务器、路由器、集线器和其他交换机集中点。

与交换机一样，集线器是早期的集中设备，提供多端口的连接。集线器比交换机的功能要差一些，主要是因为连接在集线器上的所有网络设备处于同一个带宽域，会引起冲突。另外，集线器工作在半双工的模式下，这就意味着在一个特定的时刻只能发送或者接收数据。

交换机拥有一条很高带宽的内部总线和内部交换机构。交换机的所有端口都挂接在这条内部总线上，如图 4-7 所示，设备 A 向设备 B 发送数据，控制电路收到数据包以后，端口处理程序会查找内存中的地址对照表，以确定目的 MAC 地址的 NIC(网卡)挂接在哪个端口上，通过内部交换机构迅速地将数据包传送到目的端口。

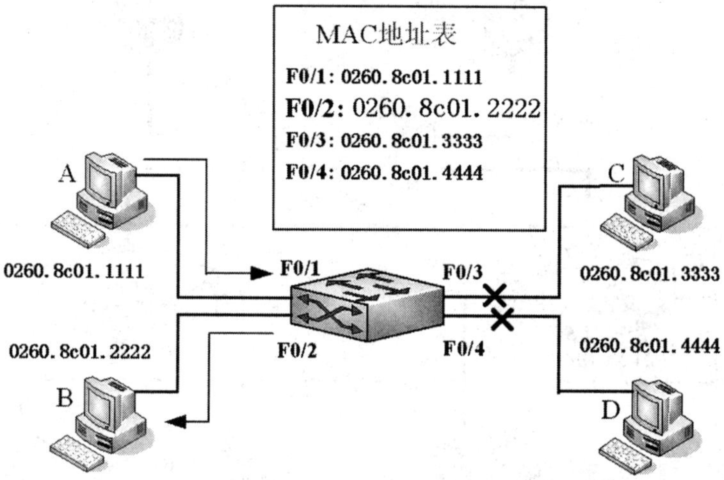

图 4-7　交换机内部地址表

使用交换机可以把网络“分段”，通过地址对照表，交换机只允许必要的网络流量通过交换机。通过交换机的过滤和转发，可以有效地隔离广播风暴，减少错包的出现，避免共享冲突。

交换机是一台多端口的网桥，是当前采用星型拓扑结构的以太网标准技术。交换机为所连接的两台联网设备提供一条独享的点到点虚线路，因此避免了冲突。交换机可以工作在全双工模式下，这意味着可以同时发送和接收数据。

总之，交换机是一种基于 MAC 的地址识别，能完成封装、解封及转发帧的数据链路层网络设备，它可以“学习”MAC 地址，并把它存放在内部端口——地址表中，通过在数据帧的始发者和接收者之间建立临时的交换路径，使数据帧直接由源站到达目的站。

2. 以太网交换机的体系结构

交换机是一台专用的特殊的计算机，它包括中央处理器(CPU)、随机存储器(RAM)、接口(Interface)、Flash 和操作系统等，如图 4-8 所示。交换机通常会有若干端口用于连接主机，同时还会有几个专用的管理端口，通过连接到交换机控制台端口，可以对交换机进行管理，并查看和变更交换机的配置。

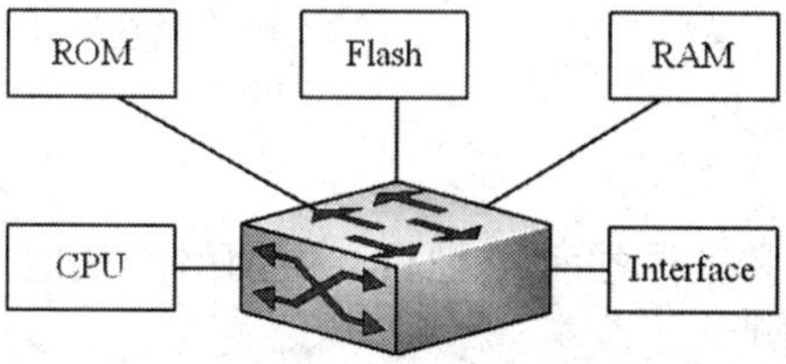

图 4-8　交换机的体系结构

3. 以太网交换机与分层网络设计

分层网络设计把以太网交换机在网络中的应用分为三个层次:核心层、汇聚层和接入层,如图 4-9 所示。每层都有其特定的功能,每层有其最适合的交换机。

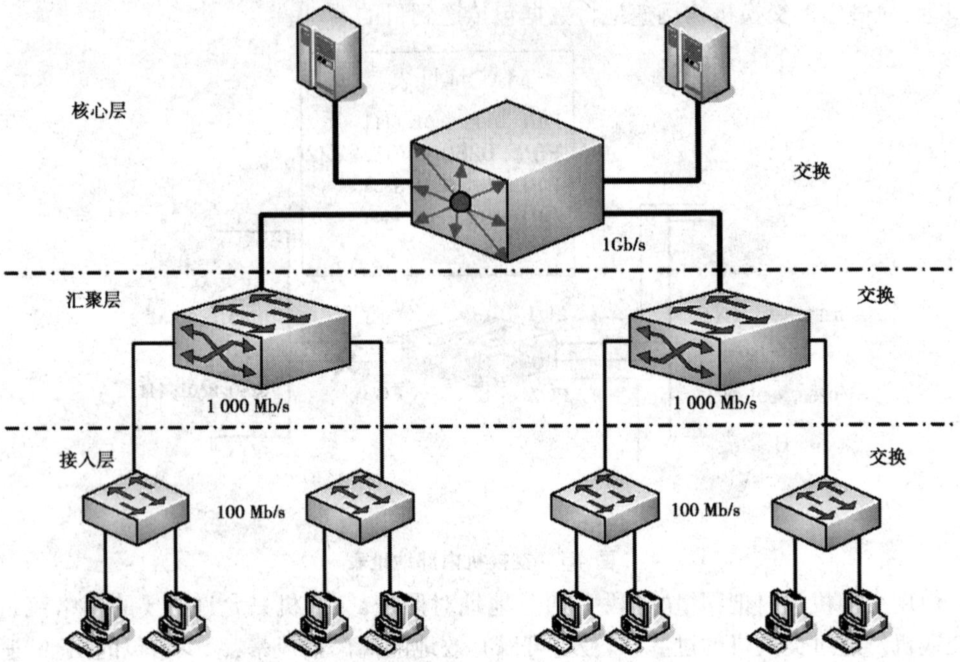

图 4-9　基于交换层次结构示例

分层网络设计能适应网络规模的不断扩展。在网络极小的变动下,向现有的网络中加入新的组件及应用,以满足新的网络服务需求。

实际上,在分层网络设计中,每一层的准确构成因网络而异。每一个层次都有可能包含路由器、交换机、链路或者是这些设备的组合。

1) 核心层

核心层是网络高速交换的骨干,对协调通信至关重要。在该层中的设备不再承担访问列表检查、数据加密、地址翻译或者其他影响最快速率交换分组的任务。核心层有以下特征:

(1) 提供高可靠性。

(2) 提供冗余链路。

(3) 模块化的设计,接口类型广泛。

(4) 提供故障隔离。

(5) 交换设备功能最强大。

2) 汇聚层

汇聚层位于接入层和核心层之间,它把核心层网络的其他部分区分开来。汇聚层具有以下功能:

(1) 策略(处理某些类型通信的一种方法,这些类型通信包括路由选择更新、路由汇总、VLAN 通信以及地址聚合等)。

(2)安全。

(3)部门或工作组级访问。

(4)广播/多播域的定义。

(5)VLAN之间的路由选择。

(6)介质翻译(如在Ethernet和令牌环之间)。

(7)在路由选择之间重分布(如在两个不同路由选择协议之间)。

(8)在静态和动态路由选择协议之间的划分。

3)接入层

接入层是用户工作站和服务器连接到网络的入口。接入层交换机的主要目的是允许最终用户连接到网络。接入层交换机应该以低成本和高端口密度提供这种功能。接入层具有以下特点:

(1)对汇聚层的访问控制和策略进行支持。

(2)建立独立的冲突域。

(3)建立工作组与汇聚层的连接。

任务2 配置交换机支持Telnet

【任务描述】

假设某学校的网络管理员第一次在设备机房对交换机进行初次配置,他希望以后在办公室或出差时也可以对设备进行远程管理。现要在交换机上做适当配置,使他可以实现这一愿望。

【任务分析】

本实验以Cisco 2960交换机为例,交换机命名为SwitchA。如图4-10所示,一台PC通过串口(Com)连接到交换机的控制(Console)端口,通过网卡(NIC)连接到交换机的F0/1端口。假设PC的IP地址和子网掩码分别为192.168.1.2,255.255.255.0,配置交换机的管理IP地址和子网掩码分别为192.168.1.1,255.255.255.0。

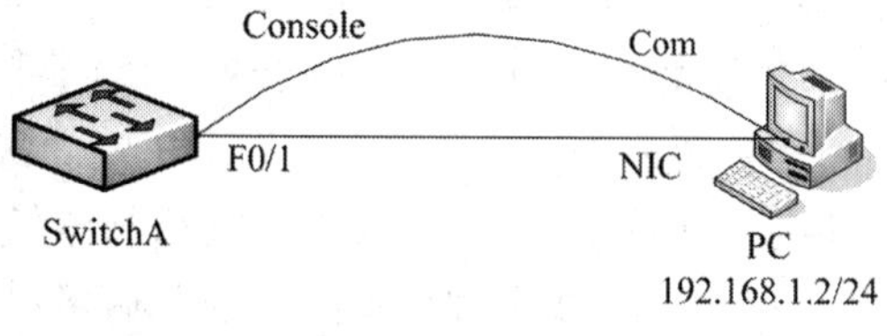

图4-10 配置交换机的连线方法

【操作步骤】

(1)在PC上进行设置。

设置PC的IP地址和子网掩码分别为192.168.1.2,255.255.255.0。

(2)在交换机上配置管理IP地址。

```
Switch>enable  ! 进入特权模式
Switch#configure terminal                    ! 进入全局配置模式
```

Switch(config)#hostname SwitchA ！配置交换机名称为"SwitchA"

SwitchA(config)#interface vlan 1 ！进入交换机管理接口配置模式

SwitchA(config-if)#ip address 192.168.1.1 255.255.255.0 ！配置交换机管理接口 IP 地址

SwitchA(config-if)#no shutdown ！开启交换机管理接口

验证测试：验证交换机管理 IP 地址已经配置和开启。

SwitchA#show ip interface vlan 1 ！验证交换机管理 IP 地址已经配置，管理接口已开启

VLAN 1 is up, line protocol is up

Internet address is 192.168.1.1/24

Broadcast address is 255.255.255.0

... ！省略掉没用的信息

(3)配置交换机远程登录密码。

Switch(config)#line vty 0 15 ！设置交换机远程登录密码为"cisco"

Switch(config-line)#password cisco

Switch(config-line)#login

验证测试：验证从 PC 可以通过网线远程登录到交换机上。

C:\>telnet 192.168.1.1 ！从 PC 登录到交换机上

结果如图 4-11 所示。

图 4-11 从 PC 登录到交换机上

(4)配置交换机特权模式密码。

SwitchA(config)#enable secret cisco ！设置交换机特权模式密码为"cisco"

验证测试：验证从 PC 可以通过网线远程登录到交换机后可以进入特权模式。

C:\>telnet 192.168.1.1 ！从 PC 登录到交换机上

结果如图 4-12 所示。

(5)保存在交换机上所做的配置。

SwitchA#copy running-config startup-config ！保存交换机配置

【注意事项】

交换机的管理接口缺省一般是关闭(shutdown)的，因此在配置管理接口 interface vlan 1 的 IP 地址后须用命令"no shutdown"开启该接口。

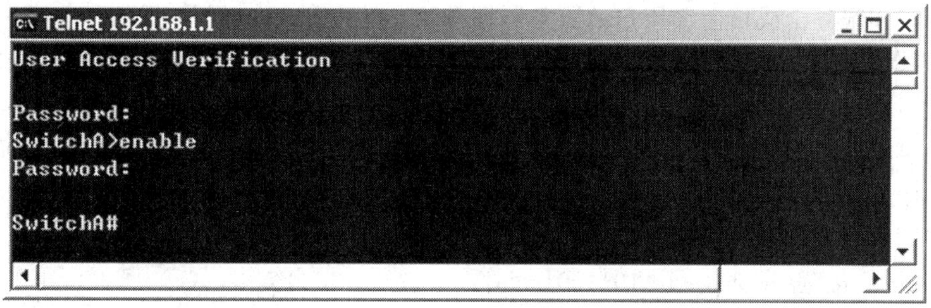

图4-12　进入特权模式

执行命令“SwitchA#show running-config”,可显示交换机SwitchA的全部配置。执行命令“SwitchA#erase startup-config”,重启交换机,可清除交换机SwitchA的全部配置。

【知识链接】

配置以太网交换机的方法主要有以下两种:

(1)Console配置方式。

在设备初始化或者没有进行其他方式的配置管理准备时,都只能使用Console口进行本地配置管理。此种方式只需要使用以太网交换机随机附送的专用配置电缆连接以太网交换机和配置用的PC即可。其中,交换机的一端用RJ45水晶头,连接PC的另一端是DB9的数据接头(与com口对接)。

(2)Telnet配置方式。

Telnet配置方法是网络管理员使用最广泛的一种设备访问控制方式。它通过局域网或广域网实现本地或远程的访问控制。但是它的使用必须要求首先对设备进行初始化配置,否则用户无法正确登录和访问。初始化配置只能通过Console口登录进行配置。Telnet登录设备进行设备维护管理是最为方便的方式之一,但是它受到数据通信网络本身的限制。有时为了方便、可靠,常常应用PSTN网络进行拨号登录设备进行设备的配置管理。通过随机附送的专用备份电缆连接设备的Console口和Modem串口,配置管理主机和Modem串口相连,两端Modem通过PSTN网络进行连接。

项目2　端口技术

【项目目标】

- 掌握交换机端口的设置。
- 掌握端口聚合的配置。

任务1　交换机端口的设置

【任务描述】

随着Internet技术的飞速发展,越来越多的用户加入到网络当中,人们对网络带宽的需求不断增加。如何选择合适的网络设备及介质类型,如何合理地为不同的用户、不同的需求分配不同的带宽,是组网设计中必须慎重考虑的问题。显然,为一个用户提供服务的端口不应和服务于成百上千用户的服务器拥有相同的带宽。

【任务分析】

1. 端口速率

快速以太网接口支持10 Mb/s、100 Mb/s两种速率，可以根据需要对其设置；而千兆以太网接口只能支持1000 Mb/s速率，不能设置。

在端口配置模式下，通过如下命令可设置以太网端口速率：

```
Switch(config-if)#speed {10|100|auto}
```

如果在一个10/100 Mb/s的快速以太网端口速率设置为auto，那么端口的速率和双工模式都会是自动协商的。

2. 端口工作模式

以太网交换机端口工作模式有两种：半双工和全双工。

在端口配置模式下，通过如下命令可设置以太网端口的工作模式：

```
Switch(config-if)#duplex{ half|full|auto}
```

配置举例：将端口12强制设置为100 Mb/s全双工工作模式。

```
Switch(config)#interface f  0/12
Switch(config-if)#speed 100
Switch(config-if)#duplex full
```

注意：尽量不用自动协商方式，而采用与网卡或对应设备的固定配置。在HUB上只能用半双工模式。

3. 端口类型

以太网交换机属于MDIX设备，输出的以太网口属于MDIX接口，连接MDI类设备（如PC）时，需要使用普通（平行）网线，如果采用交叉网线，是不能正确连接通信的。当前大部分交换机的10/100 Mb/s以太网口具备智能MDI/MDIX识别技术，可以自动识别连接网线的类型，用户不管普通网线或交叉网线均可以正确连接设备，极大地方便了用户的使用，用户也可以对端口进行配置，将其强制配置为MDIX或者MDI工作方式。

任务2　配置端口聚合提供冗余备份链路

【任务描述】

假设某企业采用两台交换机组成一个局域网，由于很多数据流量是跨过交换机进行转发的，因此需要提高交换机之间的传输带宽，并实现链路冗余备份，为此网络管理员在两台交换机之间采用两根网线互联，并将相应的两个端口聚合为一个逻辑端口，现要在交换机上做适当配置来实现这一目标。

【任务分析】

端口聚合（Aggregate-port）又称链路聚合，是指两台交换机之间在物理上将多个端口连接起来，将多条链路聚合成一条逻辑链路，从而增大链路带宽，解决交换网络中因带宽引起的网络瓶颈问题。多条物理链路之间能够相互冗余备份，其中任意一条链路断开，不会影响其他链路的正常转发数据。

端口聚合遵循IEEE 802.3ad协议的标准。

下面以 Cisco 2960 交换机构建实验环境,在交换机上做适当配置来实现这一目标,网络拓扑如图 4-13 所示。

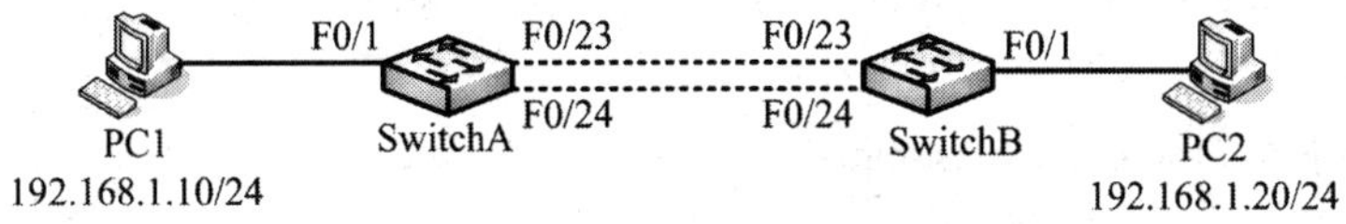

图 4-13　端口聚合网络拓扑

【操作步骤】

1. 配置 PC1 和 PC2

设置 PC1 的 IP 地址和子网掩码分别为 192.168.1.10,255.255.255.0。

设置 PC2 的 IP 地址和子网掩码分别为 192.168.1.20,255.255.255.0。

2. 配置交换机 SwitchA

Switch>enable

Switch#configure terminal

Switch(config)#hostname SwitchA

SwitchA(config)#interface range fastEthernet 0/23-24　！全局模式下进入 f0/23-24 端口

SwitchA(config-if-range)#channel-group 1 mode desirable　！创建虚拟通道 channel-group 1 并设置模式为 desirable)

SwitchA(config-if-range)#description SWA-SWB　！描述 channel-group 1 虚拟通道从 SwitchA 连接 SwitchB

SwitchA(config-if-range)#switchport mode trunk

SwitchA(config-if-range)#switchport trunk allowed vlan all　！指定允许通过 channel-group 1 的 VLAN,这里设置 all 是指所有 VLAN,思科交换机默认是 all,如果设置只允许 VLAN 1 通过 channel-group 1 虚拟通道命令为 switchport trunk allowed VLAN 1

SwitchA(config-if-range)#no shutdown　！激活端口

3. 配置交换机 SwitchB

Switch>enable

Switch#configure terminal

Switch(config)#hostname SwitchB

SwitchB(config)#interface range fastEthernet 0/23-24　！全局模式下进入 f0/23-24 端口

SwitchB(config-if-range)#channel-group 1 mode desirable　！创建虚拟通道 channel-group 1 并设置模式为 desirable)

SwitchB(config-if-range)#description SWB-SWA　！描述 channel-group 1 虚拟通道从 SwitchB 连接 SwitchA

SwitchB(config-if-range)#switchport mode trunk

SwitchB(config-if-range)#switchport trunk allowed vlan all　！指定允许通过 channel

-group 1 的 VLAN,这里设置 all 是指所有 VLAN,思科交换机默认是 all,如果设置只允许 VLAN 1 通过 channel-group 1 虚拟通道命令为 switchport trunk allowed VLAN 1

SwitchB(config-if-range)#no shutdown　　！激活端口

4. 查看配置

```
SwitchA#show etherchannel summary

Flags: D - down P - in port-channel
I - stand-alone s - suspended
H - Hot-standby (LACP only)
R - Layer3 S - Layer2
U - in use f - failed to allocate aggregator
u - unsuitable for bundling
w - waiting to be aggregated
d - default port
Number of channel-groups in use: 1
Number of aggregators: 1

Group Port-channel Protocol Ports
------+-------------+-----------+-----------
1 Po1(SU) PAgP Fa0/23(P) Fa0/24(P)
```

5. 验证测试

配置完成之后把 PC1、PC2 放在同一个网段里,让 PC1 一直 Ping PC2。

PC1>Ping -t　192.168.1.20

在 Ping 的过程中用 shutdown 命令关闭某个交换机的一个聚合端口,发现还是可以 Ping 通。

【注意事项】

(1)两台交换机都配置完端口聚合后,再将两台交换机连接起来。如果先连线再配置会造成广播风暴,影响交换机的正常工作。

(2)只有同类型端口才能聚合为一个 AG 端口。

(3)所有物理端口必须属于同一个 VLAN。

(4)在锐捷交换机上最多支持 8 个物理端口聚合为一个 AG,最多支持 6 组聚合端口。

【知识链接】

端口聚合(也称链路聚合)是交换机上支持的一种技术,它把两个交换机之间两条以上同时相连的链路虚拟成为一条链路来传输信息。

当两个交换机之间存在两条以上的通道时,如果没有生成树协议 STP,会出现环路;如果启用 STP,在一个时刻只能有一条处于转发状态的通道。链路聚合技术突破了这一限制,将两条以上的通道作为一条链路来使用,交换机之间互联的带宽成倍增加,比如将

2条100 Mb/s的线路设置成为链路聚合后,设备之间传输带宽为全双工400 Mb/s,在某种程度上,使困扰网络设计和实施的瓶颈问题得以解决。

对于链路聚合,不同的厂商有不同的叫法,如Intel称为链路聚合,Cisco称为快速以太网通道(FEC,Fast Ethernet Channel)或千兆以太网通道(GEC,Gigabit Ethernet Channel),而锐捷网络公司则称为主干(Trunk),其实现的功能是相同的,但具体实现的方法差别很大,因而不同品牌交换机之间的链路聚合在设计时是应该避免的。

链路聚合技术在实现交换设备高带宽互联的同时还提供了冗余连接,即若聚合链路中的任何一条断开连接,其他链路仍能正常工作,这比STP更好地利用了设备和线路的能力,而不是一条线路工作时其余平行的线路处于备份状态。

各品牌设备对链路聚合的支持能力不尽相同,大部分交换机都支持最多4条平行链路的链路聚合,但有少数交换机支持更多链路的聚合;有的交换机只能把相邻端口设为一组聚合端口,而有的交换机则可以把任意端口设为一组聚合端口。

项目3　交换机端口安全

【项目目标】

- 掌握端口安全的默认配置。
- 掌握安全端口及违例方式的配置方法。
- 掌握安全端口上的安全地址配置方法。
- 掌握安全端口上的老化时间配置方法。

任务1　端口安全的默认配置

【任务描述】

思科交换机有端口安全功能,利用端口安全这个特性,可以实现网络接入安全,具体可以通过限制允许访问交换机上某个端口的MAC地址及IP(可选)来严格控制对该端口的输入。

【任务分析】

本实验以Cisco 2960交换机为例,交换机命名为SwitchA。如图4-14所示,一台PC通过串口(Com)连接到交换机的控制(Console)端口,通过网卡连接到交换机的F0/1端口。

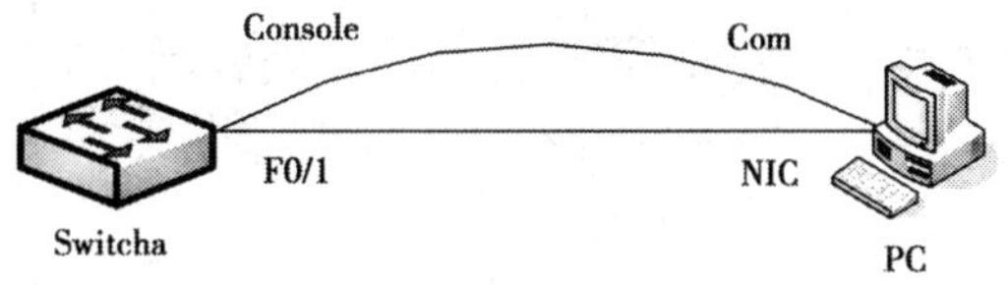

图4-14　端口安全的默认配置

【操作步骤】

(1)将 PC 通过反转线缆连接交换机背面的控制台端口和计算机背面的串口。

(2)通过超级终端登录到 SwitchA,进入特权模式,执行 Show 命令,查看交换机端口安全默认配置情况。

show port-security:查看哪些接口启用了端口安全。

show port-security address:查看安全端口 MAC 地址绑定关系。

(3)端口安全的具体内容有 4 项,它的默认配置如表 4-1 所示。

表 4-1 端口安全的默认配置

内容	缺省配置
端口安全开关	所有端口均关闭端口安全功能
最大安全地址个数	128
安全地址	无
违例处理方式	保护(protect)

【知识链接】

1. 交换机端口安全的概念

思科智能交换机的端口安全功能,是针对交换机的端口进行安全属性的配置,从而控制用户的安全接入。

2. 交换机端口安全的分类

交换机端口安全主要有两种类项:一是限制交换机端口的最大连接数,二是针对交换机端口进行 MAC 地址、IP 地址的绑定。

限制交换机端口的最大连接数可以控制交换机端口下连的主机数,并防止用户进行恶意 ARP 欺骗;交换机端口的地址绑定,可以针对 IP 地址、MAC 地址、IP+MAC 进行灵活的绑定。可以实现对用户进行严格的控制,保证用户的安全接入和防止常见的内网的网络攻击。

任务 2 配置安全端口及违例方式

【任务描述】

假设某公司要求对网络进行严格控制,公司的网络管理员通过配置安全端口以防止公司内部的 IP 地址冲突、网络攻击和破坏行为。

【任务分析】

本实验以 Cisco 2960 交换机构建实验环境。如图 4-15 所示,一台 PC 通过串口(Com)连接到交换机的控制(Console)端口,通过网卡连接到交换机的 F0/1 端口。先开启交换机的端口安全功能,再配置接口上安全地址的最大个数。当实际应用超出配置要求时,将产生一个安全违例并处理安全违例。

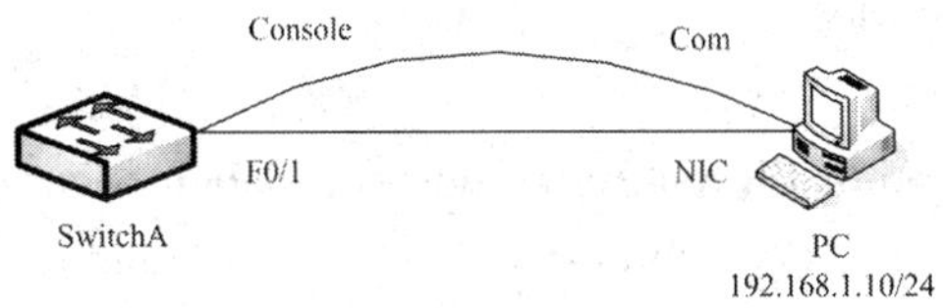

图 4-15　配置安全端口及违例方式

【操作步骤】

(1)将 PC 通过反转线缆连接交换机背面的控制台端口和计算机背面的串口。

(2)在交换机上开启端口安全功能,并配置端口的最大连接数。

SwitchA>enable　　！进入特权模式

SwitchA#configure terminal　　！进入全局配置模式

SwitchA(config)# interface range f 0/1-10　　！进入一组端口的配置模式

SwitchA(config-if-range)#switchport mode access　　！将端口设为 access 模式

SwitchA(config-if-range)# switchport port-security　　！开启交换机的端口安全功能

SwitchA(config-if-range)# switchport port-security maximum 1　　！配置端口的最大连接数为 1

(3)配置安全违例的处理方式。

SwitchA(config-if)# switchport port-security violation shutdown　　！配置安全违例的处理方式为 shutdown

验证测试:查看交换机的端口安全配置。

SwitchA#show port-security

Secure Port	MaxSecureAddr (Count)	CurrentAddr (Count)	SecurityViolation (Count)	Security Action
Fa0/1	1	1	0	Shutdown
Fa0/2	1	0	0	Shutdown
Fa0/3	1	0	0	Shutdown
Fa0/4	1	0	0	Shutdown
Fa0/5	1	0	0	Shutdown
Fa0/6	1	0	0	Shutdown
Fa0/7	1	0	0	Shutdown
Fa0/8	1	0	0	Shutdown
Fa0/9	1	0	0	Shutdown
Fa0/10	1	0	0	Shutdown

(4)产生一个安全违例。

将一个集线器 Hub1 连接到 SwitchA 的 f0/2 端口,在 Hub1 下连接两台计算机 PC2、PC3,端口 f0/2 自动关闭。再次查看交换机端口安全配置:

```
SwitchA#show port-security

Secure Port MaxSecureAddr CurrentAddr SecurityViolation Security Action
                (Count)        (Count)          (Count)
-----------------------------------------
Fa0/1           1              1                0                 Shutdown
Fa0/2           1              0                1                 Shutdown
Fa0/3           1              0                0                 Shutdown
Fa0/4           1              0                0                 Shutdown
Fa0/5           1              0                0                 Shutdown
Fa0/6           1              0                0                 Shutdown
Fa0/7           1              0                0                 Shutdown
Fa0/8           1              0                0                 Shutdown
Fa0/9           1              0                0                 Shutdown
Fa0/10          1              0                0                 Shutdown
-----------------------------------------
```

【知识链接】

1. 配置端口安全的限制

(1)一个安全端口不能是一个 aggregate port。

(2)一个安全端口不能是 SPAN 的目的端口。

(3)一个安全端口只能是一个 access port。

一个千兆接口最多支持 132 个同时申明 IP 地址和 MAC 地址的安全地址。另外,由于这种同时绑定的安全地址占用的硬件资源与 ACL 等功能所占用的系统硬件资源共享,因此当在某一个端口上应用了 ACL,则相应地该端口上所能设置的申明 IP 地址的安全地址个数将会减少。

2. 安全违例的处理方式

当违例产生时,可以设置下面几种针对违例的处理模式:

protect:当安全地址个数满后,安全端口将丢弃未知名地址(不是该端口的安全地址中的任何一个)的包。

restrict:当违例产生时,将发送一个通知 Trap。

shutdown:当违例产生时,将关闭端口并发送一个通知。

任务 3　配置安全端口上的安全地址

【任务描述】

假设某公司的网络管理员通过配置安全端口来防止公司内部的 IP 地址冲突、网络攻击和破坏行为,并为每一位员工分配了固定的 IP 地址,且限制只允许公司员工主机可以使用网络,不得随意连接其他主机。例如,某员工分配的 IP 地址是 172. 16. 1. 56/24,主机

MAC 地址是 00-06-1B-DE-13-B4。

【任务分析】

本实验以 Cisco 2960 交换机构建实验环境。如图 4-16 所示，一台 PC 通过串口(Com)连接到交换机的控制(Console)端口，通过网卡连接到交换机的 F0/1 端口。假设 PC1 的 IP 地址为 172.16.1.55/24，PC2 的 IP 地址为 172.16.1.56/24、MAC 地址是 00-06-1B-DE-13-B4，先开启交换机的端口安全功能，再手工配置交换机的 F0/2 端口的安全地址为 PC2 的 MAC 地址 0006.1BDE.13B4。

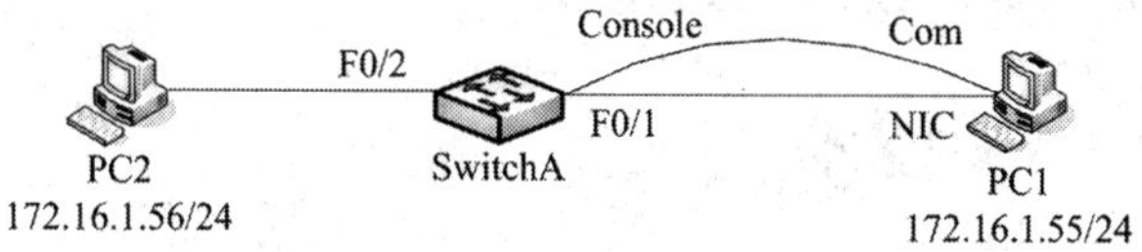

图 4-16　配置安全端口上的安全地址

【操作步骤】

1. 配置计算机 PC1 和 PC2

设置 PC1 的 IP 地址和子网掩码分别为 172.16.1.55 和 255.255.255.0。

设置 PC2 的 IP 地址和子网掩码分别为 172.16.1.56 和 255.255.255.0，MAC 地址为 0006.1BDE.13B4。

2. 配置安全端口上的安全地址

SwitchA>enable　　！进入特权模式

SwitchA#configure terminal　　！进入全局配置模式

SwitchA(config)#interface f0/2

SwitchA(config-if)#switchport mode access　　！将端口设为 access 模式，缺省为 dynamic 模式

SwitchA(config-if)#switchport port-security　　！开启交换机的端口安全功能

SwitchA(config-if)#switchport port-security mac-address 0006.1bde.13b4　　！为接口 f0/2 配置了一个安全地址 0006.1bde.13b4

验证测试：查看地址安全绑定配置。

```
SwitchA#show port-security address
                    Secure Mac Address Table
------------------------------------
Vlan    Mac Address     Type              Ports              Remaining Age(mins)
---     -----           --                --                 ---------
1       0006.1BDE.13B4  SecureConfigured  FastEthernet0/2    -
------------------------------------
Total Addresses in System (excluding one mac per port) : 0
Max Addresses limit in System (excluding one mac per port) : 1024
```

此时，PC1 和 PC2 能够相互 Ping 通。

3. 更改 PC2 的 MAC 地址，验证安全功能

更改 PC2 的 MAC 地址为 0006. 1BDE. 13B5，此时 PC1 和 PC2 不能 Ping 通，SwitchA 的 f0/2 端口自动关闭。

【知识链接】

安全地址的分类有三种：单 MAC、单 IP、IP+MAC。其中，交换机端口绑定 IP、端口绑定 IP+MAC 可以通过配置访问控制列表（ACL）来实现，访问控制列表还可以实现一个端口绑定多个 IP 和 MAC。将 MAC 地址与交换机端口绑定可以有效地避免 ARP 欺骗，IP 地址与交换机端口绑定可以有效地防止 IP 被盗用。

项目 4　VLAN 技术

【项目目标】

- 交换机的 VLAN 配置。
- 同一交换机上的 VLAN 内通信。
- 多个交换机上的 VLAN 内通信。
- 利用三层交换机实现 VLAN 间通信。

任务 1　同一交换机上的 VLAN 内通信

【任务描述】

假设某公司有 2 个主要部门：销售部和财务部，销售部连接在交换机的 f0/1 口，财务部连接在交换机的 f0/2 口，为了数据安全起见，销售部和财务部需要进行相互隔离。

【任务分析】

用 Cisco 2960 交换机构建实现环境，如图 4-17 所示，先配置 PC1、PC2 的 IP 地址和子网掩码，使 PC1 和 PC2 在同一子网内，2 台 PC 可以互相 Ping 通，然后创建划分 VLAN，实现交换机端口的隔离，在同一交换机上的同一个 VLAN 内的 PC 机才能相互通信。

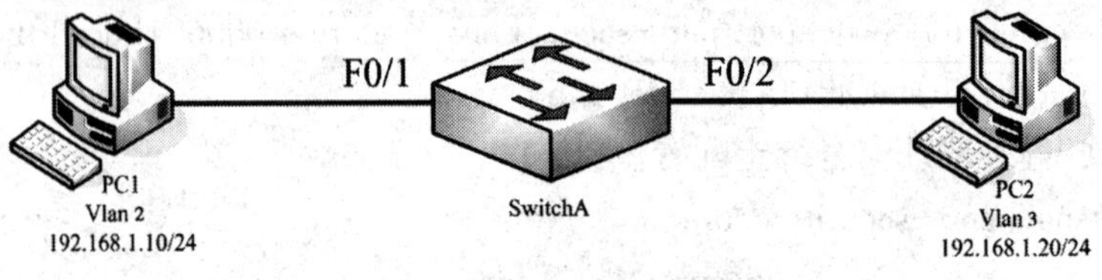

图 4-17　交换机端口隔离拓扑图

【操作步骤】

1. 配置 PC1 和 PC2

设置 PC1 的 IP 地址和子网掩码分别为 192. 168. 1. 10，255. 255. 255. 0。

设置 PC2 的 IP 地址和子网掩码分别为 192. 168. 1. 20，255. 255. 255. 0。

在未划 VLAN 前 2 台 PC 可以互相 ping 通。

2. 创建、划分 VLAN

Switch>enable

```
Switch#configure terminal
SwitchA(config)#hostname SwitchA                 ! 设置交换机名为SwitchA
SwitchA(config)#vlan 2                           ! 创建VLAN 2
SwitchA(config-vlan)#exit
SwitchA(config)#vlan 3                           ! 创建VLAN 3
SwitchA(config-vlan)#exit
SwitchA(config)#interface FastEthernet 0/1
SwitchA(config-if)#switchport access vlan 2      ! 将f0/1划分到VLAN 2
SwitchA(config-if)#exit
SwitchA(config)#interface FastEthernet 0/2
SwitchA(config-if)#switchport access vlan 3      ! 将f0/2划分到VLAN 3
SwitchA(config-if)#end
SwitchA#copy running-config startup-config       ! 保存配置
```

验证测试：

```
SwitchA#show vlan
VLAN    Name                Status      Ports
---  ------  ----  ----------
1       default             active      Fa0/3, Fa0/4, Fa0/5, Fa0/6
                                        Fa0/7, Fa0/8, Fa0/9, Fa0/10
                                        Fa0/11, Fa0/12, Fa0/13, Fa0/14
                                        Fa0/15, Fa0/16, Fa0/17, Fa0/18
                                        Fa0/19, Fa0/20, Fa0/21, Fa0/22
                                        Fa0/23, Fa0/24, Gig0/1, Gig0/2
2       VLAN0002            active      Fa0/1
3       VLAN0003            active      Fa0/2
1002    fddi-default        active
1003    token-ring-default  active
1004    fddinet-default     active
1005    trnet-default       active
…                                       ! 省略掉没用的信息
```

3. 两台PC互相Ping不通

```
PC1>ping 192.168.1.20
Pinging192.168.1.20 with 32 bytes of data:

Request timed out.
Request timed out.
Request timed out.
```

Request timed out.

Ping statistics for 192.168.1.20:

Packets: Sent = 4, Received = 0, Lost = 4 (100% loss),

【注意事项】

清空交换机原有 vlan 配置的命令:delete flash:vlan.dat

删除交换机配置的命令:erase startup-config

重启交换机的命令:reload

【知识链接】

1. VLAN 产生的原因

随着企业规模的不断扩大,特别是多媒体以及企业办公系统局域网的应用,使每个部门内部的数据传输量非常大。此外,公司发展中遗留下来的一些问题,使得一个部门的员工不能相对集中办公。更重要的是,公司的财务部门需要越来越高的安全性,不能和其他部门混用一个以太网,以防止数据窃听。这些新的问题需要更灵活地配置局域网,因此就产生了 VLAN 技术。

虚拟网(VLAN)技术就是将一个交换网络逻辑地划分成若干子网,每一个子网就是一个广播域。逻辑上划分的子网在功能上与传统物理上划分的子网相同,划分可以根据交换机的端口、MAC 地址、IP 地址来进行。

如图 4-18 所示,不同物理网络的计算机可以处于同一个 VLAN,同一个物理网络的计算机也可以处于不同的 VLAN。

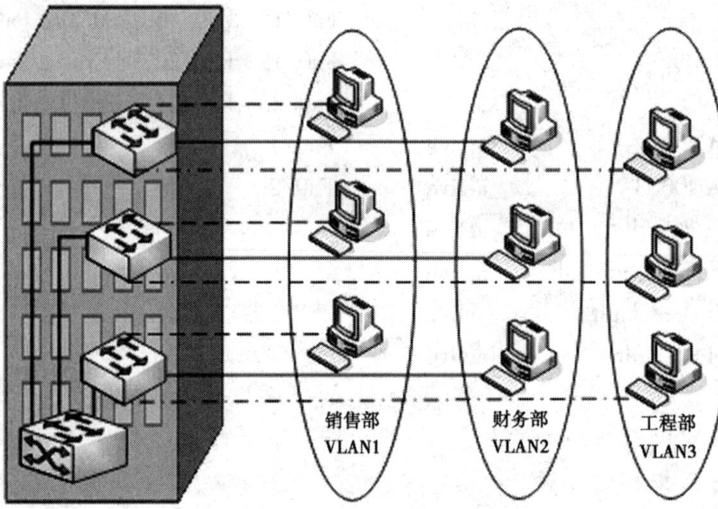

图 4-18　VLAN 的应用

VLAN 的好处是可以限制广播范围,并能形成虚拟工作组,动态管理网络,从而为局域网解决冲突域、广播域、带宽问题,提高网络性能。

2. VLAN 标准

在 1996 年 3 月,IEEE802.1 Internet Working 委员会结束了对 VLAN 初期的修订工

作。新标准进一步完善了 VLAN 的体系结构,统一了 Frame-Tagging 方式中不同厂商的标签格式,并制定了 802.1qVLAN 的体系结构。如图 4-19 所示,802.1q 使用 4 字节标签头定义 TAG(标签)。

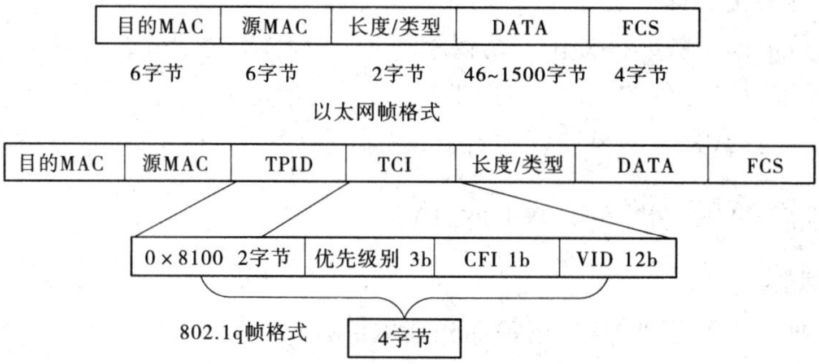

图 4-19 802.1q 帧格式

这 4 个字节的 802.1q 标签头包含了 2 个字节的标签协议标识(TPID)和 2 个字节的标签控制信息(TCI)。

TPID(Tag Protocol Indentilfier):是 IEEE 定义的新的类型,表明这是一个加了 802.1q 标签的帧。TPID 包含了一个固定的值 0×8100。

TCI:包含的是帧的控制信息,它包含下面的一些元素:

(1)Priority:这 3 位指明帧的优先级。一共有 8 种优先级:0~7。IEEE802.1q 标准使用这三位信息。

(2)Canonical Format Indicator(CFI):CFI 值为 0,说明是规范格式;为 1,说明是非规范格式。它被用在令牌环/源路由 FDDI 介质访问方法中来指示封装帧中所带地址的比特次序信息。

(3)VLAN Identified(VLAN ID):这是一个 12 位的域,指明 VLAN 的 ID,一共 4 096 个,每个支持 802.1q 协议的交换机发送出来的数据包都会包含这个域,以指明自己属于哪一个 VLAN,其中 VLAN1 是不可删除的默认 VLAN。

3. VLAN 的类型

根据定义 VLAN 成员关系的方法不同,VLAN 的类型也不同,下面介绍 3 种主要的 VLAN。

1)基于端口的 VLAN

基于端口的 VLAN 是划分虚拟局域网最简单也是最有效的方法,它实际上是某些交换端口的集合,网络管理员只需要管理和配置交换端口,而不管交换端口连接什么设备。属于同一 VLAN 的端口可以不连续,即同一 VLAN 可以跨越数个以太网交换机。根据端口划分是目前定义最广泛的方法,它的优点是定义 VLAN 成员简单,它的缺点是如果某 VLAN 的用户离开了原来的端口,到了一个新的交换机的某个端口,就必须重新定义。

2)基于 MAC 地址的 VLAN

这种划分 VLAN 的方法是根据每个主机的 MAC 地址来划分,即对所有主机都根据它的 MAC 地址配置主机属于哪个 VLAN;交换机维护一张 VLAN 映射表,这个 VLAN 表记录 MAC 地址和 VLAN 的对应关系。这种划分 VLAN 的方法最大优点就是当用户物理位置移动时,即从一个交换机换到其他的交换机时,VLAN 不用重新配置,所以这种根据 MAC 地址的划分方法是基于用户的 VLAN。

3)基于协议的 VLAN

这种情况是根据二层数据帧中的协议字段进行 VLAN 的划分。通过二层数据中协议字段,可以判断出上层运行的网络协议,如 IP 协议或者是 IPX 协议。如果一个物理网络中既有 IP 协议又有 IPX 等多种协议运行,可以采用这种 VLAN 的划分方法。

任务 2　多个交换机上的 VLAN 内通信

【任务描述】

假设某企业有 2 个主要部门:销售部和技术部,其中销售部门的个人计算机系统分散连接在 2 台交换机上,如图 4-20 所示,他们之间需要相互进行通信,但为了数据安全起见,销售部和技术部需要进行相互隔离。

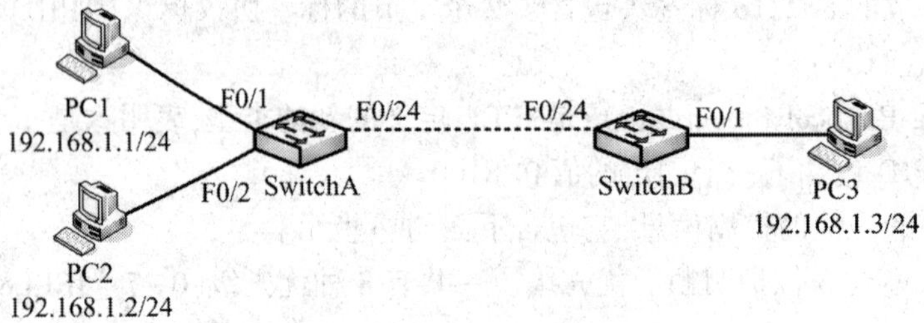

图 4-20　VLAN 网络拓扑图

【任务分析】

在 Cisco 2960 交换机上做适当配置来实现这一目标。先配置 PC1、PC2、PC3 的 IP 地址和子网掩码,使他们在同一子网内,3 台 PC 可以互相 Ping 通,然后创建划分 VLAN,PC1 和 PC3 在同一 VLAN 内,PC2 在另一 VLAN 内,从而实现多个交换机上的 VLAN 内通信。

【操作步骤】

(1)配置 PC1、PC2 和 PC3。

设置 PC1 的 IP 地址和子网掩码分别为 192. 168. 1. 1,255. 255. 255. 0。

设置 PC2 的 IP 地址和子网掩码分别为 192. 168. 1. 2,255. 255. 255. 0。

设置 PC3 的 IP 地址和子网掩码分别为 192. 168. 1. 3,255. 255. 255. 0。

在未划 VLAN 前 3 台 PC 互相 Ping 可以通。

(2)在交换机 SwitchA 上创建 VLAN10,并将 0/1 端口划分到 VLAN 10 中。

```
Switch>enable
Switch#configure terminal
SwitchA(config)#hostname SwitchA            ! 设置交换机名为 SwitchA
SwitchA(config)#vlan 10                     ! 创建 VLAN 10
SwitchA(config-vlan)#name sales             ! 将 VLAN 10 命名为 sales
```

```
SwitchA(config-vlan)#exit
SwitchA(config)#interface Fast Ethernet 0/1      ! 进入接口配置模式
SwitchA(config-if)#switchport access vlan 10     ! 将 fa0/1 划分到 VLAN 10
SwitchA(config-if)#end
```

验证测试：验证已创建了 VLAN10，并将 0/1 端口已划分到 VLAN 10 中。

```
SwitchA#show vlan id 10
VLAN    Name                  Status    Ports
---  ----------  ----  --------
10      sales                 active    Fa0/1

…                                        ! 省略掉没用的信息
```

(3)在交换机 SwitchA 上创建 VLAN 20，并将 0/2 端口划分到 VLAN 20 中。

```
SwitchA(config)#vlan 20                      ! 划分 vlan 20
SwitchA(config-vlan)#name technical          ! 将 vlan 20 命名为 technical
SwitchA(config-vlan)#exit
SwitchA(config)#interface FastEthernet 0/2       ! 进入接口配置模式
SwitchA(config-if)#switchport access vlan 20     ! 将 fa0/2 划分到 VLAN 20
SwitchA(config-if)#end
```

验证测试：验证已创建了 vlan 20，并将 0/2 端口已划分到 VLAN 20 中。

```
SwitchA#show VLAN id 20
VLAN    Name                  Status    Ports
---  -----------  ----  ----------
20      technical             active    Fa0/2
…                                        ! 省略掉没用的信息
```

(4)在交换机 SwitchA 设置 VTP 模式。

```
SwitchA#vlan database                    ! 进入 VLAN 配置子模式
SwitchA(vlan)#vtp ?                      ! 查看和 VTP 配合使用的命令
SwitchA(vlan)#vtp server                 ! 设置本交换机为 Server 模式
SwitchA(vlan)#vtp domain vtpserver       ! 设置域名
SwitchA(vlan)#end
```

(5)在交换机 SwitchA 上将与 SwitchB 相连的端口(假设为 0/24 端口)定义为干道链路(trunk link)模式。

```
SwitchA#conf t
SwitchA(config)#interface FastEthernet 0/24  ! 进入接口配置模式
SwitchA(config-if)#switchport mode trunk     ! 将 fastEthernet 0/24 端口设为干道链路(trunk link)模式
SwitchA(config-if)#end
```

(6)在交换机 SwitchB 上创建 VLAN10，并将 0/1 端口划分到 VLAN 10 中。

```
Switch>enable
Switch#configure terminal
SwitchB(config)#hostname SwitchB            ! 设置交换机名为 SwitchB
SwitchB(config)#vlan 10                     ! 创建 VLAN 10
SwitchB(config-vlan)#name sales             ! 将 VLAN 10 命名为 sales
SwitchB(config-vlan)#exit
SwitchB(config)#interface FastEthernet 0/1
SwitchB(config-if)#switchport access vlan 10 ! 将 fa0/1 划分到 VLAN 10
SwitchB(config-if)#end
```

验证测试:验证已创建了 VLAN 10,并将 0/1 端口已划分到 VLAN 10 中。

```
SwitchB#show vlan id 10
VLAN    Name                 Status    Ports
---  ----------  ----  ------
10      sales                active    Fa0/1

…                                      ! 省略掉没用的信息
```

(7)在交换机 SwitchB 设置 VTP 模式。

```
SwitchB#vlan database                   ! 进入 VLAN 配置子模式
SwitchB(vlan)#vtp client                ! 设置本交换机为 Client 模式
SwitchB(vlan)#vtp domain vtpserver      ! 设置域名
SwitchB(config-if)#end
```

(8)在交换机 SwitchB 上将与 SwitchA 相连的端口(假设为 0/24 端口)定义为干道链路(trunk link)模式。

```
SwitchB#conf t
SwitchB(config)#interface FastEthernet 0/24  ! 进入接口配置模式
SwitchB(config-if)#switchport mode trunk     ! 将 fa0/24 端口设置为干道链路(trunk link)模式
SwitchB(config-if)#end
```

(9)验证 PC1 和 PC3 能互相通信,但 PC2 和 PC3 不能相互通信。

【注意事项】

2 台交换机之间相连的端口应该设置为干道链路(trunk link)模式。

【知识链接】

1. VLAN 的端口

VLAN 的端口可以分为 access 和 trunk 两种。

1)接入链路(access link)

接入链路是用于连接主机和交换机的链路。通常情况下主机并不需要知道自己属于哪些 VLAN,主机的硬件也不一定支持带有 VLAN 标记的帧。主机要求发送和接收的帧都没有打上标记的帧。

接入链路属于某一个特定的端口,这个端口属于一个并且只能是一个 VLAN。这个端口不能直接接收其他 VLAN 的信息,也不能直接向其他 VLAN 发送信息。不同 VLAN 的信息通过三层路由处理才能转发到这个端口上。

2)干道链路(trunk link)

干道链路是可以承载多个不同 VLAN 数据的链路。干道链路通常用于交换机间的互联,或者用于交换机和路由器之间的连接。

数据帧在干道链路上传输的时候,交换机必须用一种方法来识别数据帧是属于哪个 VLAN 的。IEEE802.1q 定义了 VLAN 帧格式,所有在干道链路上传输的帧都是打上标记的帧。通过这些标记,交换机就可以确定哪些帧分别属于哪个 VLAN。

和接入链路不同,干道链路是用来在不同的设备之间(如交换机和路由器之间、交换机和交换机之间)承载 VLAN 数据的,因此干道链路是不属于任何一个具体的 VLAN。通过配置,干道链路可以承载所有的 VLAN 数据,也可以配置为只能传输指定的 VLAN 的数据。

3)帧在网络通信中的变化

如图 4-21 所示,表示一个拥有 2 台交换机的局域网环境,并且配置了两个 VLAN。主机和交换机之间的链路是接入链路,交换机之间通过干道链路互相连接。

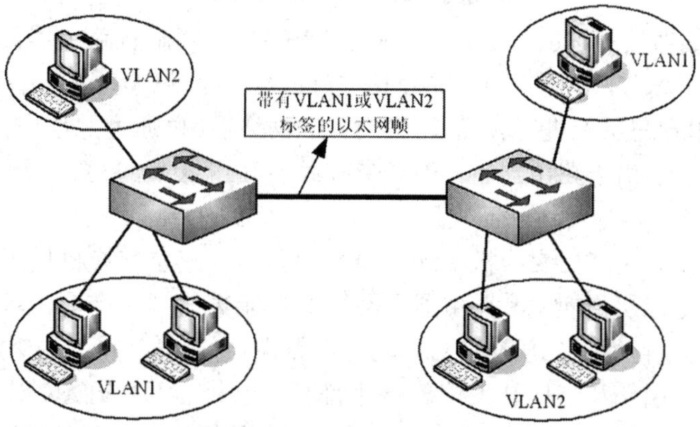

图 4-21　VLAN 帧在跨交换机传输中的变化

对于主机来说,它是不需要知道 VLAN 存在的。主机发出的报文都是未标签的报文;交换机接收到这样的报文之后,根据配置规则(如端口信息)判断出报文所属 VLAN 进行处理。如果报文需要通过另外 1 台交换机发送,则该报文必须通过干道链路传输到另外 1 台交换机上。为了保证其他交换机正确处理报文的 VLAN 信息,在干道链路上发送的报文都带上了 VLAN 标记。

当交换机最终确定报文发送端口后,将报文发送给主机之前,将 VLAN 的标记从以太网中删除,这样主机接收到的报文都是不带 VLAN 的标记的以太网帧。

所以,一般情况下,干道链路上传送的都是带标签的报文,接入链路上传送的都是未标签的报文。这样做的最终结果是:网络中配置的 VLAN 可以被所有的交换机正确处理,而主机不需要了解 VLAN 信息。

2. VLAN 间的路由

前面我们学习了 VLAN 的基础知识,主要是基于二层的,但是 VLAN 之间的信息还需要互通,这样就需要通过 VLAN 的三层路由功能来实现。下面我们将学习三层交换机是如何来实现 VLAN 的三层路由功能的。

如图 4-22 所示,一个网络在使用 VLAN 隔离多个广播域后,各个 VLAN 之间是不能互相访问的,因为各个 VLAN 的流量实际上已经在物理上隔离开来了。隔离网络不是建网的最终目的,选择 VLAN 隔离只是为了优化网络,最终还是要让整个网络能够畅通起来。

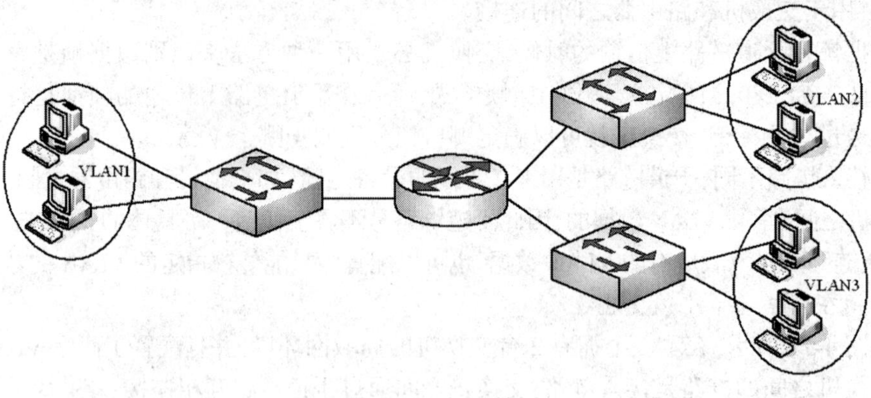

图 4-22　路由器与 VLAN 互联

VLAN 之间的通信的解决方法是,一种是在 VLAN 之间配置路由器,这样 VLAN 内部的流量仍然通过原来 VLAN 内部的二层网络进行,从一个 VLAN 到另外一个 VLAN 的通信流量,通过路由在三层上进行转发,转发到目的网络后,再通过二层交换网络把报文最终发送给目的主机。由于路由器通常不会带有太多 LAN 接口,每新一个 VLAN 时就要占用一个 LAN 接口,所以这种方法不实用。

另一种方法是利用三层交换机实现 VLAN 间通信。三层交换机使用硬件技术,采用巧妙的处理方式把二层交换机和路由器在网络的功能集成到一个盒子里,提高了网络的集成度,增强了转发性能。二层交换机的功能和路由器的功能,在三层交换机中分别体现为二层 VLAN 转发引擎和三层转发引擎两个部分。其中,二层 VLAN 引擎与支持 VLAN 的二层交换机的二层转发引擎是相同的,是用硬件支持多个 VLAN 的二层转发;三层转发引擎使用硬件 ASIC 技术实现高速的 IP 转发。对应到 IP 网络模型中,每个 VLAN 对应一个 IP 网段,三层交换机中的三层转发引擎在各个网段(VLAN)间转发报文,实现 VLAN 之间的互通,因此三层交换机的路由功能通常叫作 VLAN 间路由。

如图 4-23 所示,在交换机上分别划分 VLAN10 和 VLAN20,VLAN10 的工作站 IP 地址为 192.168.1.1;VLAN20 的工作站 IP 地址为 192.168.2.1。利用三层交换机的路由功能实现 VLAN 间互访。在三层交换机上创建各个 VLAN 的虚拟接口(SVI),并设置 IP 地址和子网掩码。然后将所有 VLAN 连接工作站的网关指向该 SVI 的 IP 地址,例如 VLAN10 里的工作站的网关比如都设为 192.168.1.254,VLAN20 里的工作站的网关都设为 192.168.2.254。

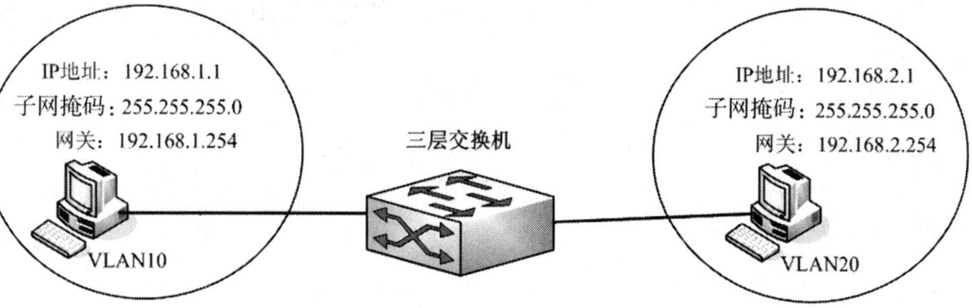

图 4-23　基于三层交换机的 VLAN 间通信

任务 3　利用三层交换机实现 VLAN 间通信

【任务描述】

假设某大学有多个教学系部，为了便于管理，学校网络管理员为每个系划分不同的 VLAN，同一个系的办公室电脑处在同一 VLAN 中。但是不同系之间又需要相互交流，也就是不同 VLAN 间需要相互通信，怎样利用三层交换机来实现这一目标呢？

【任务分析】

以 Cisco 2960 交换机作为二层交换机，以 Cisco 3560 交换机作为三层交换机，在交换机上做适当配置来实现这一目标，如图 4-24 所示。先配置 PC1、PC2、PC3 的 IP 地址、子网掩码和网关，然后在 Cisco 2960 上创建划分 VLAN，PC1 和 PC3 在同一 VLAN 内，PC2 在另一 VLAN 内，用三层交换机将两个二层交换机连接起来，开启三层交换机的路由功能，从而实现交换机上的 VLAN 间通信。

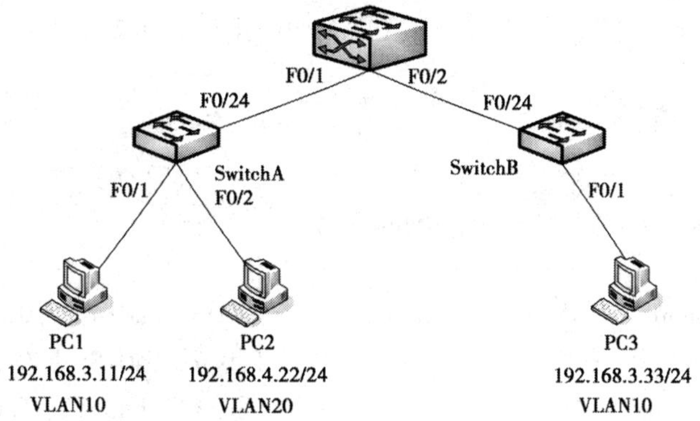

图 4-24　VLAN 网络拓扑图

【操作步骤】

(1)配置计算机 PC1、PC2 和 PC3。

设置计算机 PC1 的 IP 地址、子网掩码、网关分别为 192. 168. 3. 11，255. 255. 255. 0，192. 168. 3. 1。

设置计算机 PC2 的 IP 地址、子网掩码、网关分别为 192. 168. 4. 22，255. 255. 255. 0，192. 168. 4. 1。

设置计算机 PC3 的 IP 地址、子网掩码、网关分别为 192. 168. 3. 33,255. 255. 255. 0, 192. 168. 3. 1。

(2)配置交换机 SwitchA。

```
SwitchA>en
SwitchA#conf t
SwitchA(config)#vlan 10
SwitchA(config-vlan)#exit
SwitchA(config)#vlan 20
SwitchA(config-vlan)#exit
SwitchA(config)#int fa0/1
SwitchA(config-if)#switchport mode access          ! 将端口模式设置为 access
SwitchA(config-if)#switchport access vlan 10       ! 将端口划分到 VLAN10
SwitchA(config-if)#exit
SwitchA(config)#int fa0/2
SwitchA(config-if)#switchport mode access
SwitchA(config-if)#switchport access vlan 20
SwitchA(config-if)#exit
SwitchA(config)#int fa0/24                         ! fa0/4 路线设置成 trunk 模式
SwitchA(config-if)#switchport mode access
SwitchA(config-if)#switchport mode trunk
SwitchA(config-if)#exit
```

验证测试:验证已创建了 VLAN 10、VLAN 20,且 0/1、0/2 端口已分别划分到 VLAN 10、VLAN 20 中。

```
SwitchA#show VLAN

VLAN   Name                 Status    Ports
---  ---------  ----  ----------
1      default              active    Fa0/3, Fa0/4, Fa0/5, Fa0/6
                                      Fa0/7, Fa0/8, Fa0/9, Fa0/10
                                      Fa0/11, Fa0/12, Fa0/13, Fa0/14
                                      Fa0/15, Fa0/16, Fa0/17, Fa0/18
                                      Fa0/19, Fa0/20, Fa0/21, Fa0/22
                                      Fa0/23, Gig0/1, Gig0/2
10     VLAN0010             active    Fa0/1
20     VLAN0020             active    Fa0/2
1002   fddi-default         active
1003   token-ring-default   active
1004   fddinet-default      active
```

```
1005    trnet-default                  active
…                                                    ! 省略掉没用的信息
```

(3)配置交换机 SwitchB。

```
SwitchB>en
SwitchB#conf t
SwitchB(config)#vlan 10
SwitchB(config-vlan)#exit
SwitchB(config)#int fa0/1
SwitchB(config-if)#switchport mode access
SwitchB(config-if)#switchport access vlan 10
SwitchB(config-if)#exit
SwitchB(config)#int fa0/24                    ! fa0/4 路线设置成 trunk 模式
SwitchB(config-if)#switchport mode access
SwitchB(config-if)#switchport mode trunk
SwitchB(config-if)#exit
```

验证测试:验证已创建了 VLAN 10,且 0/1 端口已分别划分到 VLAN 10 中。

```
SwitchA#show vlan

VLAN  Name                Status    Ports
--  --------  ----  --------
1     default             active    Fa0/2, Fa0/3, Fa0/4, Fa0/5
                                    Fa0/6, Fa0/7, Fa0/8, Fa0/9
                                    Fa0/10, Fa0/11, Fa0/12, Fa0/13
                                    Fa0/14, Fa0/15, Fa0/16, Fa0/17
                                    Fa0/18, Fa0/19, Fa0/20, Fa0/21
                                    Fa0/22, Fa0/23, Gig0/1, Gig0/2
10    VLAN0010            active    Fa0/1
1002  fddi-default        active
1003  token-ring-default  active
1004  fddinet-default     active
1005  trnet-default       active
…                                             ! 省略掉没用的信息
```

(4)配置三层交换机。

```
Switch>en
Switch#conf t
Switch(config)#vlan 10
Switch(config-vlan)#exit
Switch(config)#vlan 20
```

```
Switch(config-vlan)#exit
Switch(config)#int vlan 10
Switch(config-if)#ip address 192.168.3.1 255.255.255.0
Switch(config-if)#no shutdown
Switch(config-if)#exit
Switch(config)#int vlan 20
Switch(config-if)#ip address 192.168.4.1 255.255.255.0
Switch(config-if)#no shutdown
Switch(config-if)#exit
Switch(config)#int fa0/1
Switch(config-if)#switchport mode access
Switch(config-if)#switchport mode trunk
Switch(config-if)#exit
Switch(config)#int fa0/2
Switch(config-if)#switchport mode access
Switch(config-if)#switchport mode trunk
Switch(config-if)#exit
Switch(config)#ip routing                    ! 开启三层交换机路由功能
Switch(config)#exit
```

验证测试:验证 VLAN 10 配置了 IP 地址,用同样的方法查看 VLAN 20。

```
SwitchA#show interfaces vlan 10

vlan10 is up, line protocol is up
Hardware is CPU Interface, address is 00d0.9773.c101 (bia 00d0.9773.c101)
Internet address is 192.168.3.1/24
MTU 1500 bytes, BW 100000 Kbit, DLY 1000000 usec,
reliability 255/255, txload 1/255, rxload 1/255
Encapsulation ARPA, loopback not set
ARP type: ARPA, ARP Timeout 04:00:00
Last input 21:40:21, output never, output hang never
Last clearing of "show interface" counters never
Input queue: 0/75/0/0 (size/max/drops/flushes); Total output
…                                                   ! 省略掉没用的信息
```

(5)验证测试。

验证 PC1 和 PC2 能够相互通信:

```
PC1>ping 192.168.4.22
```

```
C:\>ping 192.168.4.22

Pinging 192.168.4.22 with 32 bytes of data:

Reply from 192.168.4.22: bytes=32 time<1ms TTL=127
Reply from 192.168.4.22: bytes=32 time=1ms TTL=127
Reply from 192.168.4.22: bytes=32 time=1ms TTL=127
Reply from 192.168.4.22: bytes=32 time<1ms TTL=127

Ping statistics for 192.168.4.22:
    Packets: Sent = 4, Received = 4, Lost = 0 (0% loss),
Approximate round trip times in milli-seconds:
    Minimum = 0ms, Maximum = 1ms, Average = 0ms
```

验证 PC1 和 PC3 能够相互通信：

PC1>ping 192. 168. 3. 33

```
C:\>ping 192.168.3.33

Pinging 192.168.3.33 with 32 bytes of data:

Reply from 192.168.3.33: bytes=32 time<1ms TTL=128
Reply from 192.168.3.33: bytes=32 time<1ms TTL=128
Reply from 192.168.3.33: bytes=32 time<1ms TTL=128
Reply from 192.168.3.33: bytes=32 time<1ms TTL=128

Ping statistics for 192.168.3.33:
    Packets: Sent = 4, Received = 4, Lost = 0 (0% loss),
Approximate round trip times in milli-seconds:
    Minimum = 0ms, Maximum = 0ms, Average = 0ms
```

【注意事项】

Cisco 二层交换机不能实现 VLAN 间的通信，需要三层路由功能。

项目 5　STP 技术

【项目目标】

- 理解生成树协议 STP 的工作原理。
- 理解快速生成树协议 RSTP 的工作原理。
- 掌握 STP 的配置方法。

任务 1　生成树协议 STP

【任务描述】

一个局域网通常由多个交换机互联而成，为了避免广播风暴，需要保证网络中不存在路径回环，也就是说，所有链路应该组成一棵无回环的树，交换机上的 STP 协议（Spanning Tree Protocol，STP）就实现了这样的功能。

【任务分析】

1. IEEE802. 1d 协议

为避免网络中出现环路，IEEE 制定了 IEEE802. 1d 协议，即生成树协议。IEEE802. 1d 生成树协议检测到网络上存在环路时，会自动断开环路链路。当交换机间存在多条链路时,交换机的生成树算法只启动最主要的一条链路,而将其他链路都阻塞掉,将这些链路变为备用链路。当主链路出现问题时,生成树协议自动起用备用链路接替主链路的工作,不需要任何人工干预。

在生成树协议发展过程中,老的缺陷不断被克服,新的特性不断被开发出来。按照大功能点的改进情况,可以把生成树协议的发展过程划分成以下三代:

第一代生成树协议:STP/RSTP。

第二代生成树协议:PVST/PVST+。

第三代生成树协议:MISTP/MSTP。

2. 网桥协议数据单元 PBDU

STP 需要网络设备相互交换消息来检测桥接环路,交换机发送的用于构建无环路拓扑的消息称为网桥协议数据单元 BPDU(Bridge Protocol Data Unit)。所有支持 STP 协议的交换机都会不断接收并处理收到的 BPDU,以保证当活动路径或设备发生故障的时候,仍然可以计算出一棵新的生成树。

BPDU 中都包含的目的 MAC 地址 01-80-C2-00-00-00 是组播地址。并且每个 BPDU 还由如下要素组成:

(1)根网桥 ID:本交换机所认为的根交换机 ID。网桥 ID 包含网桥优先级和网桥 MAC 地址,根网桥上具有最低网桥 ID 的网桥。

(2)根路径成本:本交换机到根交换机的路径开销。

(3)发送网桥 ID:本交换机的网桥 ID(BID)。

(4)端口 ID:发送该报文的端口。

(5)Message age:报文已存活的时间。

(6)Forward-Delay Time、Hello Time、Max-Age Time:三个协议规定的时间参数。

(7)其他一些诸如表示发现网络拓扑变化、本端口状态的标志位。

BPDU 包含了上述信息,就可以完成以下工作:

(1)选择一台交换机为根交换机(根网桥 ID)。

(2)计算自身到根交换机的最短路径。

(3)对于每个 LAN 网段,指定一台交换机作为最接近根的交换机,称之为指定交换机。指定交换机处理所有从 LAN 到根交换机的通信。

(4)每个非根交换机选择自身的一个端口作为根端口,它是到根交换机路径最短的接口。

(5)在每个网段上选择属于生成树一部分的端口作为指定端口,非指定端口将被阻塞掉。

(6)根端口和指定端口处进入发转发状态(Forwarding),其他的冗余端口处于阻塞状态(Discarding)。

3. 选择根网桥

每个网桥本身分配一个唯一的标识(BID)。BID 通常由网桥优先级(2 B)和网桥 MAC 地址(6 B)所构成。根据 IEEE802.1d 的规定,缺省的优先级是 32768。

如图 4-25 所示,两台交换机都使用相同的缺省优先级,则具有更小 MAC 地址的交换机成为根网桥。

在图 4-25 中,当一台交换机最初启动时,它假定自己就是根交换机,并发送“次优”

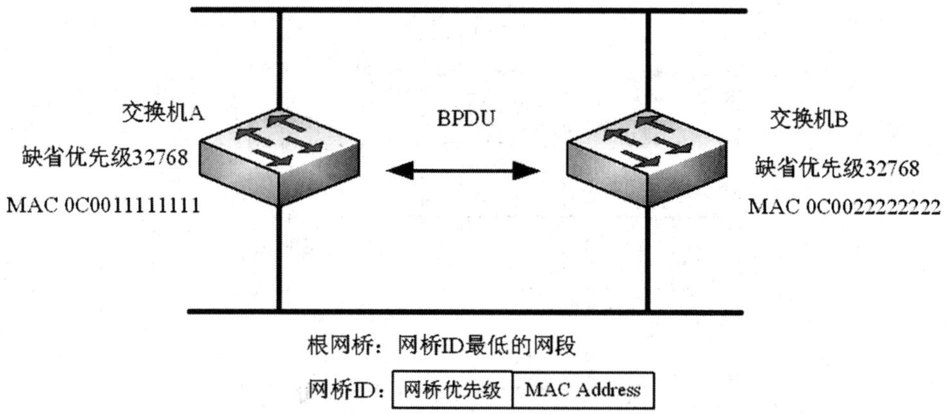

图 4-25 根网桥选择

BPDU,它们的根和发送者 BID 信息字段中都包含有交换机的 MAC 地址。所有交换机都会接收到发送者的 BID。当交换机收到一个更低的根 BID 时,它会把自己正在发送的 BPDU 的根 BID 替换为这个更低的根 BID。所有的网桥都会接收到这些 BPDU,并且判定具有最小 BID 的网桥作为根网桥。

当管理员非常熟悉网络状况时,可以设定交换机优先级的值来干预根交换机的选举。

4. STP 的缺点

STP 协议解决了交换链路冗余问题。但是,随着应用的深入和网络技术的发展,它的缺点在应用中也被暴露了出来。STP 协议的缺陷主要表现在收敛速度上。

当拓扑发生变化时,新的 BPDU 要经过一定的时延才能传播到整个网络,这个时延称为 Forward Delay,协议默认值是 15 s。在所有交换机收到这个变化的消息之前,若旧拓扑结构中处于转发的端口还没有发现自己应该在新的拓扑中停止转发,则可能存在临时环路。为了解决临时环路的问题,生成树使用了一种定时器策略,即在端口从阻塞状态到转发状态中间加上一个只学习 MAC 地址但不参与转发的中间状态,两次状态切换的时间长度都是 Forward Delay,这样就可以保证在拓扑变化的时候不会产生临时环路。但是,这个看似良好的解决方案实际上带来的却是至少 2 倍 Forward Delay 的收敛时间。

如图 4-26 所示,描述了影响到整个生成树性能的 3 个计时器。

(1) Hello Timer(BPDU 发送间隔):定时发送 BPDU 的时间间隔,默认为 2 s。

(2) Forward-Delay timer(发送延迟):端口状态改变的时间间隔。当 RSTP 协议以兼容 STP 协议模式运行时,端口从 Listening 转变向 Learning,或者从 Learning 转向 Forwarding 状态的时间间隔,默认为 15 s。

(3) Max-Age Timer(最大存活期):BPDU 消息生存的最长时间。若超出这个时间,BPDU 消息将被丢弃,默认为 20 s。

生成树经过一段时间(默认值是 50 s 左右)稳定之后,所有端口或者进入转发状态,或者进入阻塞状态。STP BPDU 仍然会定时(默认每隔 2 s)从各个交换机的指定端口发出,以维护链路的状态。如果网络拓扑发生变化,生成树就会重新计算,端口状态也会随之改变。

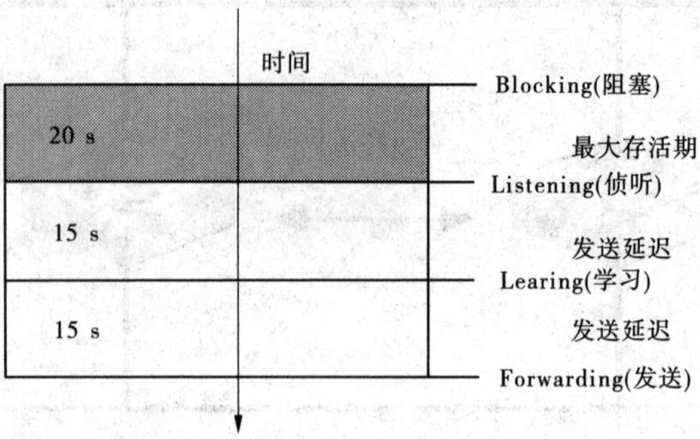

图 4-26　生成树性能的 3 个计时器

任务 2　快速生成树协议 RSTP

【任务描述】

在实际应用中,生成树协议最主要的缺点是端口从阻塞状态到转发状态需要 2 倍的转发延时,导致网络的连通性至少要几十秒的时间之后才能恢复。如果网络中的拓扑结构变化频繁,网络会频繁的失去连通性,这样用户就会无法忍受,现在就要对生成树协议进行改进。

【任务分析】

1. 快速生成树协议 RSTP 的改进之处

为了尽量避免网络失去连通性,在 IEEE802. 1d 协议的基础之上,进行了一些改进,就产生了 IEEE802. 1w 协议。RSTP 协议在 STP 协议基础上做了三点重要改进,使得收敛速度快得多(最快 1 s 以内),IEEE802. 1w 协议又称为快速生成树协议 RSTP(Rapid Spanning Tree Protocol)。

第一点改进:为根端口和指定端口设置了快速切换用的替换端口(Alternate Port)和备份端口(Backup Port)两种角色,在根端口/指定端口失效的情况下,替换端口/备份端口就会无时延地进入转发状态。图 4-27 中所有网桥都运行 RSTP 协议,SWA 是根交换机,假设 SWB 的端口 1 是根端口,端口 2 将能够识别这种拓扑结构,成为根端口的替换端口,进入阻塞状态。当端口 1 所在链路失效的情况下,端口 2 就能够立即进入转发状态,无须等待 2 倍 Forward Delay 时间。

第二点改进:在只连接了两个交换端口的点对点链路中,指定端口只需与下游交换机进行一次握手就可以无时延地进入转发状态。如果是连接了 3 个以上网桥的共享链路,下游交换机是不会响应上游指定端口发出的握手请求的,只能等待 2 倍 Forward Delay 时间进入转发状态。

第三点改进:直接与终端相连而不是把其他网桥相连的端口定义为边缘端口(Edge Port)。边缘端口可以直接进入转发状态,不需要任何延时。由于交换机无法知道端口是否是直接与终端相连,所以需要人工配置。

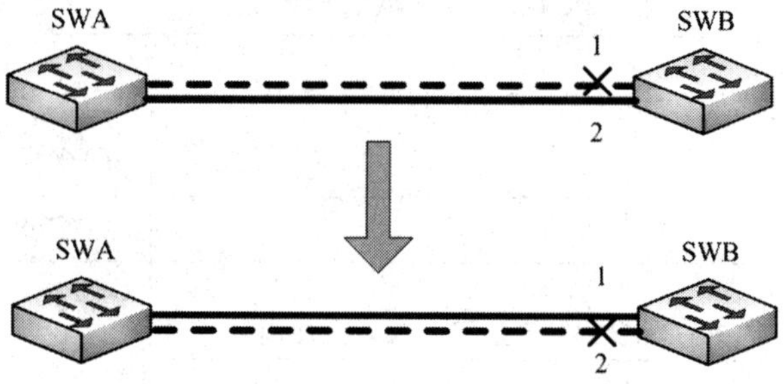

图4-27 RSTP的端口快捷切换

2. RSTP与STP的兼容性

RSTP保证了在交换机或端口发生故障后，迅速地恢复网络连接。一个新的根端口可快速地转换到转发端口状态。局域网中的交换机之间显式的应答使指定的端口可以快速地转换到转发端口状态。

在理想条件下，RSTP应当是网络中使用的默认生成树协议。由于STP与RSTP之间的兼容性，由STP到RSTP转换是无缝的。

RSTP协议可以与STP协议完全兼容，RSTP协议会根据收到的BPDU版本号来自动判断与之相连的交换机是支持STP协议还是支持RSTP协议，如果是与STP协议交换机互联就只能按STP的forwarding方法，过30 s再forwarding，无法发挥RSTP的最大功效。

另外需要说明的是，快速生成树改进的只是生成树的收敛时间，并没有解决整个桥接网络只应用一个单生成树实例的不足。

任务3 STP的配置

【任务描述】

某学校为了开展计算机教学和网络办公，建立了一个计算机教室和一个校办公区，这两处的计算机网络通过两台交换机互联组成内部校园网。为了提高网络的可靠性，网络管理员用两条链路将交换机互联，现要在交换机上做适当配置，使网络避免环路。

如图4-28所示，在两台Cisco 2960交换机上可能会形成桥接环路，通过观察默认的STP行为，生成树逻辑地移去了冗余链路。

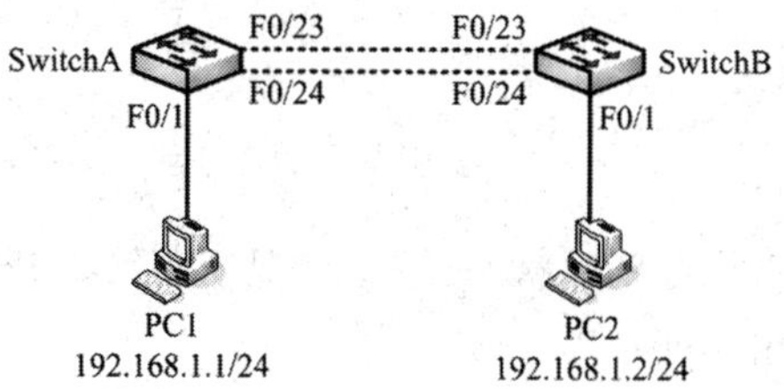

图4-28 STP默认行为实验环境

【任务分析】

在进行STP配置时，由于交换机的类别和交换机的IOS版本不同，STP的配置也不尽相同。表4-2列出了Cisco默认STP设置。

表 4-2　Cisco 默认 STP 设置

特性	默认设置
enable state	在 VLAN 1 上启用。最多可以支持 64 个生成树实例
switch priority	32 768
spanning-tree port cost (可以基于每端口配置,并在配置为第 2 层接入端口上使用)	128
spanning-tree port cost (可以基于每端口配置,并在配置为第 2 层接入端口上使用)	1 000 Mb/s:4 100 Mb/s:19 10 Mb/s:100
spanning-tree vlan port priority (可以基于每 VLAN 配置,并在配置为第 2 层中继端口上使用)	128
Spanning-tree vlan port cost (可以基于每 VLAN 配置,并在配置为第 2 层中继端口上使用)	1 000 Mb/s:4 100 Mb/s:19 10 Mb/s:100
Hello	2 s
转发延迟时间	15 s
最大生存时间	20 s

【操作步骤】

(1)配置 PC1、PC2。

设置 PC1 的 IP 地址和子网掩码分别为 192.168.1.1,255.255.255.0。

设置 PC2 的 IP 地址和子网掩码分别为 192.168.1.2,255.255.255.0。

(2)交换机基本配置。

```
Switch>enable
Switch#configure terminal
Switch(config)#hostname SwitchA
SwitchA(config)#end

Switch>enable
Switch#configure terminal
Switch(config)#hostname SwitchB
SwitchB(config)#end
```

(3)查看交换机 SwitchA 的 STP 状态,缺省情况下交换机开启了 STP。

```
SwitchA#show spanning-tree

VLAN0001
Spanning tree enabled protocol ieee
Root ID Priority 32769
Address 00D0.D316.4AA3
```

```
This bridge is the root
Hello Time 2 sec Max Age 20 sec Forward Delay 15 sec

Bridge ID Priority 32769 (priority 32768 sys-id-ext 1)
Address 00D0.D316.4AA3
Hello Time 2 sec Max Age 20 sec Forward Delay 15 sec
Aging Time 20

Interface Role Sts Cost Prio.Nbr Type
------ -- -- ----- ---- ------------
Fa0/24 Desg FWD 19 128.24 P2p
Fa0/23 Desg FWD 19 128.23 P2p
Fa0/1  Desg FWD 19 128.1  P2p
```

从显示结果看,交换机 SwitchA 的端口 0/23 和 0/24 现在都处于转发(FWD)状态。

(4)查看交换机 SwitchB 的 STP 状态,缺省情况下交换机开启了 STP。

```
SwitchB#show spanning-tree

VLAN0001
Spanning tree enabled protocol ieee
Root ID Priority 32769
Address 00D0.D316.4AA3
Cost 19
Port 23(FastEthernet0/23)
Hello Time 2 sec Max Age 20 sec Forward Delay 15 sec

Bridge ID Priority 32769 (priority 32768 sys-id-ext 1)
Address 00E0.A315.B92A
Hello Time 2 sec Max Age 20 sec Forward Delay 15 sec
Aging Time 20

Interface Role Sts Cost Prio.Nbr Type
------ -- -- ----- ---- ------------
Fa0/1  Desg FWD 19 128.1  P2p
Fa0/24 Altn BLK 19 128.24 P2p
Fa0/23 Root FWD 19 128.23 P2p
```

从显示结果看,交换机 SwitchB 的端口 0/23 处于转发(FWD)状态,端口 0/24 处于阻塞(BLK)状态,这是生成树协议产生的效果。此时,交换机 0/23 端口所在链路处于连通状态,0/24 端口所在链路逻辑上处于关闭状态。

(5)将交换机 SwitchA 和 SwitchB 的 STP 切换成 RSTP。

SwitchA(config)#spanning-tree mode rapid-pvst

SwitchB(config)#spanning-tree mode rapid-pvst

验证测试:查看交换机 SwitchA 的 STP 状态

SwitchA#show spanning-tree

```
VLAN0001
Spanning tree enabled protocol rstp
Root ID Priority 32769
Address 00D0. D316. 4AA3
This bridge is the root
Hello Time 2 sec Max Age 20 sec Forward Delay 15 sec

Bridge ID Priority 32769 (priority 32768 sys-id-ext 1)
Address 00D0. D316. 4AA3
Hello Time 2 sec Max Age 20 sec Forward Delay 15 sec
Aging Time 20

Interface Role Sts Cost Prio. Nbr Type
------ -- -- ----- ---- ------------
Fa0/24 Desg FWD 19 128. 24 P2p
Fa0/23 Desg FWD 19 128. 23 P2p
Fa0/1  Desg FWD 19 128. 1  P2p
```

(6)断开正常链路,测试连通性。

让 PC1 和 PC2 一直通信。

PC1>ping -t 192. 168. 1. 2

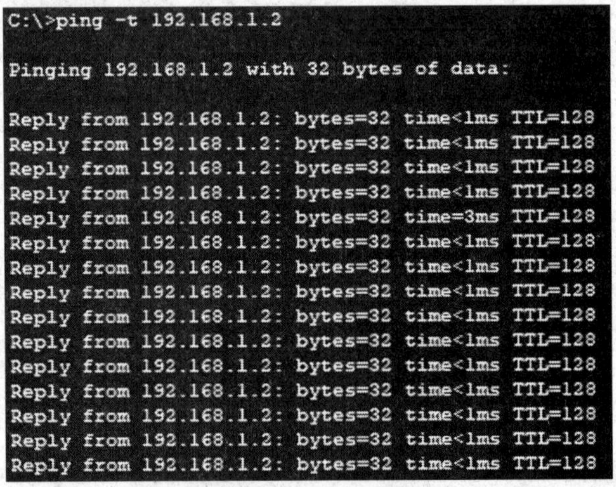

```
C:\>ping -t 192.168.1.2

Pinging 192.168.1.2 with 32 bytes of data:

Reply from 192.168.1.2: bytes=32 time<1ms TTL=128
Reply from 192.168.1.2: bytes=32 time<1ms TTL=128
Reply from 192.168.1.2: bytes=32 time<1ms TTL=128
Reply from 192.168.1.2: bytes=32 time<1ms TTL=128
Reply from 192.168.1.2: bytes=32 time=3ms TTL=128
Reply from 192.168.1.2: bytes=32 time<1ms TTL=128
Reply from 192.168.1.2: bytes=32 time<1ms TTL=128
Reply from 192.168.1.2: bytes=32 time<1ms TTL=128
Reply from 192.168.1.2: bytes=32 time<1ms TTL=128
Reply from 192.168.1.2: bytes=32 time<1ms TTL=128
Reply from 192.168.1.2: bytes=32 time<1ms TTL=128
Reply from 192.168.1.2: bytes=32 time<1ms TTL=128
Reply from 192.168.1.2: bytes=32 time<1ms TTL=128
Reply from 192.168.1.2: bytes=32 time<1ms TTL=128
Reply from 192.168.1.2: bytes=32 time<1ms TTL=128
```

用 shutdown 命令将 SwitchA 的 0/23 端口关闭。

SwitchA#configure terminal

SwitchA(config)#interface fastEthernet 0/23

SwitchA(config-if)#shutdown

结果显示,PC1 和 PC2 通信不中断,说明备用链路开启了。

【注意事项】

因为生成树是基于交换机的 MAC 地址进行操作的,所以本实验的结果可能不同。默认情况下交换机开启了 STP,在配置模式下可以使用 no spanning-tree vlan 1 命令将其关闭。

项目 6　利用 TFTP 管理交换机

【项目目标】

- 利用 TFTP 升级现有交换机操作系统。
- 利用 TFTP 备份和还原交换机。

任务 1　利用 TFTP 升级现有交换机操作系统

【任务描述】

假设你是锐捷网络产品的用户,现在你拥有锐捷交换机 S2126G 或 S3550-24,你的交换机的操作系统比较老,已经不能支持网络中新功能的需要,为了满足网络的需求,要升级交换机操作系统。

【任务分析】

本实验以 Cisco 2960 交换机为例,交换机命名为 SwitchA。如图 4-29 所示,一台 Server-PT 通过网卡连接到交换机的 F0/1 端口。Server-PT 作为 TFTP 服务器,为交换机创建一个管理 VLAN,并分配 IP 地址,TFTP 服务器和交换机在同一网段,通过 TFTP 服务器升级交换机操作系统。

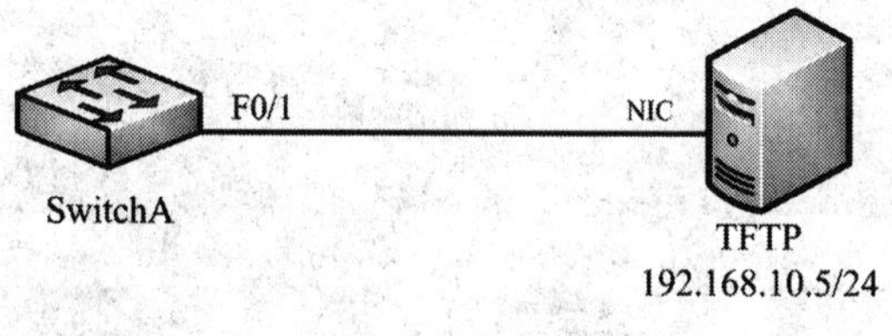

图 4-29　利用 TFTP 升级交换机操作系统

【操作步骤】

(1)检查交换机当前版本。

switchA#show version

Cisco IOS Software, C2960 Software (C2960-LANBASE-M), Version 12.2(25)FX, RELEASE SOFTWARE (fc1)

Copyright (c) 1986-2005 by Cisco Systems, Inc.

Compiled Wed 12-Oct-05 22:05 by pt_team

ROM: C2960 Boot Loader (C2960-HBOOT-M) Version 12.2(25r) FX, RELEASE SOFTWARE (fc4)

System returned to ROM by power-on

Cisco WS-C2960-24TT (RC32300) processor (revision C0) with 21039K bytes of memory.

24 FastEthernet/IEEE 802.3 interface(s)

2 Gigabit Ethernet/IEEE 802.3 interface(s)

…　　　　　　　　　　　　　　　　　！省略掉没用的信息

(2)配置 TFTP 服务器。

设置 TFTP 服务器的 IP 地址和子网掩码分别为 192.168.10.5 和 255.255.255.0。

(3)配置交换机。

为交换机创建一个管理 VLAN,并为该 VLAN 分配地址。TFTP 服务器和交换机在同一网段。

SwitchA#conf t

SwitchA(config)#interface vlan 1

SwitchA(config-if)# ip address 192.168.10.1 255.255.255.0

SwitchA(config-if)#no shutdown

SwitchA(config-if)#end

验证测试:TFTP 服务器可以 Ping 通交换机。

```
C:\>ping 192.168.10.1

Pinging 192.168.10.1 with 32 bytes of data:

Reply from 192.168.10.1: bytes=32 time<1ms TTL=128
Reply from 192.168.10.1: bytes=32 time<1ms TTL=128
Reply from 192.168.10.1: bytes=32 time<1ms TTL=128
Reply from 192.168.10.1: bytes=32 time<1ms TTL=128

Ping statistics for 192.168.10.1:
    Packets: Sent = 4, Received = 4, Lost = 0 (0% loss),
Approximate round trip times in milli-seconds:
    Minimum = 0ms, Maximum = 0ms, Average = 0ms
```

(4)显示交换机 flash 目录。

SwitchA#dir

Directory of flash:/

1　-rw-　4414921　<no date>　c2960-lanbase-mz.122-25.FX.bin

交换机里有一个名为“c2960-lanbase-mz. 122-25. FX. bin”的文件。

(5)进入交换机特权模式下进行升级。

SwitchA#copy tftp: flash: ! 从 tftp 服务器到交换机 flash

Address or name of remote host [ ]? 192. 168. 10. 5 ! 源主机 IP 地址

Source filename [ ]? c2960-lanbasek9-mz. 150-2. SE4. bin ! 源文件名称

Destination filename [c2950. bin]? c2960-lanbase-mz. 122-25. FX. bin ! 目标文件名称

Do you want to over write? [confirm]

Accessing tftp://192. 168. 10. 2/c2960-lanbasek9-mz. 150-2. SE4. bin....

Loading c2960-lanbasek9-mz. 150-2. SE4. bin from

192. 168. 10. 2: !!

[OK - 4670455 bytes]

(6)重新启动交换机,启动完后检查交换机系统的版本。

switchA#reload

switchA#show version

Cisco IOS Software, C2960 Software (C2960-LANBASEK9-M), Version 15. 0(2)SE4, RELEASE SOFTWARE (fc1)

Technical Support: http://www. cisco. com/techsupport

Copyright (c) 1986-2013 by Cisco Systems, Inc.

Compiled Wed 26-Jun-13 02:49 by mnguyen

ROM: Bootstrap program is C2960 boot loader

BOOTLDR: C2960 Boot Loader (C2960-HBOOT-M) Version 12. 2(25r)FX, RELEASE SOFTWARE (fc4)

Switch uptime is 39 minutes

System returned to ROM by power-on

System image file is "flash:c2960-lanbasek9-mz. 150-2. SE4. bin"

… ! 省略掉没用的信息

结果显示,交换机系统版本从 12. 2 升级到了 15. 0。

【注意事项】

保证交换机的管理地址和 TFTP 服务器地址处于同一网段内,或者可以连通。

任务2　利用 TFTP 备份和还原交换机

【任务描述】

假设你是锐捷网络产品的用户,现在你拥有锐捷交换机 S2126G 或 S3550-24,现在你想把网络中的某台交换机更换成新的交换机,你需要把原来交换机上的配置备份出来并写入新的交换机中。

【任务分析】

本实验以 Cisco 2960 交换机构建实验环境,交换机命名为 SwitchA。如图 4-30 所示,一台 PC 通过串口(Com)连接到交换机的控制(Console)端口,通过网卡连接到交换机的 F0/1 端口。PC 作为 TFTP 服务器,通过超级终端备份 SwitchA 的配置文件,然后将配置文件写入到另一台交换机 SwitchB 中。

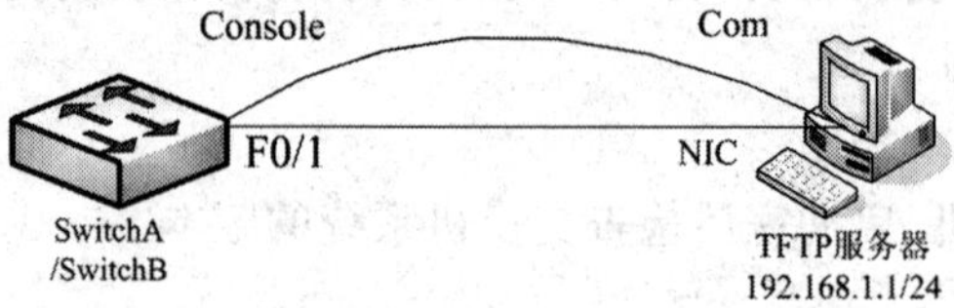

图 4-30　利用 TFTP 备份和还原交换机

【操作步骤】

(1)配置计算机。

设置计算机 PC 的 IP 地址和子网掩码分别为 192.168.1.1,255.255.255.0。

(2)配置交换机 SwitchA。

```
Switch>enable
Switch#configure terminal
Switch(config)#interface vlan 1
Switch(config-if)#ip address 192.168.1.3 255.255.255.0      ! 配置管理 IP
Switch(config-if)#no shutdown
Switch(config-if)#exit
Switch(config)#vlan 20
Switch(config-vlan)#exit
Switch(config)#vlan 30
Switch(config-vlan)#exit
Switch(config)#interface fastEthernet 0/2
Switch(config-if)#switchport access vlan 20      ! 将 f0/2 划分到 VLAN20
Switch(config)#interface fastEthernet 0/3
Switch(config-if)#switchport access vlan 30      ! 将 f0/2 划分到 VLAN20
Switch(config-if)#end
```

验证测试:

```
Switch#show vlan
```

```
VLAN   Name                 Status    Ports
--  -------                 ----   ----------
1      default              active    Fa0/1,Fa0/4, Fa0/5, Fa0/6
                                      Fa0/7, Fa0/8, Fa0/9, Fa0/10
                                      Fa0/11, Fa0/12, Fa0/13, Fa0/14
                                      Fa0/15, Fa0/16, Fa0/17, Fa0/18
                                      Fa0/19, Fa0/20, Fa0/21, Fa0/22
                                      Fa0/23, Fa0/24, Gig0/1, Gig0/2
20     VLAN0020             active    Fa0/2
30     VLAN0030             active    Fa0/3
1002   fddi-default         active
1003   token-ring-default   active
1004   fddinet-default      active
1005   trnet-default        active
…                                     ! 省略掉没用的信息
```

(3)备份交换机。

```
Switch#copy running-config tftp:          ! 复制交换机配置文件到 TFTP 服务器上
Address or name of remote host [ ]? 192.168.1.1     ! 输入 TFTP 服务器的 IP 地址 192.168.1.1
Destination filename [Switch-confg]?               ! 默认即可

Writing running-config....!!
[OK - 1113 bytes]
1113 bytes copied in 3.003 secs (370 bytes/sec)
```

验证测试:TFTP 服务器上生成一个名为 Switch-confg 的文件(见图 4-31),说明备份成功。

(4)将配置文件 Switch-confg 导入到交换机 SwitchB。

```
Switch>enable
Switch#configure terminal
Switch(config)#interface vlan 1
Switch(config-if)#ip address 192.168.1.5 255.255.255.0    ! 配置管理 IP
Switch(config-if)#no shutdown
Switch(config-if)#end

Switch#copy tftp: startup-config                ! 复制 TFTP 服务器文件到交换机
```

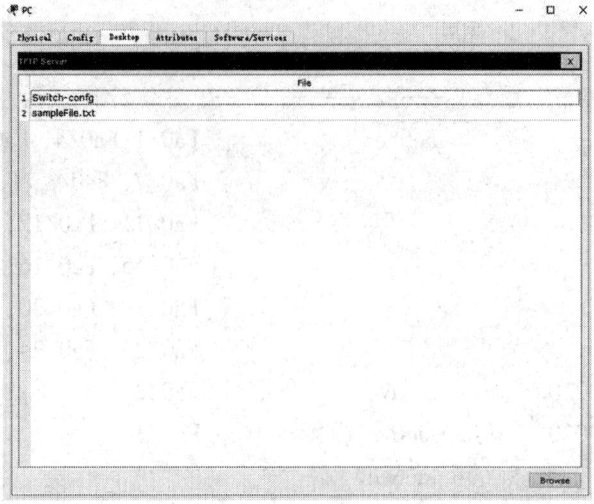

图 4-31

Address or name of remote host [ ]? 192.168.1.1　　！输入 TFTP 服务器的 IP 地址
Source filename [ ]? Switch-confg　　！输入要还原的文件名
Destination filename [startup-config]?

Accessing tftp://192.168.1.1/SwitchA-confg....
Loading SwitchA-confg from 192.168.1.1: !
[OK - 1113 bytes]
1113 bytes copied in 3.008 secs (370 bytes/sec)

验证测试:
Switch#reload　　！重启交换机
Switch#show vlan　　！查看交换机 VLAN

VLAN	Name	Status	Ports
---	--------	----	----------
1	default	active	Fa0/1,Fa0/4, Fa0/5, Fa0/6 Fa0/7, Fa0/8, Fa0/9, Fa0/10 Fa0/11, Fa0/12, Fa0/13, Fa0/14 Fa0/15, Fa0/16, Fa0/17, Fa0/18 Fa0/19, Fa0/20, Fa0/21, Fa0/22 Fa0/23, Fa0/24, Gig0/1, Gig0/2
20	VLAN0020	active	Fa0/2
30	VLAN0030	active	Fa0/3
1002	fddi-default	active	

```
1003    token-ring-default     active
1004    fddinet-default        active
1005    trnet-default          active
…                                                  ! 省略掉没用的信息
```

结果显示,交换机 SwitchB 的配置和 SwitchA 的配置一样,说明还原成功。

【注意事项】

(1)还原完后,需重新启动交换机。

(2)startup-config 是开机启动的配置文件,存储在交换机的 NVRAM 中,断电后能保存。running-config 是配置过的运行文件,存储在 DRAM 中,断电会全部丢失。交换机启动后,startup-config 就不会再改变了,如果我们在交换机中做了很多的配置,这些配置将会保存在 running-config 文件中,而不是保存在 startup-config 中。由于 running-config 配置文件断电会全部丢失,所以我们做好工作后,要将 running-config 复制到 startup-config 中以保存所做的工作。

总结与回顾

本单元主要介绍以太网交换机的体系结构、基本使用与配置方法、端口技术、交换机端口安全、VLAN 技术和 STP 技术,以及集中管理技术。通过对交换机每项技术的学习,要注意通过可操作性的实例来理解理论,要用理论来指导每项技术的配置和使用,最后达到能够根据网络组建的实际需要对交换机进行 STP、VLAN 等的设定、配置和管理。

实训与练习

一、选择题

1. 在通过控制端口连接配置交换机时,使用哪种电缆线? ( )

   A. 同轴线　　B. 直连线　　C. 交叉线　　D. 反转线

2. 配置端口安全存在哪些限制? ( )

   A. 一个安全端口必须是一个 ACCESS 端口,及连接终端设备的端口,而非 Trunk 端口

   B. 一个安全端口不能是一个聚合端口(Aggregate Port)

   C. 一个安全端口不能是 SPAN 的目的端口

   D. 只能是奇数端口上配置端口安全

3. 当端口由于违规操作而进入“err-disabled”状态后,使用什么命令手工将其恢复为 UP 状态? ( )

   A. errdisable recovery　　B. no shutdown

   C. recovery errdisable　　D. recovery

4. VLAN 的封装类型中属于 IEEE 标准的有哪些？　(　　)

A. ISL　B. 802.1q　C. 802.1d　D. 802.1x

5. STP 的端口状态的变化顺序是什么？　(　　)

A. Blocking，learing，listening，forwarding

B. Blocking，learing，forwarding，listening

C. Blocking，listening，learing，forwarding

D. Blocking，forwarding，listening，learing

6. 根网桥上的所有端口都是什么？　(　　)

A. 根端口　B. 阻塞端口　C. 指定端口　D. 非指定端口

二、填空题

1. 在网络应用中把以太网交换机分为三个层次是________、________和________。

2. 端口安全的违例处理方式有________、________和________三种。

3. 安全接口的安全地址有________、________和________三种。

4. ________________是交换机上支持的一种技术，它把两个交换机之间两条以上同时相连的链路虚拟成为一条链路来传输信息。

5. VLAN 的端口可以分为________和________两种。

6. BID 是一个 8 字节有序对，它通常由________和________构成。

三、简答题

1. 简述以太网交换机的体系结构。

2. 简述 802.1q 中标签头的结构。

3. 列出 IEEE802.1d 规定以太网中链路的路径成本值。

四、实训题

1. 在 Cisco PacketTracer 中选择一台交换机，用 Show 命令查看交换机的初始化配置。

2. 现在有一台交换机，请开启它的端口安全功能，并把 Fastethernet 0/3 设置为安全接口，设置最大安全地址个数为 8，设置违例方式为 Protect。

3. 现在有一台 Cisco2950 交换机，请创建两个 VLAN，并把端口 1~5 及 7 共 6 个端口划入一个 VLAN，把端口 8~10 及 12 共 4 个端口划入另一个 VLAN。

提示：可用如下命令

```
Switch(config)#interface range Fastethernet 0/1-5
Switch(config-if)#switchport access vlan 10
```

第5单元　路由器配置与应用

【课程思政】

2023年3月,习近平总书记在中国共产党与世界政党高层对话会上强调,我们愿同各国政党一道,推动共建"一带一路"高质量发展,加快全球发展倡议落地,培育全球发展新动能,构建全球发展共同体。同年10月,国务院发布《共建"一带一路":构建人类命运共同体的重大实践》白皮书指出,10年来,共建"一带一路"不仅给相关国家带来实实在在的利益,也为推进经济全球化健康发展、破解全球发展难题和完善全球治理体系作出积极贡献。

网络连通世界,信息沟通心灵。就像人类命运共同体一样,任何国家、任何网络都是既独立又密切联系的。因此,我们要培养大局意识,树立开放包容、合作共赢的世界观。正如国家在实施"一带一路"倡议中,需要选择合适的国家合作共享、互学互鉴一样,路由器作为连接全球网络的重要设备,不同网络选择合适的路由器,以及最优传输路径,通过相互协作、互帮互助,才能转发数据包,完成整个通信。

路由器工作在网络层,是互联网的主要节点设备。路由器通过路由决定数据的转发,转发策略称为路由选择(routing),这也是路由器名称的由来(router,转发者)。作为不同网络之间互相连接的枢纽,路由器系统构成了基于TCP/IP的因特网的主体脉络,也可以说,路由器构成了因特网的骨架。它的处理速度是网络通信的主要瓶颈之一,它的可靠性则直接影响着网络互联的质量。因此,在园区网、城域网,乃至整个因特网研究领域中,路由器技术始终处于核心地位,其发展历程和方向成为整个因特网研究的一个缩影。因此,学习路由器在互联网络中的作用、地位及其使用方法,具有重要的意义。本单元以思科路由器为例来讲解有关路由器配置的相关技能和知识。

项目1　路由器基础

【项目目标】

- 了解路由器硬件结构。
- 了解路由器内存体系结构。

任务1　路由器硬件结构

【任务描述】

Cisco路由器包含硬件和软件两部分,其软件部分为网络操作系统IOS。通过IOS,Cisco路由器可以连接IP、IPX、IBM、DEC、AppleTalk的网络,并实现许多丰富的网络功能。在使用路由器前,对Cisco路由器的硬件结构进行必要的了解非常重要。

【任务分析】

1. 识别Cisco 2621路由器

Cisco 2621路由器的前面板如图5-1所示。路由器前面板的左下角是3个指示灯,其中“POWER”指示灯为电源指示灯,“RPS”指示灯为冗余电源指示灯,“ACTIVITY”指示灯为负荷情况指示灯,如果该指示灯闪烁得很快,则说明路由器负荷较重。

图 5-1　Cisco 2621 路由器的前面板

Cisco 2621 路由器的背板如图 5-2 所示。Cisco 路由器主要通过背板上的端口与其他设备连接。Cisco 2621 路由器是一个模块化的路由器,将一些盖板拆下后,可插入一些网络模块,例如图 5-2 中的同步串口就是插上去的模块。购买 Cisco 路由器时,同步串口等模块不会作为标准配置,需要用户另外购买。

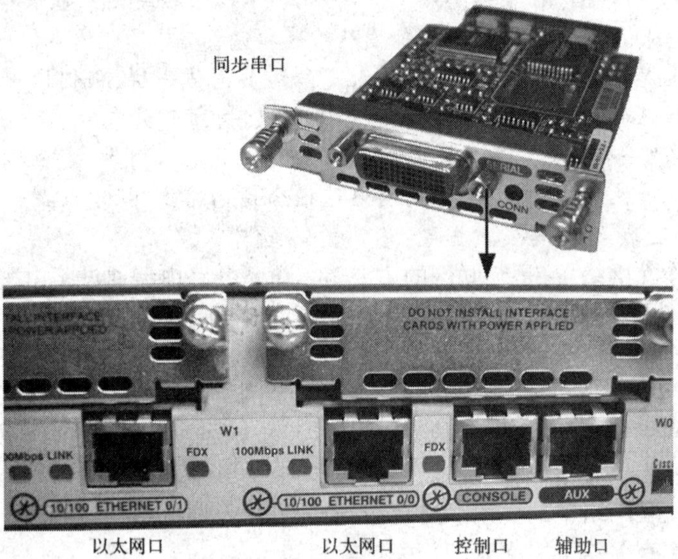

图 5-2　Cisco 2621 路由器的背板

路由器常用的端口如下:

(1)高速同步串口。最大支持 2. 048 Mb/s 的 E1 速率。通过软件配置,该种端口可以通过 DDN,帧中继(Frame Relay),X. 25,PSTN(模拟电话线路)连接广域网或因特网。

(2)以太网端口。连接 10Base-T 或 100Base-TX 以太网络,一般用于接局域网。该端口为 RJ-45 标准接口。

(3)CONSLE 口(控制口)。主要连接终端或运行终端仿真程序的计算机,用于在本地配置路由器。该端口为 RJ-45 标准接口。

(4)AUX 端口(辅助口)。该端口为异步端口,最大支持 38 400 b/s 的速率,可接 MODEM,主要用于远程配置或拨号备份。该端口为 RJ-45 标准接口。

(5)ISDN 端口(BRI 端口)。可以连接 ISDN 网络(2B+D)。

(6)高密度异步端口。该端口通过一转八线缆,可以连接八条异步(拨号)线路。

还有一些端口可以通过购买相应的网络模块而获得。

2. 识别 V. 35 路由器线缆

在实际工作环境中,路由器必须通过 CSU/DSU 设备(通道服务单元/数据服务单元,也称 DTU,数据终端单元)接入广域网。广域网通过电信线路(如电话线)与 DTU 的相应端口相连,DTU 的另一个端口再与路由器的相应的端口(如同步串口)相连。路由器与 DTU 之间的连接有几种标准,常见的就是 V. 35 标准。V. 35 路由器线缆又分 DTE 线缆和 DCE 线缆两种,V. 35 DTE 线缆接口处为针状,V. 35 DCE 线缆接口处为孔状,如图 5-3 所示。

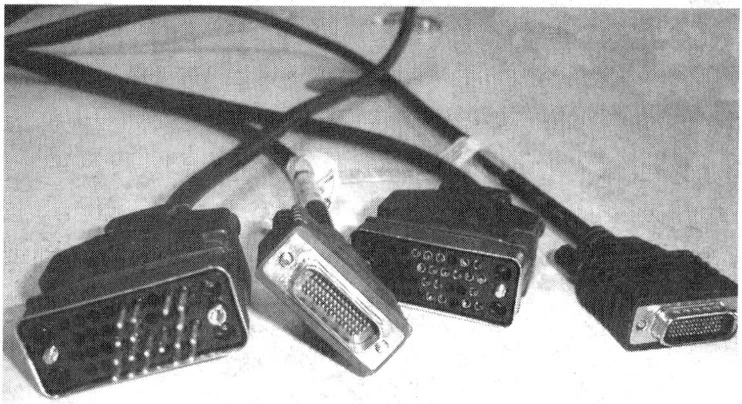

图 5-3 V. 35 线缆

如果路由器直接与 DTU 相连,则路由器充当 DTE,DTU 充当 DCE,此时,路由器要用 V. 35 DTE 线缆与 DTU 相连。

V. 35 DTE 线缆和 V. 35 DCE 线缆也是可以对接的,这主要在实验室环境中直接连接两台路由器。此时,接有 V. 35 DTE 线缆的路由器充当 DTE,接有 V. 35 DCE 线缆的路由器充当 DCE。下面的实验环境将会采用这种连接。

3. 控制线

一台新购买的路由器,不能像集线器或一般的交换机那样接上线路就能用,而是需要根据连接的网络用户的需求进行一定的设置才能投入使用。

可以通过多种途径配置 Cisco 路由器,而通过 CONSOLE 口进行配置是用户对路由器进行配置的主要方式。

Cisco 路由器和交换机提供了一条控制线(两头均为 RJ45 头的反转线)及 RJ-45 转换头,如图 5-4 所示。

一般选用 RJ45-DB9 或 RJ45-DB25 的转换头与 PC 的 COM1 口或 COM2 口连接,再将控制线接入路由器的 CONSOLE 口中。

任务 2 路由器内存体系结构

【任务描述】

Cisco 路由器的软件部分即网络操作系统 IOS。软件是需要内存的,Cisco 路由器的内存体系结构如图 5-5 所示。在 Cisco 路由器中内存各个部分又是如何工作的呢?

【任务分析】

1. ROM

ROM 相当于 PC 的 BIOS,Cisco 路由器运行时首先运行 ROM 中的程序。该程序主要

图 5-4　连接路由器或交换机的控制线

图 5-5　Cisco 路由器的内存体系结构

进行加电自检，对路由器的硬件进行检测。其次它还包含引导程序及 IOS 的一个最小子集。ROM 为一种只读存储器，即使系统掉电，程序也不会丢失。

2. FLASH

FLASH 是一种可擦写、可编程的 ROM。FLASH 包含 IOS 及微代码。可以把它想象成和 PC 的硬盘功能一样，但其速度快得多。可以通过写入新版本的 IOS 对路由器进行软件升级。FLASH 中的程序，在系统掉电时不会丢失。

3. DRAM

DRAM 是动态内存。该内存中的内容在系统掉电时会完全丢失。DRAM 中主要包含路由表、ARP 缓存、数据包缓存等，还包含有正在执行的路由器配置文件。

4. NVRAM

NVRAM 是一种非易失性的内存。NVRAM 中包含有路由器启动配置文件（startup-config），所有对配置文件的改变都保存在 DRAM 中的配置文件（running-config）中。如果希望路由器掉电或者重启后所做的修改仍然起作用，需要对运行的配置文件进行保存，也就是把改变保存到启动配置文件中。NVRAM 中的内容在系统掉电时不会丢失。

一般路由器启动时，首先运行 ROM 中的程序，进行系统自检及引导，然后运行 FLASH 中的 IOS，再在 NVRAM 中寻找路由器的配置，并将其装入 DRAM 中。

项目 2 配置路由器

【项目目标】

- 掌握路由器的配置方法。
- 掌握路由器的基本配置。

任务 1 配置路由器的方法

【任务描述】

假设某企业新购买了一台 Cisco 2600 系列路由器,网络管理员需要了解该路由器的配置方法,以及配置该路由器的命令模式,以便对路由器进行配置和管理。

【任务分析】

1. 配置方法

由于路由器没有自己的输入设备,所以在对路由器进行配置时,一般都是通过另一台计算机连接到路由器的各种接口上进行配置。又因为路由器所连接的网络情况可能是千变万化的,为了方便对路由器的管理,必须为路由器提供比较灵活的配置方法。一般来说,对路由器的配置可以通过以下几种方法来进行:

1)控制台方式

这种方式一般是对路由器进行初始化配置时采用的,它是将 PC 的串口直接通过专用的配置连线与路由器控制台端口“CONSOLE”相连,在 PC 上运行终端仿真软件(如 Windows 系统下的超级终端)与路由器进行通信,完成路由器的配置。在物理连接上也可将 PC 的串口通过专用配置连线与路由器辅助端口 AUX 直接相连,进行路由器的配置。

2)远程登录(Telnet)方式

这是通过操作系统自带的 Telnet 程序进行配置的(如 Windows/Unix/Linux 等系统都自带有这样一个远程访问程序)。如果路由器已有一些基本配置,至少要有一个有效的普通端口,就可通过运行远程登录(Telnet)程序的计算机作为路由器的虚拟终端与路由器建立通信,完成路由器的配置。

3)网管工作站方式

路由器除可以通过以上两种方式进行配置外,一般还提供一个网管工作站配置方式,它是通过 SNMP 网管工作站来进行的。这种方式是通过运行路由器厂家提供的网络管理软件来进行路由器的配置,如 Cisco 的 CiscoWorks,也有一些是第三方的网管软件,如 HP 的 OpenView 等,这种方式一般是路由器已经是在网络上的情况下,只不过想对路由器的配置进行修改时采用。

4)TFTP 服务器方式

这是通过网络服务器中的 TFTP 服务器来进行配置的,TFTP(Trivial File Transfer Protocol)是一个 TCP/IP 简单文件传输协议,可将配置文件从路由器传送到 TFTP 服务器上,也可将配置文件从 TFTP 服务器传送到路由器上。TFTP 不需要用户名和口令,使用非常简单。

上面介绍了路由器的配置方式,但在这里要说明的是,路由器的第一次配置必须采用第一种方式,即通过连接在路由器的控制端台口进行,此时终端的硬件设置为:每秒位数,

9600；数据位，8；奇偶校验，无；停止位，1；流控，无。

2. 路由器的命令模式

与交换机的配置类似，路由器的配置操作有三种模式，即用户模式、特权模式和配置模式。在用户模式下，用户只能发出有限的命令，这些命令对路由器的正常工作没有影响；在特权模式下，用户可以发出丰富的命令，以便更好地控制和使用路由器；在配置模式下，用户可以创建和更改路由器的配置，对路由器的管理工作在配置模式下进行。

其中，配置模式又分为全局配置模式和接口配置模式、路由协议配置模式、线路配置模式等子模式。在不同的工作模式下中路由器有不同的命令提示状态。

1）用户模式

从 CONSOLE 口或 Telnet 及 AUX 进入路由器时，首先要进入用户模式，在用户模式下，用户只能运行少数的命令，而且不能对路由器进行配置。在没有进行任何配置的情况下，缺省的路由器提示符为

Router>

如果设置了路由器的名字，则提示符为

路由器的名字>

这时用户可以看路由器的连接状态，访问其他网络和主机，但不能看到和更改路由器的设置内容。

2）特权模式

在 Router>提示符下键入 enable，路由器进入特权模式，即

Router>enable

Router#

这时不但可以执行所有的用户命令，还可以看到和更改路由器的设置内容。

3）配置模式

（1）全局配置模式。

在 Router#提示符下键入 configure terminal，路由器进入全局配置模式，即

Router#configure terminal

Router(config)#

这时可以设置路由器的全局参数。

（2）Setup 模式。

这是一台新路由器开机时自动进入的状态，系统会自动进入 SETUP 模式，并询问是否用 Setup 模式进行配置。在任何时候，要进入 SETUP 模式，在特权模式下，可键入 setup。

（3）RXBOOT 模式。

在路由器加电 60 s 内，在 Windows 系统下的超级终端下，同时按 Ctrl+Break 键 3~5 s 就进入 RXBOOT 模式，这时路由器不能完成正常的功能，只能进行软件升级和手工引导；或者进行路由器口令恢复时进入该状态。

（4）其他配置模式。

在全局配置模式下，键入相应命令，便可进入 Router(config-if)#，Router(config-line)#，Router(config-router)#等子模式，这时可以设置路由器的某个局部的参数。

任务 2　路由器的基本配置

【任务描述】

假设某企业的网络管理员第一次在设备机房对路由器进行了初次配置后,他希望以后在办公室或出差时也可以对设备进行远程管理,现要在路由器上做适当配置,使他可以实现这一愿望。

【任务分析】

以一台 Cisco 2621 路由器为例,一台 PC 通过串口(Com)连接到交换机的控制(Console)端口,通过网卡(NIC)连接到路由器的 F0/1 端口,如图 5-6 所示。假设 PC 的 IP 地址和子网掩码分别为 192. 168. 0. 138,255. 255. 255. 0,配置路由器的 F0/1 端口的 IP 和网络掩码分别为 192. 168. 0. 139,255. 255. 255. 0。

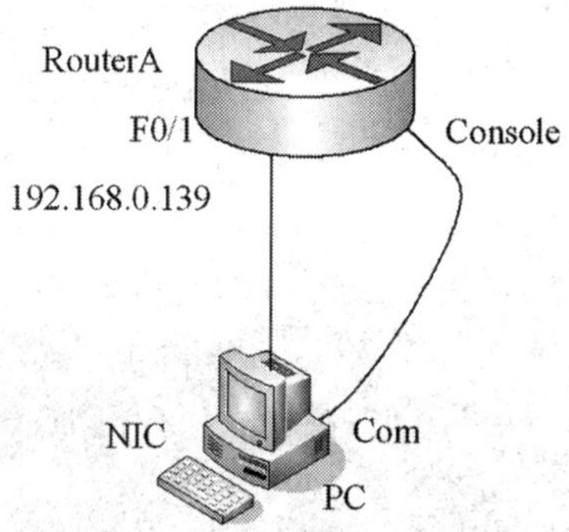

图 5-6　配置路由器的连线方法

【操作步骤】

(1)在 PC 上进行设置。

设置 PC 的 IP 地址和子网掩码分别为 192. 168. 0. 138,255. 255. 255. 0。

(2)在路由器上配置 F0/1 端口的 IP 地址。

Router>enable　　！进入特权模式

Router#configure terminal

Router(config)#hostname RouterA　　！配置路由器名称为"RouterA"

RouterA(config)#interface fastethernet 0/1　　！进入路由器接口配置模式

RouterA(config-if)#ip address 192. 168. 0. 139 255. 255. 255. 0　　！配置路由器接口 IP 地址

RouterA(config-if)#no shutdown　　！开启路由器 F0/1 接口

验证测试:验证路由器接口 fastethernet 0 的 IP 地址已经配置和开启。

RouterA#show ip interface fastethernet 0/1　　！验证路由器接口 F0/1 的 IP 地址已经配置和开启

FastEthernet0/1 is up, line protocol is up

Internet address is 192. 168. 0. 139/24

Broadcast address is 255. 255. 255. 0

…　　! 省略掉没用的信息

或:

```
RouterA#show ip interface brief
Interface          IP-Address      OK? Method Status                 Protocol
FastEthernet0/0    unassigned      YES unset  administratively down  down
FastEthernet0/1    192.168.0.139   YES unset  up                     up
```

(3)配置路由器远程登录密码。

RouterA(config)#line vty 0 4　　! 进入路由器线路配置模式

RouterA(config-line)#password cisco　　! 设置路由器远程登录密码为"cisco"

RouterA(config-line)#login　　! 配置远程登录

RouterA(config-line)#end

验证测试:验证从 PC 可以通过网线远程登录到路由器上。

C:\>telnet 192.168.0.139　　! 从 PC 登录到路由器上

结果如图 5-7 所示。

图 5-7　从 PC 登录到路由器上

(4)配置路由器特权模式密码。

RouterA(config)#enable secret cisco　　! 设置路由器特权模式密码为"cisco"

或:

RouterA(config)#enalbe password cisco

验证测试:验证从 PC 通过网线远程登录到路由器上后可以进入特权模式。

C:>telnet 192.168.0.139　　! 从 PC 登录到路由器上

结果如图 5-8 所示。

(5)保存在路由器上所做的配置。

RouterA#copy running-config startup-config　　! 保存路由器配置

或:

RouterA#write memory

【注意事项】

执行命令 RouterA#show running-config,可显示 RouterA 的全部配置。

图 5-8　进入特权模式

项目3　路由协议及配置

【项目目标】

- 掌握静态路由协议及配置。
- 掌握默认路由协议及配置。
- 掌握动态路由协议 RIP 及配置。
- 掌握动态路由协议 OSPF 及配置。
- 掌握路由重分布。

任务1　静态路由

【任务描述】

假设校园网通过一台路由器连接到另一台路由器上，现在要在路由器上做适当配置，实现校园网内部主机与校园网外部主机的相互通信，如图 5-9 所示。两台路由器用一根 V. 35 DTE 线缆和一根 V. 35 DCE 线缆直接连起来。

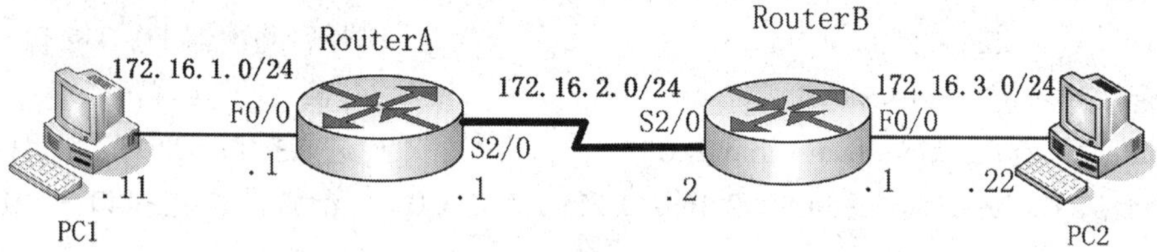

图 5-9　配置静态路由

【任务分析】

Cisco 路由器可配置的三种路由为静态路由、默认路由和动态路由。

路由器查找路由的顺序为静态路由、动态路由，如果以上路由表中都没有合适的路由，则通过缺省路由将数据包传输出去。在一个路由中，可以综合使用三种路由。

路由器路由协议配置的基本步骤是：第一，选择路由协议；第二，指定网络或端口。

通过配置静态路由，用户可以人为地指定某一网络访问时所要经过的路径，在网络结构比较简单，且一般到达某一网络所经过的路径唯一的情况下可采用静态路由。

静态路由器的相关命令如下：

(1)ip address <本端口 IP 地址> <子网掩码>:为端口设置一个 IP 地址。

在同一端口中可以设置两个以上的不同网段的 IP 地址,这样可以实现连接在同一局域网上不同网段之间的通信。如果一个网段对于用户来说不够用,可以采用这种办法。

在端口配置模式下输入以下命令即可在同一端口中设置另一个不同网段的 IP 地址。

ip address <本端口 IP 地址> <子网掩码> secondary

(2)ip route <目的子网地址> <子网掩码> <相邻路由器相邻端口地址或者本地物理端口号>:设置静态路由。

ip route0. 0. 0. 0 0. 0. 0. 0　<相邻路由器相邻端口地址或者本地物理端口号>:设置缺省路由。

(3)show ip route:显示 IP 路由表。

(4)ping:测试网络连通性。

【操作步骤】

(1)配置计算机 PC1 和 PC2。

设置计算机 PC1 的 IP 地址、子网掩码和网关分别为 172. 16. 1. 11,255. 255. 255. 0 和 172. 16. 1. 1。

设置计算机 PC2 的 IP 地址、子网掩码和网关分别为 172. 16. 3. 22,255. 255. 255. 0 和 172. 16. 3. 1。

(2)在路由器 RouterA 上配置接口的 IP 地址和串口上的时钟频率。

Router>enable

Router#configure terminal

Router(config)#hostname Router A

RouterA(config)#interface FastEthernet 0/0　　！进入接口 F0/0 的配置模式

RouterA(config-if)#ip address 172. 16. 1. 1 255. 255. 255. 0　！配置路由器接口 E0 的 IP 地址

RouterA(config-if)#no shutdown　　！开启路由器 F0/0 接口

RouterA(config-if)#exit

RouterA(config)#interface serial 2/0　　！进入接口 S2/0 的配置模式

RouterA(config-if)#ip address 172. 16. 2. 1 255. 255. 255. 0　！配置路由器接口 S2/0 的 IP 地址

RouterA(config-if)#clock　rate　64000　　！配置 RouterA 的时钟频率(DCE)

RouterA(config-if)#no shutdown　　！开启路由器 serial2/0 接口

验证测试:验证路由器接口配置。

RouterA#show ip interface brief

或:

RouterA#show interface serial 2/0

(3)在路由器 RouterA 上配置静态路由。

RouterA(config)#ip route 172. 16. 3. 0 255. 255. 255. 0 172. 16. 2. 2

或:

RouterA(config)#ip route 172.16.3.0 255.255.255.0 serial2/0

验证测试:验证 RouterA 上的静态路由配置。

```
RouterA#show ip route
Codes: C - connected, S - static, I - IGRP, R - RIP, M - mobile, B - BGP
       D - EIGRP, EX - EIGRP external, O -OSPF, IA - OSPF inter area
       E1 - OSPF external type 1, E2 - OSPF external type 2, E - EGP
       i - IS-IS, L1 - IS-IS level-1, L2 - IS-IS level-2, * - candidate default
       U - per-user static route

Gateway of last resort is not set

     172.16.0.0/24 is subnetted, 3 subnets
S       172.16.3.0 [1/0] via 172.16.2.2
C       172.16.2.0 is directly connected, Serial 2/0
C       172.16.1.0 is directly connected,FastEthernet 0/0
```

(4)在路由器 RouterB 上配置接口的 IP 地址和串口上的时钟频率。

```
Router>enable
Router#configure terminal
Router(config)#hostname RouterB
RouterB(config)#interfaceFastEthernet 0/0        ! 进入接口 F0/0 的配置模式
RouterB(config-if)#ip address 172.16.3.1 255.255.255.0   ! 配置路由器接口 F0/0 的 IP 地址
RouterB(config-if)#no shutdown                   ! 开启路由器 F0/0 接口
RouterB(config-if)#exit
RouterB(config)#interface serial 2/0             ! 进入接口 S0 配置模式
RouterB(config-if)#ip address 172.16.2.2 255.255.255.0   ! 配置路由器接口 S0 的 IP 地址
RouterB(config-if)#no shutdown                   ! 开启路由器 serial 2/0 接口
RouterB(config-if)#end
```

验证测试:验证路由器接口配置。

RouterB#show ip interface brief

或:

RouterB#show interface serial 2/0

(5)在路由器 RouterB 上配置静态路由。

```
RouterB(config)#ip route 172.16.1.0 255.255.255.0 172.16.2.1
RouterB(config)#end
```

验证测试:验证 RouterB 上的静态路由配置。

RouterB#show ip route

(6)测试网络的互联互通性,PC1 与 PC2 可以互相 ping 通。

【注意事项】

如果两台路由器通过串口直接互联,则必须在其中一端设置时钟频率(DCE)。

任务 2　默认路由

【任务描述】

假设校园网通过一台路由器连接到公网上的另一台路由器,现在要在路由器上做适当配置,实现校园网内部主机与校园网外部主机的相互通信,如图 5-10 所示。两台路由器用一根 V. 35 DTE 线缆和一根 V. 35 DCE 线缆直接连起来。

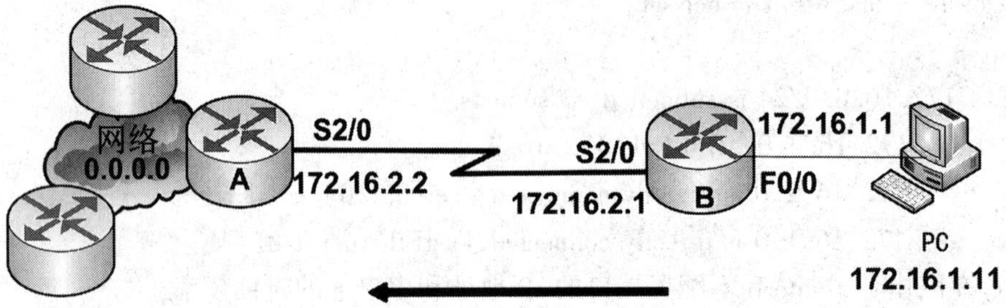

图 5-10　配置默认路由

【任务分析】

默认路由也叫缺省路由,一般使用在 stub 网络中(称末端或存根网络),stub 网络是只有一条出口路径的网络。默认路由可以看作是静态路由的一种特殊情况,使用默认路由来发送那些目标网络没有包含在路由表中的数据包。为路由器配置默认路由后,当路由器在路由表里没有找到去往特定目标网络的路由条目时,它自动将该目标网络的所有数据发送到默认路由指定的下一跳路由器。

配置默认路由用如下命令:

router(config)#ip route 0. 0. 0. 0 0. 0. 0. 0 [相邻路由器相邻端口地址或者本地物理端口号]

【操作步骤】

(1)配置计算机 PC。

设置计算机 PC 的 IP 地址、子网掩码和网关分别为 172. 16. 1. 11、255. 255. 255. 0 和 172. 16. 1. 1。

(2)在路由器 RouterA 上配置接口的 IP 地址和串口上的时钟频率。

RouterA(config)#interface serial 2/0　　　　！进入接口 S2/0 的配置模式

RouterA(config-if)#ip address 172. 16. 2. 2 255. 255. 255. 0　！配置路由器接口 S2/0 的 IP 地址

RouterA(config-if)#clock rate　64000　　　　！配置 RouterA 的时钟频率(DCE)

RouterA(config-if)#no shutdown　　　　！开启路由器 serial 2/0 接口

验证测试:验证路由器接口配置。

RouterA#show ip interface brief

或：

RouterA#show interface serial 2/0

(3)在路由器 RouterA 上配置缺省路由。

RouterA(config)#ip route 0. 0. 0. 0 0. 0. 0. 0 172. 16. 2. 1

或：

RouterA(config)#ip route 0. 0. 0. 0 0. 0. 0. 0 serial 2/0

验证测试:验证 RouterA 上的静态路由配置。

```
RouterA#show ip route
Codes: C - connected, S - static, I - IGRP, R - RIP, M - mobile, B - BGP
       D - EIGRP, EX - EIGRP external, O - OSPF, IA - OSPF inter area
       E1 - OSPF external type 1, E2 - OSPF external type 2, E - EGP
       i - IS-IS, L1 - IS-IS level-1, L2 - IS-IS level-2, * - candidate default
       U - per-user static route

Gateway of last resort is not set

     172. 16. 0. 0/24 is subnetted, 1 subnets
C       172. 16. 2. 0 is directly connected, Serial 2/0
S * 0. 0. 0. 0 [1/0] via 172. 16. 2. 1
```

(4)在路由器 RouterB 上配置接口的 IP 地址和串口上的时钟频率。

```
Router>enable
Router#configure terminal
Router(config)#hostname Router B
RouterB(config)#interfaceFastEthernet 0/0          ! 进入接口 F0/0 的配置模式
RouterB(config-if)#ip address 172. 16. 1. 1 255. 255. 255. 0    ! 配置路由器接口 F0/0 的IP 地址
RouterB(config-if)#no shutdown                     ! 开启路由器 F0/0 接口
RouterB(config-if)#exit
RouterB(config)#interface serial 2/0               ! 进入接口 S2/0 配置模式
RouterB(config-if)#ip address 172. 16. 2. 1 255. 255. 255. 0! 配置路由器接口 S2/0 的IP 地址
RouterB(config-if)#no shutdown                     ! 开启路由器 serial 2/0 接口
RouterB(config-if)#end
```

验证测试:验证路由器接口配置。

RouterB#show ip interface brief

或:

RouterB#show interface serial 2/0

(5)在路由器 RouterB 上配置缺省路由。

RouterB(config)#ip route 0.0.0.0 0.0.0.0 172.16.2.2

RouterB(config)#end

验证测试:验证 RouterB 上的静态路由配置。

```
RouterB#show ip route
Codes: C - connected, S - static, I - IGRP, R - RIP, M - mobile, B - BGP
       D - EIGRP, EX - EIGRP external, O - OSPF, IA - OSPF inter area
       E1 - OSPF external type 1, E2 - OSPF external type 2, E - EGP
       i - IS-IS, L1 - IS-IS level-1, L2 - IS-IS level-2, * - candidate default
       U - per-user static route

Gateway of last resort is not set

     172.16.0.0/24 is subnetted, 2 subnets
C       172.16.1.0 is directly connected, Serial 2/0
C       172.16.2.0 is directly connected, Serial 2/0
S * 0.0.0.0 [1/0] via 172.16.2.2
```

(6)测试网络的互联互通性,PC 与另一台路由器的 PC 之间可以互相 ping 通。

【注意事项】

如果两台路由器通过串口直接互联,则必须在其中一端设置时钟频率(DCE)。

任务 3　RIP 路由协议

【任务描述】

假设在校园网中通过 3 台路由器分别连接不同校区的局域网,现要在路由器上做适当配置,实现校园网中不同校区内的主机相互通信,如图 5-11 所示。

【任务分析】

1. RIP 简介

RIP(Routing Information Protocol)是应用较早、使用较普遍的内部网关协议(Interior Gateway Protocol,简称 IGP),适用于小型同类网络,是典型的距离矢量路由选择协议。

RIP 通过广播 UDP 报文来交换路由信息,每 30 s 发送一次路由信息更新。RIP 提供跳数作为尺度来衡量路由距离,跳数是一个包到达目标所必须经过的路由器的数目。如果到相同目标有 2 个不等速或不同带宽的路由器,但跳数相同,则 RIP 认为两个路由是等距离的。RIP 最多支持的跳数为 15,即在源和目的网间所要经过的最多路由器的数目为 15,跳数 16 表示不可达。

RIP 版本 2 还支持无类域间路由和可变长子网掩码及不连续子网,并且使用组播地址发送路由信息。

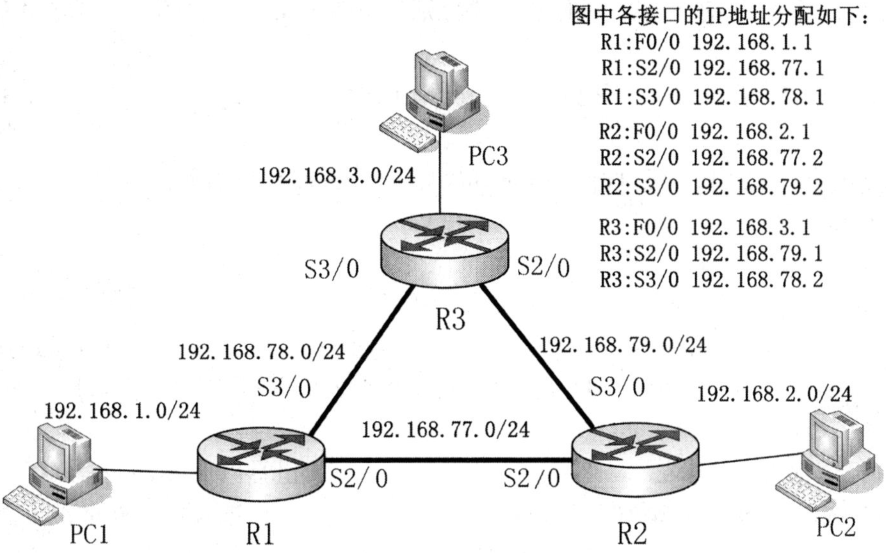

图 5-11　配置 RIP 协议拓扑图

2. RIP 配置步骤

在全局配置模式下的步骤如下所述：

(1)启动 RIP 路由，输入命令：

router rip

(2)设置 RIP 的版本(可选)。RIP 路由协议有两个版本，在与其他厂商路由器相连时注意版本要一致。默认状态下，Cisco 路由器接收 RIP 版本 1 和版本 2 的路由信息，但只发送版本 1 的信息。

可用命令"version<1 或 2>"设置 RIP 的版本。

(3)设置本路由器参加动态路由的网络，其格式为

network <与本路由器直连的网络号>

注意：network 命令中的<与本路由器直连的网络号>不能包含子网号，而应是主类网络号。

(4)允许在非广播型网络中进行 RIP 路由广播(可选)，其格式为

neighbor<相邻路由器相邻端口的 IP 地址>

3. 相关命令

(1)router rip：激活 RIP 路由协议。

(2)network <网段地址>：指明直接相连的网段，以便 RIP 动态学习路由信息。

(3)show ip protocols：显示路由器的路由信息。

(4)show ip route：显示 IP 路由表。

【操作步骤】

(1)配置 PC1、PC2 和 PC3。

设置 PC1 的 IP 地址、子网掩码和网关分别为 192.168.1.11、255.255.255.0 和 192.168.1.1。

设置 PC2 的 IP 地址、子网掩码和网关分别为 192.168.2.22、255.255.255.0 和 192.168.2.1。

设置 PC3 的 IP 地址、子网掩码和网关分别为 192.168.3.33、255.255.255.0 和 192.168.3.1

(2)在路由器上配置接口的 IP 地址和串口上的时钟频率(以 R1 为例)。

Router>enable

Router#configure terminal

Router(config)#hostname R1

R1(config)#inter facefastEthernet 0/0　　！进入接口 F0/0 的配置模式

R1(config-if)#ip address 192.168.1.1 255.255.255.0　！配置路由器接口 E0 的 IP 地址

R1(config-if)#no shutdown　　！开启路由器 ethernet0 接口

R1(config)#interfaceinterface serial 2/0　　！进入接口 S0 配置模式

R1(config-if)#ip address 192.168.77.1 255.255.255.0　！配置路由器接口 S0 的 IP 地址

R1(config-if)#clock rate 64000　　！配置 R1 接口 S0 的时钟频率(DCE)

R1(config-if)#no shutdown　　！开启路由器 Serial 0 接口

R1(config)#interface serial 3/0　　！进入接口 S1 配置模式

R1(config-if)#ip address 192.168.78.1 255.255.255.0　！配置路由器接口 S1 的 IP 地址

R1(config-if)#clock rate 64000　　！配置 R1 接口 S1 的时钟频率(DCE)

R1(config-if)#no shutdown

验证测试:验证路由器接口的配置和状态。

R1#show ip interface brief

Interface	IP-Address	OK? Method Status	Protocol
Serial 2/0	192.168.77.1	YES unset up	up
Serial 3/0	192.168.78.1	YES unset up	up
FastEthernet 0/0	192.168.1.1	YES unset up	up

(3)在路由器 R1 上配置 RIP V2 路由协议。

R1 (config)#router rip　　！创建 RIP 路由进程

R1(config-router)#version 2　　！定义 RIP 版本

R1(config-router)#network 192.168.1.0　！定义关联网络(必须是直接的主类网络地址)

R1(config-router)# network 192.168.77.0

R1(config-router)#network 192.168.78.0

(4)在路由器 R2 上配置 RIP V2 路由协议。

R2 (config)#router rip ！创建 RIP 路由进程

R2(config-router)#version 2 ！定义 RIP 版本

R2(config-router)#network 192.168.2.0 ！定义关联网络(必须是直接的主类网络地址)

R2(config-router)# network 192.168.77.0

R2(config-router)#network 192.168.79.0

(5)在路由器 R3 上配置 RIP V2 路由协议。

R3 (config)#router rip ！创建 RIP 路由进程

R3(config-router)#version 2 ！定义 RIP 版本

R3(config-router)#network 192.168.3.0 ！定义关联网络(必须是直接的主类网络地址)

R3(config-router)# network 192.168.78.0

R3(config-router)#network 192.168.79.0

验证测试:验证 R3 上的 RIP V2 路由表。

```
R3#show ip route
Codes: C - connected, S - static, I - IGRP, R - RIP, M - mobile, B - BGP
       D - EIGRP, EX - EIGRP external, O -OSPF, IA - OSPF inter area
       E1 - OSPF external type 1, E2 - OSPF external type 2, E - EGP
       i - IS-IS, L1 - IS-IS level-1, L2 - IS-IS level-2, * - candidate default
       U - per-user static route
Gateway of last resort is not set
C      192.168.3.0 is directly connected,FastEthernet 0/0
C      192.168.79.0 is directly connected, Serial 3/0
R      192.168.2.0 [120/1] via 192.168.79.1, 00:01:41, Serial 3/0
C      192.168.78.0 is directly connected, Serial 2/0
R      192.168.1.0 [120/1] via 192.168.78.1, 00:02:30, Serial 2/0
R      192.168.77.0 [120/1] via 192.168.78.1, 00:05:43, Serial 2/0
```

路由表中的项目 R 192.168.1.0 [120/1] via 192.168.78.1, 00:02:30, Serial 2/0 解释如下:

(1)R 表示此项路由是由 RIP 协议获取的,C 代表直接相连的网段。

(2)192.168.1.0 表示目标网段。

(3)[120/1]中的 120 表示 RIP 协议的管理距离默认为 120,1 是该路由的度量值,即跳数。

(4)via 表示经由的意思。

(5)192.168.78.1 表示从当前路由器出发到达目标网的下一跳点的 IP 地址。

(6)00:02:30 表示该条路由产生的时间。

(7)Serial 2/0 表示该条路由使用的接口。

【注意事项】

(1)在串口上配置时钟频率时,一定要在电缆 DCE 端的路由器上配置,否则链路不通。为了查明串行接口所连的电缆类型,从而正确配置串行接口,可以使用 show controllers serial 命令来查看相应的控制器。

(2)定义关联网络时,命令 network 后面必须是与该路由器直连的主类网络地址。

任务 4　OSPF 路由协议

【任务描述】

假设你是某集成商的高级技术支持工程师,现在为某企业设计一个网络,你选择了使用 OSPF 路由协议来构建骨干区域网络,如图 5-12 所示。

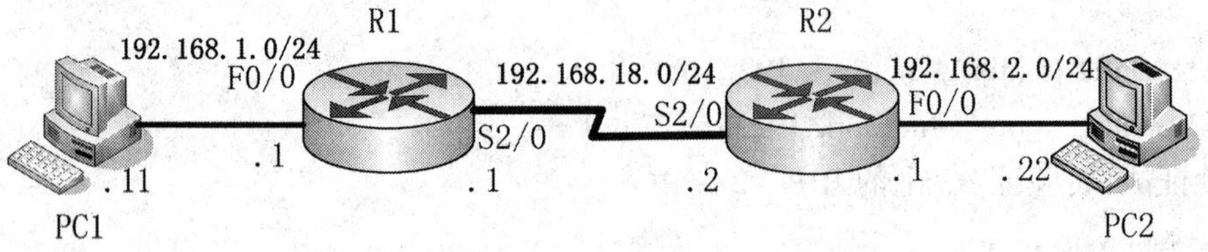

图 5-12　配置 OSPF 协议的拓扑图

【任务分析】

1. OSPF 简介

OSPF(Open Shortest Path First)是一个内部网关协议,用在单一自治系统内决策路由。与 RIP 相比,OSPF 是链路状态路由协议,而 RIP 是距离矢量路由协议。

链路是路由器接口的另一种说法,因此 OSPF 也称为接口状态路由协议。OSPF 通过路由器之间通告网络接口的状态来建立链路状态数据库,生成最短路径树,每个 OSPF 路由器使用这些最短路径构造路由表。

2. OSPF 配置步骤

(1)启用 OSPF 动态路由协议,其格式为

router ospf <进程号>

进程号在 1~65 535 内可以随意设置,只用于标识 OSPF 为本路由器内一个进程。

(2)定义参与 OSPF 的子网。该子网属于哪一个 OSPF 路由信息交换区域,其格式为

network <本路由器直连的 IP 子网号> <通配符> area <区域号>

路由器将限制只能在相同区域(自治系统内)内交换子网信息,不同区域间不交换路由信息。区域号取值范围为 0~4 294 967 295,区域 0 为主干 OSPF 区域。不同区域交换路由信息必须经过区域 0。某一区域要接入 OSPF 路由区域 0,该区域必须至少有一台路由器为区域边缘路由器,即它参与本区域路由又参与区域 0 路由。

说明:该命令中可以包括子网号,其中的<通配符>就是该子网的反掩码。反掩码是用广播地址(255.255.255.255)减去掩码地址所得到的地址。比如掩码为 255.255.255.0,则反掩码为 0.0.0.255。

3. 相关命令

OSPF 路由协议配置的相关命令如下:

（1）router ospf <进程号>：激活 OSPF 路由协议。

（2）network <与路由器直接的 IP 子网号> <通配符> area <区域号>：定义参与 OSPF 的子网。

（3）show ip protocols：显示路由器的路由信息。

（4）show ip route：显示 IP 路由表。

【操作步骤】

（1）配置计算机 PC1 和 PC2。

设置计算机 PC1 的 IP 地址、子网掩码和网关分别为 192.168.1.11、255.255.255.0 和 192.168.1.1。

设置计算机 PC2 的 IP 地址、子网掩码和网关分别为 192.168.2.22、255.255.255.0 和 192.168.2.1。

（2）对两台路由器进行基本配置。

```
Router>en
Router#conf t
Router(config)#hostname R1                                 ! 更改路由器的主机名
R1(config)#int fastEthernet 0/0
R1(config-if)#ip address 192.168.1.1 255.255.255.0         ! 为接口配置 IP 地址
R1(config-if)#no shutdown
R1(config-if)#exit
R1(config)#int s2/0
R1(config-if)#ip add 192.168.18.1 255.255.255.0
R1(config-if)#clock rate 64000                             ! 在 DCE 端设置时钟速率
R1(config-if)#no sh

Router>
Router>en
Router#conf t
Router(config)#hostname R2
R2(config)#int fastEthernet 0/0
R2(config-if)#ip address 192.168.2.1 255.255.255.0
R2(config-if)#no sh
R2(config-if)#exit
R2(config)#int s 2/0
R2(config-if)#ip address 192.168.18.2 255.255.255.0
R2(config-if)#no sh
```

（3）启动 OSPF 路由协议。

```
R1(config)#router ospf 100                     ! 激活 OSPF 路由协议
R1(config-router)#network 192.168.18.0 0.0.0.255 area 0
```

```
R1(config-router)#network 192.168.1.0 0.0.0.255 area 0
R1(config-router)#end

R2(config)#router ospf 100
R2(config-router)#network 192.168.18.0 0.0.0.255 area 0
R2(config-router)#network 192.168.2.0 0.0.0.255 area 0
R2(config-router)#end
```

验证测试:显示 IP 路由协议信息。

```
R1#show ip protocols                          ! 以 R1 为例,显示 IP 路由协议信息
Routing Protocol is "ospf 100"
  Sending updates every 90 seconds, next due in 10 seconds
  Invalid after 30 seconds, hold down 0, flushed after 60
  Outgoing update filter list for all interfaces is
  Incoming update filter list for all interfaces is
  Redistributing: ospf 100
  Routing for Networks:
    192.168.18.0 0.0.0.255 area 0
    192.168.1.0.0.0.0.255 area 0
  Routing Information Sources:
    Gateway          Distance      Last Update
    192.168.18.1       110          00:00:03
  Distance: (default is 110)

R2#show ip route                    ! 以 R2 为例,显示路由器的路由信息
Codes:C - connected, S - static, I - IGRP, R - RIP, M - mobile, B - BGP
      D - EIGRP, EX - EIGRP external, O -OSPF, IA - OSPF inter area
      E1 - OSPF external type 1, E2 - OSPF external type 2, E - EGP
      i - IS-IS, L1 - IS-IS level-1, L2 - IS-IS level-2, * - candidate default
      U - per-user static route

Gateway of last resort is not set

C    192.168.2.0 is directly connected,FastEthernet 0/0
C    192.168.18.0 is directly connected, Serial 2/0
O    192.168.1.0 [110/64] via 192.168.18.1, 00:02:02, Serial 2/0   ! OSPF 路由表
```

【注意事项】

(1)在广域网口 DCE 端要配置时钟速率。

(2)OSPF 进程号要相同。

(3)声明网段后,加子网掩码。

【知识链接】

1. 路由协议

路由协议(Routing Protocol)用于路由器动态寻找网络最佳路径,保证所有路由器拥有相同的路由表,一般路由协议决定数据包在网络上的行走路径。这类协议的例子有 OSPF、RIP 等路由协议。通过提供共享路由选择信息的机制来支持被动路由协议。路由协议消息在路由器之间传送。路由协议允许路由器与其他路由器通信来修改和维护路由选择表。

可被路由的协议(Routed Protocol)由路由协议传输,前者亦称为网络协议。可被路由的协议和路由协议经常被混淆。可被路由的协议在网络中被路由,例如 IP、DECnet、AppleTalk、Novell NetWare、OSI。而路由协议是实现路由算法的协议,简单地说,它给网络协议做导向。路由协议如 RIP、IGRP、EIGRP、OSPF、IS-IS、EGP、BGP 等。

典型的路由选择方式有两种:静态路由和动态路由。

2. 静态路由

静态路由是指由网络管理员手工配置的路由信息。当网络的拓扑结构或链路的状态发生变化时,网络管理员需要手工去修改路由表中相关的静态路由信息。静态路由信息在默认的情况下是私有的,不会传递给其他的路由器。当然,网管员也可以通过对路由器进行设置使之成为共享的。静态路由一般适用于比较简单的网络环境,在这样的环境中,网络管理员易于清楚地了解网络的拓扑结构,便于设置正确的路由信息。

静态路由除具有简单、高效、可靠的优点外,它的另一个好处是网络安全保密性高。动态路由因为需要路由器之间频繁地交换各自的路由表,而对路由表的分析可以揭示网络的拓扑结构和网络地址等信息,因此存在一定的不安全性,而静态路由不存在这样的问题。

大型和复杂的网络环境通常不宜采用静态路由。一方面,网络管理员难以全面地了解整个网络的拓扑结构;另一方面,当网络的拓扑结构和链路状态发生变化时,路由器中的静态路由信息需要大范围地调整,这一项工作的难度和复杂程序非常高。

通过配置静态路由,用户可以人为地指定某一网络访问时所要经过的路径,在网络结构比较简单,且一般到达某一网络所经过的路径唯一的情况下可采用静态路由。图 5-13 所示是一个适合使用静态路由的实例。

假设 Network 1 之外的其他网络访问 Network 1 时必须经过路由器 A 和路由器 B,网管员则可以在路由器 A 中设置一条指向路由器 B 的静态路由。这样做的好处是可以减少路由器 A 和路由器 B 之间 WAN 链路上的数据传输量,因为网络在使用静态路由后,路由器 A 和 B 之间没有必要进行路由信息交换。

当一个分组(数据包)在路由器进行寻址径时,路由器首先查找静态路由,如果查到则根据相应的静态路由转发分组;否则,再查找动态路由。

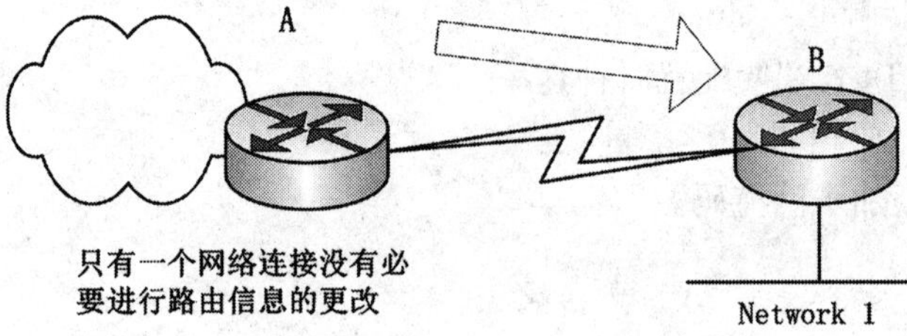

图 5-13　静态路由选择图例

3. 动态路由

动态路由是指路由器能够自动地建立自己的路由表,并且能够根据实际情况的变化适时地进行调整。动态路由机制的运作依赖路由器的两个基本功能:对路由表的维护,路由器之间适时地路由信息交换。路由器之间的路由信息交换是基于路由协议实现的。如图 5-14 所示,可以直观地看到路由信息交换的过程。交换路由信息的最终目的在于通过路由表找到一条数据交换的"最佳"路径。每一种路由算法都有其衡量"最佳"的一套原则。大多数算法使用一个量化的参数来衡量路径的优劣,一般来说,参数值越小,路径越好。该参数可以通过路径的某一特性进行计算,也可以在综合多个特性的基础上进行计算。几个比较常用的特征是路径所包含的路由器跳数(hop count)、网络传输费用(cost)、带宽(bandwidth)、延迟(delay)、负载(load)、可靠性(reliability)和最大传输单元 MTU(maximum transmission unit)。

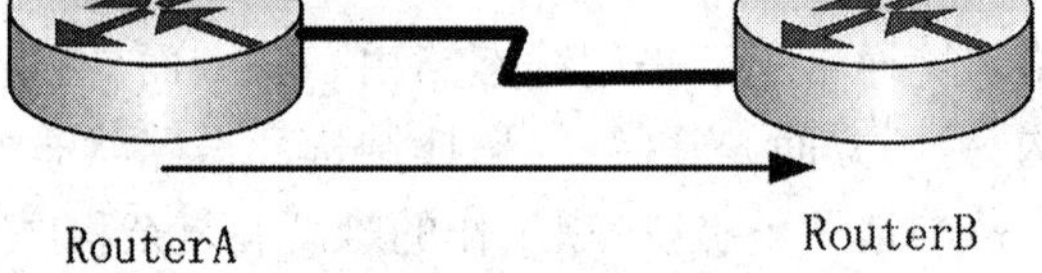

图 5-14　路由器信息交换过程

4. 动态路由协议的分类

根据是否在一个自治系统内部使用,路由协议分为内部网关协议(IGP)和外部网关协议(EGP),如图 5-15 所示。这里的自治系统是指一个在同一公共路由选择策略和公共管理下的网络集合,具有统一管理机构、统一路由策略的网络,例如大的公司或学校。小的站点常常是其因特网服务提供商自治系统的一部分。

- 路由协议
  - IGP
    - 链路状态协议(OSPF,IS-IS)
    - 距离矢量协议(RIPv1、RIPv2、IGRP、EIGRP)
  - EGP
    - EGP[RFC827](外部网关协议)
    - BGP(边界网关协议)

图 5-15　动态路由协议的分类

(1)外部网关协议:在自治系统之间交换路由选择信息的互联网络协议,如 BGP。

在一般企业或学校较少涉及外部网关协议。最常见的外部网关协议是边界网关协议 BGP(Border Gateway Protocol)。

(2)内部网关协议:在自治系统内交换路由选择信息的路由协议,常用的因特网内部网关协议有 RIP、OSPF。

距离矢量路由协议(也称为距离向量路由协议)采用距离矢量路由选择算法,它确定到任一网络的方向(向量)与距离,如 RIP、IGRP 等。距离矢量路由协议不适用于有几百个路由器的大型网或经常更新的网。在大型网中,路由表的更新过程可能过长,以至于最远的路由器的选择表不大可能与其他表同步更新。

链路状态路由协议为路由计算重新生成整个网络准备拓扑,如 OSPF 等。链路状态路由选择比距离向量路由选择需要更强的处理能力,但它可以对路由选择过程提供更多的控制和对变化响应更快。路由选择可以基于避开拥塞区、线路的速度、线路的费用或各种优先级别。

任务 5　路由重分布

【任务描述】

学校有新旧两个校区,每个校区是一个独立的局域网,为了使新旧校区能够正常相互通信和共享资源,每个校区出口利用一台路由器进行连接,两台路由器间学校通过一个 ISP 路由器进行相连,现在 R1 和 R2 间运行 RIP 路由协议,R2 和 R3 间运行 OSPF 路由协议。现在需要做适当配置,实现学校新旧校区通信问题,如图 5-16 所示。

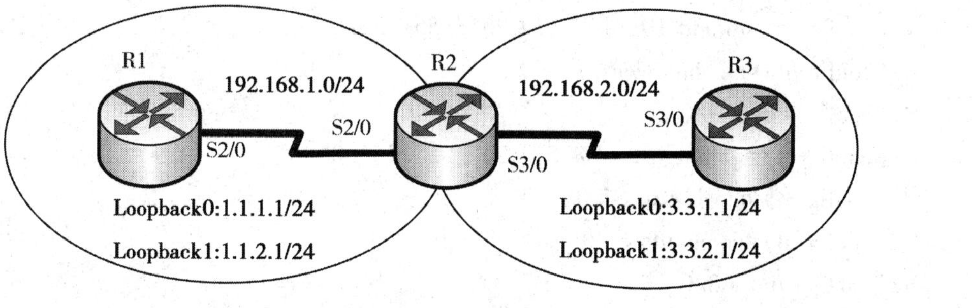

图 5-16　路由重分

【任务分析】

当许多运行多路由的网络要集成到一起时,必须在这些不同的路由选择协议之间共享路由信息。在路由选择协议之间交换路由信息的过程被称为路由重分布(route redistribution)。路由重分布为在同一个互联网络中高效地支持多种路由协议提供了可能,执行路由重分布的路由器被称为边界路由器,因为它们位于两个或多个自治系统的边界上。

路由重分布时计量单位和管理距离是必须要考虑的。每一种路由协议都有自己度量标准,所以在进行重分布时必须转换度量标准,使得它们兼容。种子度量值(seed metric)是定义在路由重分布里的,它是一条从外部重分布进来的路由的初始度量值。路由协议默认的种子度量值如表 5-1 所示。路由必须位于路由表中才能被重分布,可以通过设定种子 metric 值来重分布路由。

表 5-1 路由协议默认的种子度量值

路由协议	默认种子度量值
RIP	无限大
EIGRP	无限大
OSPF	BGP 为 1,其他为 20
IS-IS	0
BGP	IGP 的度量值

【操作步骤】

1. 路由器的基本配置

```
R1(config)#int s 2/0
R1(config-if)#ip add 192.168.1.1 255.255.255.0
R1(config-if)#clock rate 64000
R1(config-if)#no shutdown
R1(config)#int loopback 0
R1(config-if)#ip add 1.1.1.1 255.255.255.0
R1(config)#int loopback 1
R1(config-if)#ip add 1.1.2.1 255.255.255.0
R2(config)#int s 2/0
R2(config-if)#ip add 192.168.1.2 255.255.255.0
R2(config-if)#no shutdown
R2(config)#int s 3/0
R2(config-if)#ip add 192.168.2.1 255.255.255.0
R2(config-if)#clock rate 64000
R2(config-if)#no shutdown
R3(config)#int s 3/0
R3(config-if)#ip add 192.168.2.2 255.255.255.0
R3(config-if)#no shutdown
R3(config)#int loopback 0
```

R3(config-if)#ip add 3.3.1.1 255.255.255.0
R3(config)#int loopback 1
R3(config-if)#ip add 3.3.2.1 255.255.255.0

2. 配置路由协议

R1(config)#router rip
R1(config-router)#version 2
R1(config-router)#network 192.168.1.0
R1(config-router)#network 1.1.1.0
R1(config-router)#network 1.1.2.0
R2(config)#router rip
R2(config-router)#version 2
R2(config-router)#network 192.168.1.0
R2(config)#router ospf 1
R2(config-router)#network 192.168.2.0 0.0.0.255 area 0
R3(config)#router ospf 1
R3(config-router)#network 192.168.2.0 0.0.0.255 area 0
R3(config-router)#network 3.3.1.0 0.0.0.255 area 0
R3(config-router)#network 3.3.2.0 0.0.0.255 area 0

验证测试:

```
R3#show ip route
Codes: C - connected, S - static, R - RIP, M - mobile, B - BGP
       D - EIGRP, EX - EIGRP external, O -OSPF, IA - OSPF inter area
       N1 - OSPF NSSA external type 1, N2 - OSPF NSSA external type 2
       E1 - OSPF external type 1, E2 - OSPF external type 2
       i - IS-IS, su - IS-IS summary, L1 - IS-IS level-1, L2 - IS-IS level-2
       ia - IS-IS inter area, * - candidate default, U - per-user static route
       o - ODR, P - periodic downloaded static route

Gateway of last resort is not set

3.0.0.0/24 is subnetted, 2 subnets
C       3.3.1.0 is directly connected, Loopback0
C       3.3.2.0 is directly connected, Loopback1
C       192.168.2.0/24 is directly connected, Serial3/0
```

可以看出在路由器R3上没有获取路由器R1的路由信息。

3. RIP与OSPF重分布

R2(config)#router rip

```
R2(config-router)#version 2
R2(config-router)#redistribute ospf 1 metric 1        ! 将 OSPF 重分布到 RIP 中
R2(config)#router ospf 1
R2(config-router)#redistribute rip subnets            ! 将 RIP 重分布到 OSPF 中
```

验证测试:

```
R3#sh ip route
Codes:C - connected, S - static, R - RIP, M - mobile, B - BGP
      D - EIGRP, EX - EIGRP external, O - OSPF, IA - OSPF inter area
      N1 - OSPF NSSA external type 1, N2 - OSPF NSSA external type 2
      E1 - OSPF external type 1, E2 - OSPF external type 2
      i - IS-IS, su - IS-IS summary, L1 - IS-IS level-1, L2 - IS-IS level-2
      ia - IS-IS inter area, * - candidate default, U - per-user static route
      o - ODR, P - periodic downloaded static route

Gateway of last resort is not set

O E2 1.0.0.0/8 [110/20] via 192.168.2.1, 00:00:03, Serial3/0
     3.0.0.0/24 is subnetted, 2 subnets
C    3.3.1.0 is directly connected, Loopback0
C    3.3.2.0 is directly connected, Loopback1
O E2 192.168.1.0/24 [110/20] via 192.168.2.1, 00:00:03, Serial0/1
C    192.168.2.0/24 is directly connected, Serial0/1
```

可以看出路由器 R3 获取到路由器 R1 的路由信息。

【注意事项】

(1)在向 RIP 区域重分布路由的时候,必须指定度量值,或者通过"default-metric"命令设置缺省种子度量值,因为 RIP 默认种子度量值为无限大,但是只有重分布静态路由特殊,可以不指定种子度量值。

(2)将其他路由协议重分布进 OSPF,要留意加 subnets 参数。如不加 Subnets,默认只有主类地址能被重分布。

(3)loopback 接口为本地环回接口(或地址),亦称回送地址(loopback address)。此类接口是应用最为广泛的一种虚接口,几乎在每台路由器上都会使用。

项目 4　广域网接入技术

【项目目标】

- 了解广域网概念。
- 掌握 HDLC 协议配置。
- 掌握 PPP 协议配置。
- 掌握帧中继协议配置。

任务 1　HDLC 协议配置

【任务描述】

你是某公司的网络管理员，内部网络的 Cisco 路由器与广域网中的 Cisco 路由器互联，想查看路由器之间采用的何种封装协议，如图 5-17 所示。

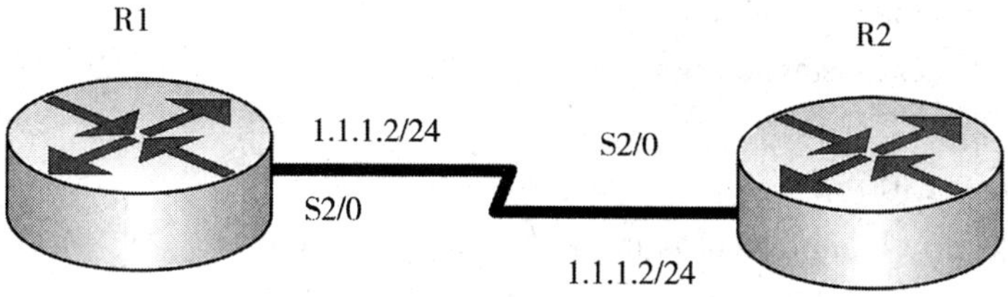

图 5-17　HDLC 协议封装拓扑图

【任务分析】

1. Cisco HDLC 协议简介

ISO HDLC 协议是由 IBM SDLC 协议演化过来的，ISO HDLC 采用 SDLC 的帧格式，支持同步、全双工操作，ISO HDLC 分为物理层及 LLC（逻辑链路子层）两层。

但 Cisco HDLC 无 LLC 层，这意味着 Cisco HDLC 对上层数据只进行物理帧封装，没有任何应答机制和重传机制，所有的纠错处理由上层协议处理。

在 Cisco 路由器之间用同步专连接时，采用 Cisco HDLC 比采用 PPP 协议效率要高得多，但是，当将路由器与非 Cisco 路由器进行同步专线连接时，不能用 Cisco HDLC，因为它们不支持 Cisco HDLC，这里采用 PPP 协议。

提示：Cisco 路由器的同步串口默认状态下为 HDLC 封装，同步/异步串口默认状态为同步工作方式 HDLC 封装，因此一般无须显示封装 HDLC。

2. Cisco HDLC 协议的配置步骤

在端口配置模式下：

（1）封装 HDLC，其格式为

encapsulation hdlc

（2）配置端口 IP 地址及掩码，其格式为

ip address <IP 地址> <子网掩码>

（3）如果本端口连接的是 DCE 线缆，则要设同步时钟，其格式为

clock rate <时钟频率>

【操作步骤】

1. 路由器基本配置

R1(config)#interface serial 2/0

R1(config-if)#ip address 1.1.1.1 255.255.255.0

R1(config-if)#clock rate 64000

R1(config-if)#no shutdown

```
R2(config)#interface serial 2/0
R2(config-if)#ip address 1.1.1.2 255.255.255.0
R2(config-if)#no shutdown
```

2. 封装 HDLC 协议

```
R1(config)#interface serial 2/0
R1(config-if)#encapsulation hdlc
R2(config)#interface serial 2/0
R2(config-if)#encapsulation hdlc
```

验证测试:

```
R1#show int s 2/0
Serial 2/0 is up, line protocol is up
  Hardware is HD64570
  Internet address is 1.1.1.1/24
  MTU 1500 bytes, BW 1544 Kbit, DLY 1000 usec, rely 255/255, load 1/255
Encapsulation HDLC, loopback not set, keepalive set (10 sec)
```

【注意事项】

(1)如果将两台路由器通过 V.35 或 RS232 线缆进行直连时,则必须由连接的 DCE 线缆的一方提供同步时钟。

(2)Cisco 路由器的同步串口默认状态下为 HDLC 封装。

任务 2　PPP 协议配置

【任务描述】

你是公司的网络管理员,公司为了满足不断增长的业务需求,申请了专线接入,你的客户端路由器与 ISP 进行链路协商时要验证身份,配置路由器保证链路建立并考虑其安全性,如图 5-18 所示。

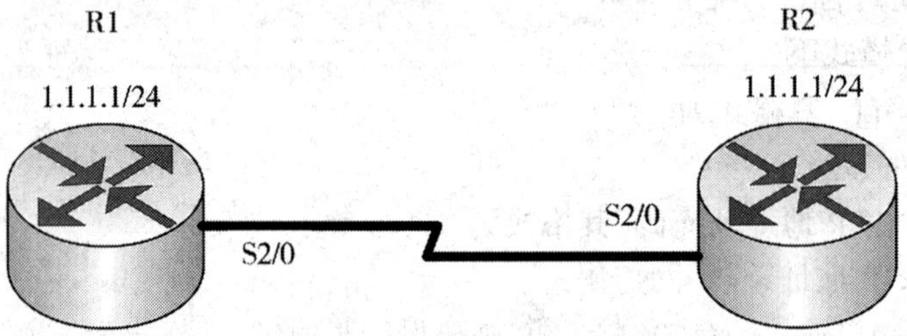

图 5-18　PPP CHAP 认证配置拓扑图

【任务分析】

在链路协商时保证安全验证。链路协商时密码以密文的方式传输,更安全。

1. CHAP 验证特点

(1)CHAP 为三次握手协议。

(2)只在网络上传输用户名,而并不传输口令。

(3)安全性要比 PAP 高,但认证报文浪费带宽。

2. CHAP 验证过程

CHAP 验证过程在链路建立之后完成,而且在以后的任何时候都可以再次进行,如图 5-19 所示。CHAP 周期性验证的特性使得链路更为安全,并且 CHAP 不允许连接发起方在没有收到询问消息的情况下进行验证尝试。CHAP 每次使用不同的询问消息,每个消息都是不可预测的唯一值,并且 CHAP 不直接传送密码,只传送一个不可预测的询问消息,以及该询问消息与密码经过 MD5 加密运算后的加密值。所以,CHAP 可以防止再生攻击,CHAP 的安全性比 PAP 还要高。

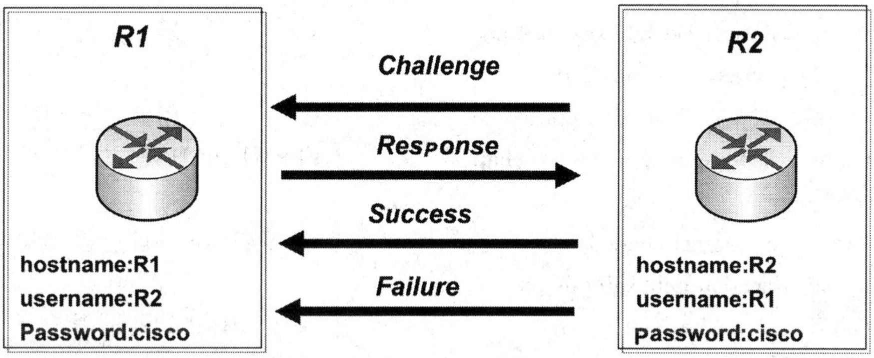

图 5-19　PPP CHAP 认证

3. PPP CHAP 配置步骤

第一步:定义接口封装类型。

Router(config-if)#encapsulation ppp

第二步:定义本地数据库。

Router(config)#username username password password

第三步:定义 CHAP 认证。

Router(config-if)#ppp authentication chap

【操作步骤】

(1)基本配置。

```
router(config)#hostname R1                 ! 配置路由器主机名
R1(config)#
router(config)#hostname R2                 ! 配置路由器主机名
R2(config)#

R1(config)#interface serial 2/0
R1(config-if)#ip address 1.1.1.1 255.255.255.0     ! 配置接口地址
R1(config-if)#clock rate 64000                     ! 在 DCE 端配置时钟
R1(config-if)#no shutdown                          ! 启用该接口
```

```
R2(config)#interface serial 2/0
R2(config-if)#ip address 1.1.1.2 255.255.255.0
R2(config-if)#no shutdown
```

(2)配置 PPP CHAP 认证。

```
R1(config)#username R2 password cisco          ! 以对方的主机名作为用户名
R1(config)#interface serial 2/0
R1(config-if)#encapsulation ppp                ! 接口下封装 PPP
R1(config-if)#ppp authentication chap          ! PPP 启用 CHAP 方式验证

R2(config)#username R1 password cisco          ! 以对方的主机名作为用户名
R2(config)#interface serial 2/0
R2(config-if)#encapsulation ppp                ! 接口下封装 PPP
R2(config-if)#ppp authentication chap          ! PPP 启用 CHAP 方式验证
```

验证测试:

```
R1#debug ppp authentication                    ! 观察 CHAP 验证过程
PPP authentication debugging is on
R1#no debug ppp authentication                 ! 关闭 CHAP 验证过程
```

【注意事项】

(1)在 DCE 端要配置时钟。

(2)R1(config)#username R2 password cisco,username 后面的参数是对方的主机名。

(3)R2(config)#username R1 password cisco,username 后面的参数是对方的主机名。

(4)在接口下封装 PPP。

(5)debug ppp authentication 在路由器物理层 up,链路尚未建立的情况下打开才有信息输出,本实验的实质是链路层协商建立的安全性,该信息出现在链路协商的过程中。

任务 3 帧中继协议配置

【任务描述】

Cisco 路由器能够模拟帧中继交换机,现要用一台装有两个串口的路由器模拟中继交换机,这台路由器又与两台路由器相连,以实现端到端的连通性,如图 5-20 所示。帧中继交换机中,DLCI 是通过 LMI 从特定的接口被发送出去的,然后该 DLCI 和接口将被映射到一个出站 DLCI 和出站接口。

【任务分析】

1. 帧中继简介

帧中继是一种高性能的 WAN 协议,它运行在 OSI 参考模型的物理层和数据链路层。它是一种数据包交换技术,是 X. 25 的简化版本。它省略了 X. 25 的一些强健功能,如提供窗口技术和数据重发技术,而是依靠高层协议提供纠错功能,这是因为帧中继工作在更好的 WAN 设备上,这些设备较之 X. 25 的 WAN 设备具有更可靠的连接服务和更高的可靠性,它严格地对应于 OSI 参考模型的最低两层,而 X. 25 还提供第三层的服务,所以帧

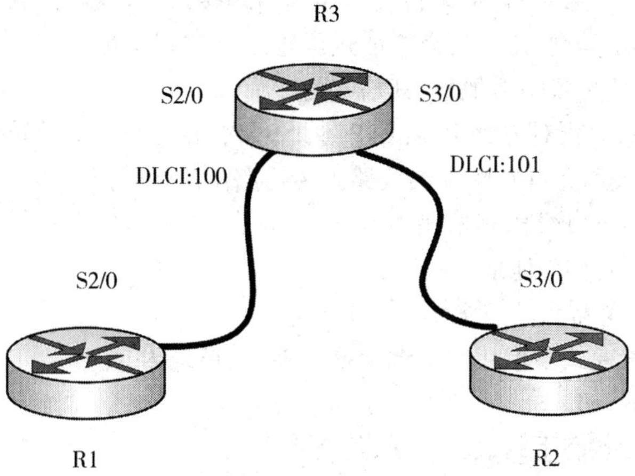

图 5-20 帧中继协议配置拓扑图

中继比 X.25 具有更高的性能和更有效的传输效率。

帧中继广域网的设备分 DTE 和 DCE,Cisco 路由器作为 DTE 设备使用。

帧中继技术提供面向连接的数据链层的通信,在每对设备之间都存在一条定义好的通信链路,而且该链路有一个链路识别码。这种服务通过帧中继虚电路实现,每个帧中继虚电路都以数据链路识别码(DLCI)标识自已。DLCI 的值一般由帧中继服务提供商指定。帧中继既支持永久虚电路(PVC),也支持交换式虚电路(SVC)。

帧中继本地管理接口(LMI)是对基本的帧中继标准的扩展。它是路由器和帧中继交换机之间的信令标准,提供帧中继管理机制。它提供了许多管理复杂互联网络的特性,其中包括全局寻址、虚电路状态消息和多目发送等功能。

帧中继交换机通过合适的端口,将正确的 DLCI 告知帧中继 DTE 设备(路由器)。由于帧中继是一种第一层和第二层的技术,因此第三层协议可被独立地传输。

2. 帧中继的配置方法

帧中继设置中分为 DCE 端设置和 DTE 端设置。在实际应用中,Cisco 中路由器为 DTE 端,通过 V.35 线缆连接 CSU/DSU,如果将两台路由器通过 V.35 线缆直连,连接 V.35DCE 线缆的路由器充当 DCE 的角色,并且需要同步时钟,具体配置方法如下:

1)充当 DTE 端的路由器配置

(1)在端口配置状态下,封装帧中继,其格式为

encapsulation frame-relay [ietf]

Cisco 路由器默认的帧中继的数据包封装格式为 IETF,可以不用显示设置。另外,国内帧中继线路一般为 IETF 格式的封装,如果不同,应与当地电信公司联系,采用其他封装格式。

(2)在端口配置状态下设置 LMI 信令格式类型,其格式为

frame-relay lmi-type {cisco|ansi|q933a}

Cisco 路由器默认的 LMI 信令格式为 cisco,可以不用设置,国内帧中继线路一般采用 Cisco 的 LMI 信令格式。如果不同,应与当地电信公司联系,采用相应的 LMI 信令格式。

从 Cisco IOS 11.2 版本开始，软件支持本地管理接口自动检测，自动检测使接口能确定交换机支持的 LMI 类型，用户可以不明确配置 LMI 接口类型。

(3)映射 IP 地址与帧中继地址，其格式为

frame-relay map ip <对方路由器的 IP 地址> <本端口的帧中继号码> [broadcast]

broadcast 参数表示允许在帧中继线路上传送路由广播信息。

(4)设置本端口 IP 地址，其格式为

ip address <本端口 IP 地址> <子网掩码>

2)充当 DCE 端的路由器设置

(1)在全局配置模式下启用帧中继交换功能，其格式为

encapsulation switching

(2)在端口配置状态下封装帧中继，其格式为

encapsulation frame-relay [ietf]

(3)在端口配置状态下设置 LMI 信令格式类型，其格式为

frame-relay lmi-type {cisco|ansi|q933a}

(4)设置本端口在帧中继线路中充当 DCE，其格式为

frame-relay lmi-type dce

(5)在端口配置状态下配置 DLCI 到接口的映射，其格式为

frame-relay route <本端口的 DLCI> interface <出站端口> <出站端口的 DLCI>

(6)映射 IP 地址及帧中继地址，其格式为

frame-relay map ip <对方路由器的 IP 地址> <本端口帧中继号码> [broadcast]

(7)设置带宽，其格式为

bandwidth <带宽> (单位 Kb/s)

(8)设置同步时钟，其格式为

clock rate <同步时钟> (单位 b/s)

(9)设置本端口 IP 地址，其格式为

ip address <本端口 IP 地址> <子网掩码>

【操作步骤】

(1)配置路由器 R3 作为帧中继交换机。

```
Router#conf t
Router(config)#hostname R3
R3(config)#frame-relay switching                   ！启用帧中继交换功能
R3(config)#interface s2/0
R3(config-if)#no ip address
R3(config-if)#encapsulation frame-relay            ！采用帧中继封装
R3(config-if)#clock rate 64000
R3(config-if)#frame-relay lmi-type ansi            ！设置 LMI 信令的格式为 ansi 类型
R3(config-if)#frame-relay intf-type dce            ！设置本端口在帧中继线路中充当 DCE
R3(config-if)#frame-relay route 100 interface s 3/0 101     ！将 s 2/0 接口的本地
```

DLCI 映射到出站端口和 DLCI

```
R3(config)#interface s 3/0
R3(config-if)#no ip address
R3(config-if)#encapsulation frame-relay
R3(config-if)#clock rate 64000
R3(config-if)#frame-relay lmi-type ansi
R3(config-if)#frame-relay intf-type dce
R3(config-if)#frame-relay route 101 interface s 2/0 100
```

验证测试：

```
R3#show frame-relay route
Input Intf      Input Dlci      Output Intf     Output Dlci     Status
Serial 2/0      100             Serial 3/0      101             inactive
Serial 3/0      101             Serial 2/0      100             inactive
```

(2)设置帧中继路由器。

```
Router#conf t
Router(config)#hostname R1
R1(config)#interface s 2/0
R1(config-if)#ip address 192.168.1.1 255.255.255.0
R1(config-if)#no shutdown
R1(config-if)#encapsulation frame-relay      ！采用帧中继封装
R1(config-if)#frame-relay lmi-type ansi      ！设置 LMI 信令的格式为 ansi 类型

Router#conf t
Router(config)#hostname R2
R2(config)#interface s 3/0
R2(config-if)#ip address 192.168.2.1 255.255.255.0
R2(config-if)#no shutdown
R2(config-if)#encapsulation frame-relay      ！采用帧中继封装
R2(config-if)#frame-relay lmi-type ansi      ！设置 LMI 信令的格式为 ansi 类型
```

验证测试：在路由器 R1 上利用 ping 命令测试 R2 和 R1 的通信情况，可以 ping 通。

【知识链接】

1. 广域网接入技术概述

1)广域网的概念

广域网是一个地理覆盖范围超过局域网的数据通信网络。如果说局域网技术主要是为了实现共享资源这个目标而服务，那么广域网则主要是为了实现广大范围内的远距离数据通信，因此广域网在网络特性和技术实现上与局域网存在明显的差异。

广域网的主要特性包括：

(1)广域网运行在超出局域网地理范围的区域内。

(2)使用各种类型的串行连接来接入广泛地理领域内的带宽。

(3)连接分布在广泛地理领域内的设备。

(4)使用电信运营商的服务。

2)常见的广域网协议

(1)点对点协议(PPP)。PPP是一种标准协议,规定了同步电路或异步电路上的路由器对路由器、主机对网络的连接。

(2)串行线路互联协议(Serial Line Internet Protocol,SLIP)。SLIP是PPP的前身,用于使用TCP/IP的点对点串行连接。SLIP已经基本上被PPP取代。

(3)高级数据链路控制(HDLC)。HDLC标准是私有的,它是点对点、专用链路和电路交换连接上默认的封装类型。HDLC是按位访问的同步数据链路层协议,它定义了同步串行链路上使用帧标识和校验和的数据封装方法。当连接不同设备商的路由器时,要使用PPP封装(基于标准)。HDLC同时支持点对点连接与点对多点连接。

(4)帧中继(Frame-Relay)。帧中继是一种高性能的包交换式广域网协议,可以被应用于各种类型的网络接口。帧中继适用于更高可靠性的数字传输设备上。

最常用的两个广域网协议是HDLC和PPP,所有串行线路的封装共享一个公共的帧格式。每种广域网连接类型使用一个第二层的协议来封装广域网链路的数据。为确保使用正确的封装协议,必须为路由器的每个串行接口配置使用第二层封装类型。

3)广域网设备

根据定义,广域网是连接相隔较远距离网络的设备,这些设备包括:

(1)路由器(Router):提供诸如局域网互联、广域网接口等多种服务,包括LAN和WAN的设备连接端口。

(2)WAN交换机(Switch):连接到广域网带宽上,进行语音、数据资料及视频通信。WAN交换机是多端口的网络设备,通常进行帧中继、X.25及交换百万位数据服务(SMDS)等流量的交换。WAN交换机通常是在OSI参考模型的数据链路层之下运行。

(3)调制解调器(Modem):包括针对各种语音级(Voice Grade)服务的不同接口,信道服务单元/数字服务单元(CSU/DSU)是T1/E1服务的接口,终端适配器/网络终结器(TA/NT1)是综合业务数字网(ISDN)的接口。

(4)通信服务器(Communication Server):汇集拨入和拨出的用户通信。

2.点对点协议PPP

1)PPP协议介绍

PPP(Point-to-Point Protocol,点对点协议)是为在同等单元之间传输数据包这样的简单链路设计的链路层协议。这种链路提供全双工操作,并按照顺序传递数据包。设计目的主要是用来通过拨号或专线方式建立点对点连接发送数据,使其成为各种主机、网桥和路由器之间简单连接的一种共通的解决方案。

2)PPP链路建立过程

PPP协议中提供了一整套方案来解决链路建立、维护、拆除、上层协议协商、认证等问题。PPP协议包含这样几个部分:链路控制协议LCP(Link Control Protocol);网络控制协议 NCP(Network Control Protocol);认证协议,最常用的包括口令验证协议 PAP(Password Authentication Protocol)和挑战握手验证协议 CHAP(Challenge-Handshake Authentication Protocol),如图 5-21 所示。

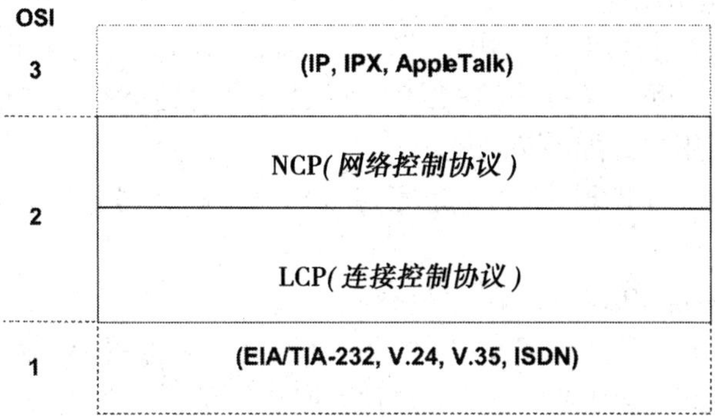

图 5-21　PPP 协议结构

LCP 负责创建、维护或终止一次物理连接。NCP 是一族协议,负责解决物理连接上运行什么网络协议,以及解决上层网络协议发生的问题。

一个典型的链路建立过程分为三个阶段:创建阶段、认证阶段和网络协商阶段,如图 5-22 所示。

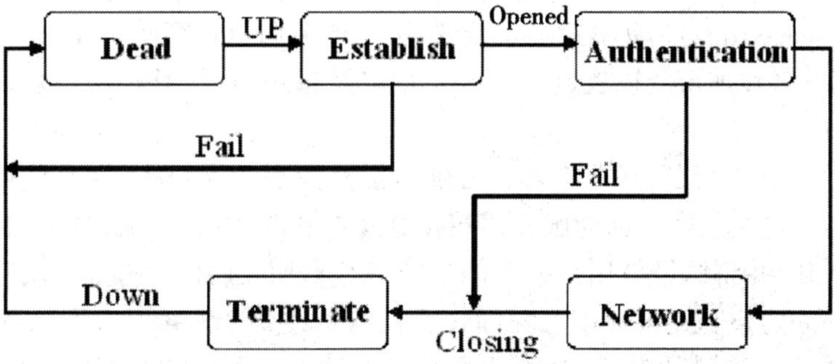

图 5-22　PPP 运行过程

阶段 1:创建 PPP 链路。

LCP 负责创建链路。在这个阶段,将对基本的通信方式进行选择。链路两端设备通过 LCP 向对方发送配置信息报文(Configure Packets)。一旦一个配置成功信息包(Configure-Ack packet)被发送且被接收,就完成了交换,进入了 LCP 开启状态。

应当注意,在链路创建阶段,只是对验证协议进行选择,用户验证将在阶段 2 实现。

阶段 2:用户验证。

在这个阶段,客户端会将自己的身份发送给远端的接入服务器。该阶段使用一种安全验证方式避免第三方窃取数据或冒充远程客户接管与客户端的连接。在认证完成之前,禁止从认证阶段前进到网络层协议阶段。如果认证失败,认证者应该跃迁到链路终止阶段。

在这一阶段里,只有链路控制协议、认证协议和链路质量监视协议的 packets 是被允许的。在该阶段里接收到的其他的 packets 必须被静静地丢弃。

最常用的认证协议有口令验证协议(PAP)和挑战握手验证协议(CHAP)。认证方式在第三部分中介绍。

阶段 3:调用网络层协议。

认证阶段完成之后,PPP 将调用在链路创建阶段(阶段 1)选定的各种网络控制协议(NCP)。选定的 NCP 解决 PPP 链路之上的高层协议问题,例如,在该阶段 IP 控制协议(IPCP)可以向拨入用户分配动态地址。

这样,经过以上三个阶段以后,一条完整的 PPP 链路就建立起来了。

3)认证方式

(1)口令验证协议(PAP)。

PAP 是一种简单的明文验证方式。NAS(网络接入服务器,Network Access Server)要求用户提供用户名和口令,PAP 以明文方式返回用户信息。很明显,这种验证方式的安全性较差,第三方可以很容易地获取被传送的用户名和口令,并利用这些信息与 NAS 建立连接获取 NAS 提供的所有资源。所以,一旦用户密码被第三方窃取,PAP 无法提供避免受到第三方攻击的保障措施。

(2)挑战-握手验证协议(CHAP)。

CHAP 是一种加密的验证方式,能够避免建立连接时传送用户的真实密码。NAS 向远程用户发送一个挑战口令(challenge),其中包括会话 ID 和一个任意生成的挑战字串(arbitrary challengestring)。远程客户必须使用 MD5 单向哈希算法(one-way hashing algorithm)返回用户名和加密的挑战口令,会话 ID 以及用户口令,其中用户名以非哈希方式发送。

CHAP 对 PAP 进行了改进,不再直接通过链路发送明文口令,而是使用挑战口令以哈希算法对口令进行加密。因为服务器端存有客户的明文口令,所以服务器可以重复客户端进行的操作,并将结果与用户返回的口令进行对照。CHAP 为每一次验证任意生成一个挑战字串来防止受到再现攻击(replay attack)。在整个连接过程中,CHAP 将不定时地向客户端重复发送挑战口令,从而避免第三方冒充远程客户(remote client impersonation)进行攻击。

4)PPP 协议的应用

PPP 协议是目前广域网上应用最广泛的协议之一,它的优点在于简单,具备用户验证能力,可以解决 IP 分配等问题。

家庭拨号上网就是通过 PPP 在用户端和运营商的接入服务器之间建立通信链路。目前,宽带接入正在成为取代拨号上网的趋势,在宽带接入技术日新月异的今天,PPP 也衍生出新的应用。典型的应用是在 ADSL(Asymmetrical Digital Subscriber Loop,非对称数据用户环线)接入方式中,PPP 与其他的协议共同派生出了符合宽带接入要求的新的协议,如 PPPoE(PPP over Ethernet)、PPPoA(PPP over ATM)。

利用以太网(Ethernet)资源,在以太网上运行 PPP 来进行用户认证接入的方式称为 PPPoE。PPPoE 既保护了用户方的以太网资源,又完成了 ADSL 的接入要求,是目前 ADSL 接入方式中应用最广泛的技术标准。

同样,在ATM(Asynchronous Transfer Mode,异步传输模式)网络上运行PPP协议来管理用户认证的方式称为PPPoA。它与PPPoE的原理相同,作用相同;不同的是,PPPoA是在ATM网络上,而PPPoE是在以太网网络上运行,所以要分别适应ATM标准和以太网标准。

PPP协议的简单完整使它得到了广泛的应用,相信在未来的网络技术发展中,它还可以发挥更大的作用。

项目5　访问控制列表

【项目目标】

- 掌握编号的标准IP访问控制列表配置方法。
- 掌握编号的扩展IP访问控制列表配置方法。
- 掌握命名的扩展IP访问控制列表配置方法。

任务1　编号的标准IP访问控制列表

【任务描述】

你是一个公司的网络管理员,公司的经理部、财务部门和销售部门分属不同的三个网段,三部门之间用路由器进行信息传递,为了安全起见,公司领导要求销售部门不能对财务部门进行访问,但经理部可以对财务部门进行访问,如图5-23所示。

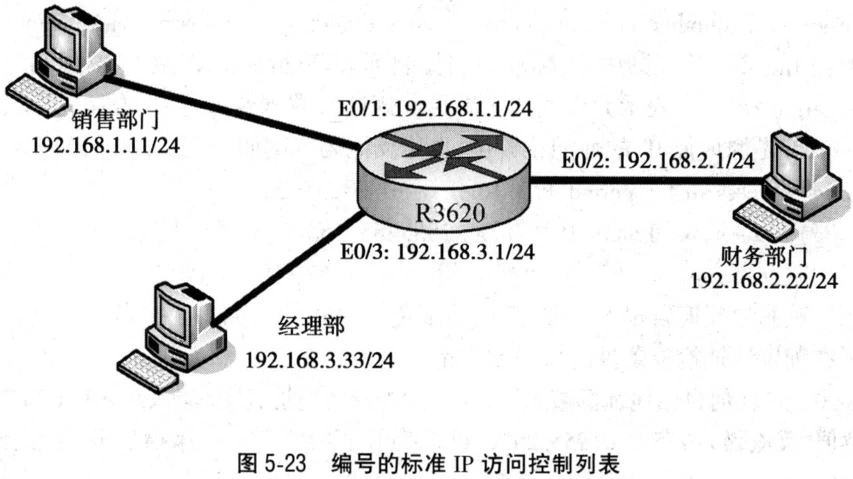

图5-23　编号的标准IP访问控制列表

【任务分析】

对路由器需要转发的数据包,先获取包头信息,然后和设定的规则进行比较,根据比较的结果对数据包进行转发或者丢弃。而实现包过滤的核心技术是访问控制列表ACL(Access Control List)。访问控制列表ACL是一系列运用到网络地址或者上层协议上的允许或拒绝指令的集合。

1. ACL的类型

ACL的类型主要分为IP标准访问控制列表(Stand IP ACL)和IP扩展访问控制列表

(Extended IP ACL),主要的动作为允许(permit)和拒绝(deny),如图 5-24 所示,主要的应用方法是入栈(in)应用和出栈(out)应用。

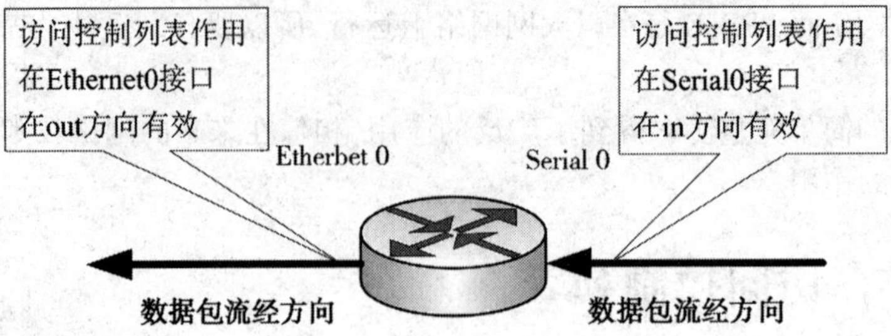

图 5-24　ACL 应用的方法

2. IP 标准访问控制列表(Standard IP ACL)

标准访问控制列表是基本 IP 数据包中的 IP 地址进行控制,如图 5-25 所示。

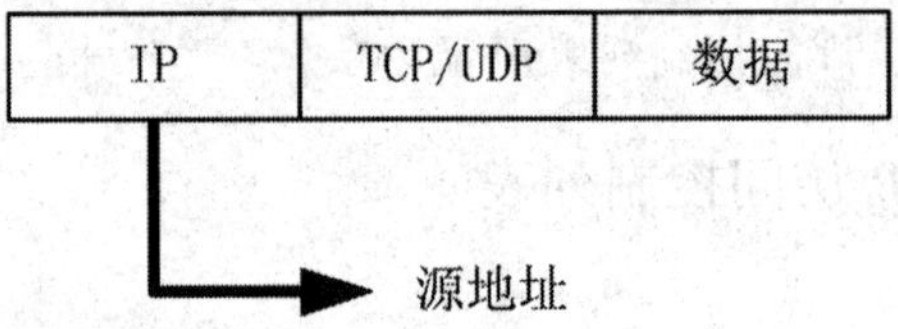

图 5-25　标准访问控制列表

所有的访问控制列表都是在全局配置模式下生成的。编号的 IP 标准访问控制列表的格式如下:

Access-list listnumber {permit | deny} {source address [wildcard-mask] | any}

其中:listnumber 是规则序号,标准访问控制列表(Standard IP ACL)的规则序号范围是 1~99;permit 和 deny 表示允许或禁止满足该规则的数据包通过;address 是源地址 IP;wildcard-mask 是源地址 IP 的通配比较位,也称反掩码。例如:

(config)#access-list 1 permit 172.16.0.0　0.0.255.255

(config)#access-list 1 deny 0.0.0.0　255.255.255.255

1)使用通配符 any

使用二进制通配掩码很不方便,某些通配掩码可以使用缩写形式替代。这些缩写形式减少了在配置地址检查条件时候的键入量。

假如想允许任何目标地址都被允许,为了检查任何地址,需要输入 0.0.0.0。要使 ACL 忽略任意值,反掩码为 255.255.255.255。可以使用如下缩写形式,来指定相同的测试条件:

(config)# access-list 1 permit 0.0.0.0 255.255.255.255;

等价于:

(config)# access-list 1 permit any

2)使用通配符 host

当想要与整个 IP 主机地址的所有位相匹配时,相应的反掩码位全为零(也就是 0.0.0.0)。可以使用如下缩写形式,来指定相同的测试条件:

(config)# access-list 1 permit 172.16.9.36 0.0.0.0

等价于:

(config)# access-list 1 permit host 172.16.9.36

【操作步骤】

(1)配置三个不同网段的主机。

设置网段 192.168.1.0 一主机的 IP 地址、子网掩码和网关分别为 192.168.1.11, 255.255.255.0 和 192.168.1.1。

设置网段 192.168.2.0 一主机的 IP 地址、子网掩码和网关分别为 192.168.2.22, 255.255.255.0 和 192.168.2.1。

设置网段 192.168.3.0 一主机的 IP 地址、子网掩码和网关分别为 192.168.3.33, 255.255.255.0 和 192.168.3.1

(2)路由器的基本配置。

```
Router#configure terminal
Router(config)#hostname R3620
R3620(config)#interface ethernet 0/1
R3620(config-if)#ip address 192.168.1.1 255.255.255.0
R3620(config-if)#no shutdown
R3620(config-if)#exit
R3620(config)#interface ethernet 0/2
R3620(config-if)#ip address 192.168.2.1 255.255.255.0
R3620(config-if)#no shutdown
R3620(config-if)#exit
R3620(config)#interface ethernet 0/3
R3620(config-if)#ip address 192.168.3.1 255.255.255.0
R3620(config-if)#no shutdown
R3620(config-if)#end
```

测试命令:show ip interface brief　　　！观察接口状态

```
R3620#show ip interface brief
Interface        IP-Address       OK? Method Status                  Protocol
Ethernet0/0        unassigned       YES unset  administratively down down
Ethernet0/1          192.168.1.1      YES unset  up                    up
Ethernet0/2          192.168.2.1      YES unset  up                    up
Ethernet0/3          192.168.3.1      YES unset  up                    up
```

(3)配置标准 IP 访问控制列表。

R3620(config)#access-list 1 deny 192.168.1.0 0.0.0.255　　　！拒绝来自 192.168.1.0 网段的流量通过

R3620(config)#access-list 1 permit 192.168.3.0 0.0.0.255　　　！允许来自 192.168.3.0 网段的流量通过

验证测试:

R3620#show access-lists 1

```
Standard IP access list 1
  1 deny     192.168.1.0 0.0.0.255 (5 matches)
  1 permit     192.168.3.0 0.0.0.255 (5 matches)
```

(4)把访问控制列表在接口下应用。

```
R3620#conf t
R3620(config)#interface ethernet 0/2
R3620(config-if)#ip access-group 1 out        ! 在接口下访问控制列表出栈流量调用
```

验证测试:

```
R3620#show ip access-lists 1
```

用 ping 测试,192.168.1.0 网段的主机不能 ping 通 192.168.2.0 网段的主机;192.168.3.0 网段的主机能 ping 通 192.168.2.0 网段的主机和 192.168.1.0 网段的主机。

【注意事项】

(1)注意在访问控制列表的网络掩码是反掩码。

(2)标准控制列表要应用在尽量靠近目的地址的接口。

(3)注意标准访问控制列表的编号是 1~99。

(4)执行 R3620#show running-config 命令,可查看路由器的配置。

任务 2　编号的扩展 IP 访问控制列表

【任务描述】

某学校规定教师在教工宿舍可以访问教工之家的 WWW 服务器,在学生宿舍的学生不能访问教工之家的 WWW 服务器,学校规定学生所在网段是 172.16.10.0/24,学校服务器所在网段是 172.16.20.0/24,教师所在的网段是 172.16.30.0/24,如图 5-26 所示。

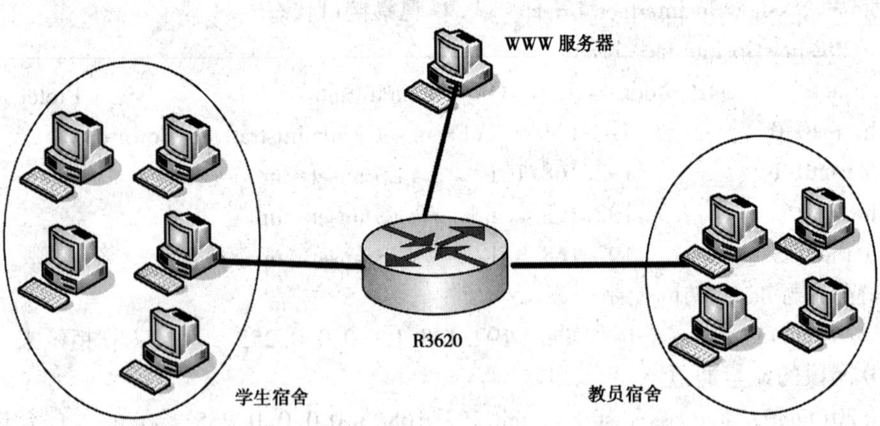

图 5-26　编号的扩展 IP 访问列表实例

【任务分析】

扩展访问控制列表既可检查分组的源地址和目的地址,也可检查协议类型和 TCP 或 UDP 的端口号,如图 5-27 所示。

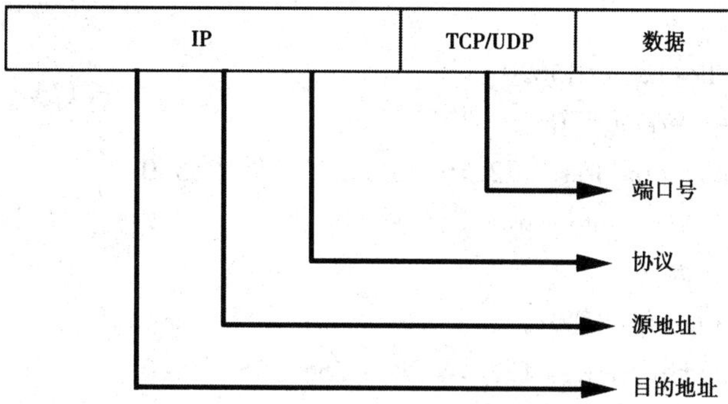

图 5-27 扩展访问控制列表

IP 扩展访问控制列表也都是在全局配置模式下生成的。编号的 IP 扩展访问控制列表的格式如下:

Access-list listnumber {permit | deny} protocol source source-wildcard-mask destination destination-wildcard-mask [operator operand]

其中:扩展访问控制列表(Extended IP ACL)的规则序号范围是 100~199;protocol 是指定的协议,如 IP、TCP 、UDP 等;destination 是目的地址;destination-wildcard-mask 是目的地址的反掩码;operator operand 用于指定端口的范围,默认为全部端口号 0~65 535,只有 TCP 和 UDP 协议需要指定的端口范围。

扩展访问控制列表支持的操作符及其语法如表 5-2 所示。

表 5-2 扩展访问控制列表支持的操作符及其语法

操作符及其语法	意义
eq portnumber	等于端口号 portnumber
gt portnumber	大于端口号 portnumber
lt portnumber	小于端口号 portnumber
neq portnumber	不等于端口号 portnumber
range portnumber1 portnumber2	介于端口号 portnumber1 和 portnumber2 之间

【操作步骤】

(1)配置三个不同网段的主机。

设置网段 172. 16. 10. 0 一主机的 IP 地址、子网掩码和网关分别为 172. 16. 10. 11, 255. 255. 255. 0 和 172. 16. 10. 1。

设置 WWW 服务器的 IP 地址、子网掩码和网关分别为 172. 16. 20. 22,255. 255. 255. 0 和 172. 16. 20. 1。

设置网段 172. 16. 30. 0 一主机的 IP 地址、子网掩码和网关分别为 172. 16. 30. 33,

255. 255. 255. 0 和 172. 16. 30. 1

(2)路由器的基本设置。

```
Router>en
Router#conf t
Router(config)#hostname R3620
R3620(config)#interface F 0/1
R3620(config-if)#ip address 172.16.10.1 255.255.255.0
R3620(config-if)#no shutdown
R3620(config-if)#exit
R3620(config)#interface F 0/2
R3620(config-if)#ip address 172.16.20.1 255.255.255.0
R3620(config-if)#no shutdown
R3620(config-if)#exit
R3620(config)#interface F 0/3
R3620(config-if)#ip address 172.16.30.1 255.255.255.0
R3620(config-if)#no shutdown
R3620(config-if)#end
```

验证测试:

```
R3620#show ip interface brief
Interface          IP-Address     OK? Method Status                 Protocol
FastEthernet0/0    unassigned     YES unset  administratively down  down
FastEthernet0/1    172.16.10.1    YES unset  up                     up
FastEthernet0/2    172.16.20.1    YES unset  up                     up
FastEthernet0/3    172.16.30.1    YES unset  up                     up
```

(3)配置扩展 IP 访问控制列表。

```
R3620(config)#access-list 101 deny tcp 172.16.10.0 0.0.0.255 172.16.20.0 0.0.0.255 eq www    ! 禁止规定网段对服务器进行 WWW 访问
R3620(config)#access-list 101 permit ip any any    ! 允许其他流量通过
```

验证测试:

```
R3620#show access-lists 101
Extended IP access list 101
   101 deny tcp 172.16.10.0 0.0.0.255 172.16.20.0 0.0.0.255 eq www (1 matches)
   101 permit ip any any (1 matches)
```

(4)把访问控制列表在接口下应用。

```
R3620(config)#interface F 0/1
R3620(config-if)#ip access-group 101 in! 访问控制列表在接口下 in 方向应用
R3620(config-if)#end
```

【注意事项】

(1)访问控制列表要在接口下应用。

(2)扩展访问控制列表尽量放在靠近源地址的端口上。

(3)在所有的访问控制列表最后,有一条隐含规则——拒绝所有,所以要注意 deny 某个网段后用 permit 其他网段。

(4)在编号访问控制列表里要特别注意,删除其中的一个条目,其他的条目也一并删除。

任务 3　命名的扩展 IP 访问控制列表

【任务描述】

你是学校的网络管理员,在路由器上连着学校提供的 WWW 和 FTP 服务器,另外还连接着学生宿舍楼和教工宿舍楼,学校规定学生只能对服务器进行 FTP 访问,不能进行 WWW 访问,教工则没有此限制。学校规定学生所在网段是 172. 16. 30. 0/24,学校服务器所在网段是 172. 16. 10. 0/24,教师所在的网段是 172. 16. 20. 0/24,如图 5-28 所示。

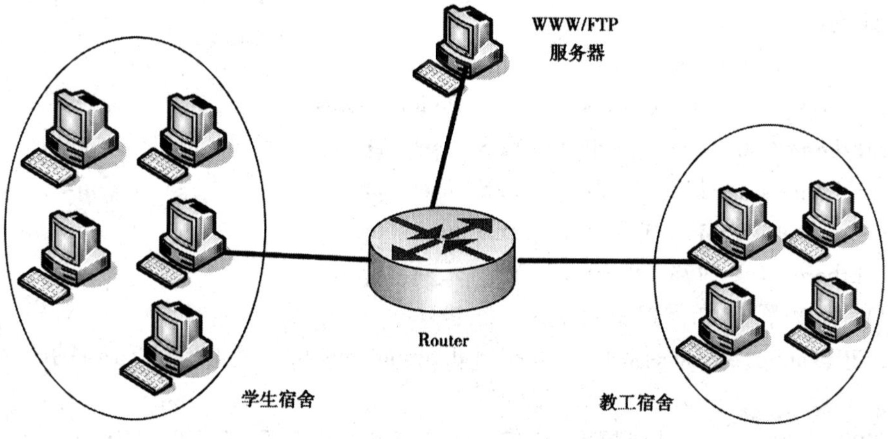

图 5-28　命名的扩展 IP 访问列表实例

【任务分析】

扩展访问控制列表既可检查分组的源地址和目的地址,也可检查协议类型和 TCP 或 UDP 的端口号。通过在设备上配置命名的扩展 IP 访问控制列表,可以实现网段间互相访问的安全控制。

【操作步骤】

(1)配置三个不同网段的主机。

设置网段 172. 16. 10. 0 所在 WWW 服务器的 IP 地址、子网掩码和网关分别为 172. 16. 10. 11,255. 255. 255. 0 和 172. 16. 10. 1。

设置网段 172. 16. 20. 0 一主机的 IP 地址、子网掩码和网关分别为 172. 16. 20. 22,255. 255. 255. 0 和 172. 16. 20. 1。

设置网段 172. 16. 30. 0 一主机的 IP 地址、子网掩码和网关分别为 172. 16. 30. 33,

255.255.255.0 和 172.16.30.1。

(2)路由器的基本设置。

```
Router(config)#hostname  R3620
R3620(config)#interface F 0/1
R3620(config-if)#ip address 172.16.10.1 255.255.255.0
R3620(config-if)#no shutdown
R3620(config-if)#exit
R3620(config)#interface F 0/2
R3620(config-if)#ip address 172.16.20.1 255.255.255.0
R3620(config-if)#no shutdown
R3620(config-if)#exit
R3620(config)#interface F 0/3
R3620(config-if)#ip address 172.16.30.1 255.255.255.0
R3620(config-if)#no shutdown
R3620(config-if)#end
```

验证测试:

```
R3620#show ip interface brief
Interface          IP-Address      OK? Method Status                  Protocol
FastEthernet0/0    unassigned      YES unset  administratively down   down
FastEthernet0/1    172.16.10.1     YES unset  up                      up
FastEthernet0/2    172.16.20.1     YES unset  up                      up
FastEthernet0/3    172.16.30.1     YES unset  up                      up
```

(3)配置扩展 IP 访问控制列表。

```
R3620(config)#ip access-list extended denystudentwww        ! 定义命名扩展访问列表
R3620(config-ext-nacl)#deny tcp 172.16.30.0 0.0.0.255 172.16.10.0  0.0.0.255 eq www    ! 禁止 WWW 服务
R3620(config-ext-nacl)#permit ip any any                     ! 允许其他服务
```

验证测试:

```
R3620#show ip access-lists denystudentwww
Extended IP access list:denystudentwww
deny tcp 172.16.30.0 0.0.0.255 172.16.10.0 0.0.0.255 eq www (1 matches)
permit ip any any (1 matches)
```

(4)把访问控制列表在接口下应用。

```
R3620(config)#interface F 0/3
R3620(config-if)#ip access-group denystudentwww in        ! 访问控制列表在接口下 in 方向应用
R3620(config-if)#end
```

【注意事项】

(1)访问控制列表要在接口下应用。

(2)扩展访问控制列表尽量放在靠近源地址的端口上。

(3)在所有的访问控制列表最后,有一条隐含规则——拒绝所有,所以要注意 deny 某个网段后用 permit 其他网段。

项目6　使用路由器的 NAT 功能接入 Internet

【项目目标】

- 地址转换技术概念。
- 静态 NAT 的配置方法。
- 动态 NAT 的配置方法。

任务1　静态内部源地址转换 NAT 的配置方法

【任务描述】

你是某公司的网络管理员,内部网络有 FTP 服务器可以为外部用户提供的服务,服务器的 IP 地址必须采用静态地址转换,将内部网络与外部 Internet 隔离开,外部用户根本不知道通过 NAT 设置,但外部用户可以使用这些服务,如图 5-29 所示。

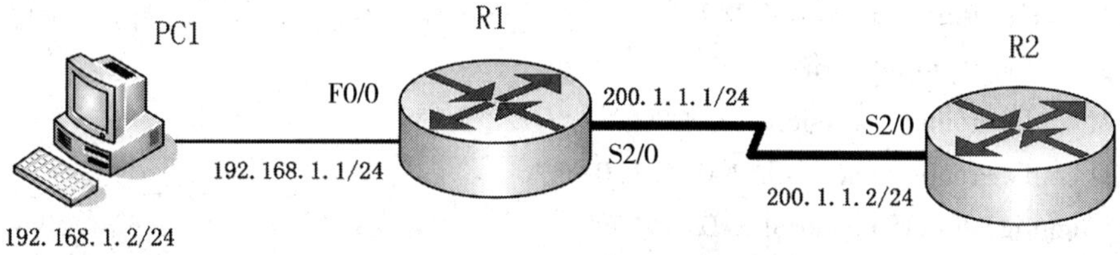

图 5-29　静态 NAT 拓扑图

【任务分析】

地址转换(NAT)有三种类型:静态 NAT、动态 NAT 和 PAT。

静态 NAT 是建立内部本地地址和内部全局地址一对一的永久映射。这意味着对于每一个预设的内部本地地址,静态 NAT 都需要在查找表中建立一个内部全局地址。

为了配置静态内部源地址转换,执行如下步骤:

(1)建立一个内部本地地址与一个内部全局地址间的静态转换。

Router(config)#ip nat inside source static local-ip global-ip

(2)指定内部接口。

Router(config-if)#ip nat inside

(3)指定外部接口。

Router(config-if)#ip nat outside

【操作步骤】

(1)配置计算机 PC1。

设置计算机 PC1 的 IP 地址、子网掩码和网关分别为 192.168.1.2,255.255.255.0 和 192.168.1.1。

(2)配置路由器 IP 地址。

```
R2#conf t
R2(config)#interface serial 2/0
R2(config-if)#ip address 200.1.1.2 255.255.255.0
R2(config-if)#clock rate 64000
R2(config-if)#no shutdown
R2(config-if)#exit
R1(config)#interface serial 2/0
R1(config-if)#ip address 200.1.1.1 255.255.255.0
R1(config-if)#no shutdown
R1(config-if)#exit
R1(config)#interface fastEthernet 0/0
R1(config-if)#ip address 192.168.1.1 255.255.255.0
R1(config-if)#no shutdown
R1(config-if)#exit
```

(3)配置路由器路由。

```
R2(config)#interface serial 2/0
R2(config-if)#router rip
R2(config-router)#version 2
R2(config-router)#network 200.1.1.0
R1(config)#interface serial 2/0
R1(config-if)#router rip
R1(config-router)#version 2
R1(config-router)#network 192.168.1.0
R1(config-router)#network 200.1.1.0
R1(config-router)#end
```

验证测试:

```
R1#ping 200.1.1.2
Type escape sequence to abort.
Sending 5, 100-byte ICMP Echos to 200.1.1.2, timeout is 2 seconds:
!!!!!
Success rate is 100 percent (5/5), round-trip min/avg/max =1/2/4 ms
```

(4)配置 R1 静态 NAT 映射。

```
R1(config)#ip nat inside source static 192.168.1.2 200.1.1.3! 定义静态映射
R1(config)#interface fastEthernet 0/0
R1(config-if)#ip nat inside                              ! 定义内部接口
```

```
R1(config-if)#exit
R1(config)#interface serial 2/0                  ! 定义外部接口
R1(config-if)#ip nat outside
```

验证测试：

```
R1#show ip nat translations
 Pro   Inside global   Inside local    Outside local   Outside global
 ---   200.1.1.3       192.168.1.2     ---             --
```

【注意事项】

(1)不要把 inside 和 outside 应用的接口弄错。

(2)要加上能使数据包向外转发的路由，比如默认路由。

(3)尽量不要用广域网接口地址作为映射的全局地址。

【知识链接】

网络地址转换(NAT)技术提供了一种掩饰网络内部本质的方法，是一种把内部专用 IP 地址转换成合法 IP 地址的技术。地址转换技术主要使用在一个局域网公用一个 IP 地址或少量 IP 地址(地址池)上网的情况。

NAT 技术工作在网络中较低的层次，逻辑上是工作在 IP 层，给用户连接 Internet 提供了更大的透明性，其工作则更像一个路由器而并非一个代理网关。地址转换的过程对于用户来说是透明的，不需要用户进行设置，用户只要进行常规操作即可。

1. 地址转换的提出背景

(1)地址转换是在 IP 地址日益短缺的情况下提出的。

(2)一个局域网内部有很多台主机，可是不能保证每台主机都拥有合法的 IP 地址，为了达到所有的内部主机都可以连接 Internet 网络的目的，可以使用地址转换。

(3)地址转换技术可以有效地隐藏内部局域网中的主机，因此同时是一种有效的网络安全保护技术。

(4)地址转换可以按照用户的需要，在内部局域网内部提供给外部 FTP、WWW、Telnet 服务。

2. 地址转换的术语

当在路由器上应用地址转换时，应理解下面的术语，如图 5-30 所示。

这些术语是相对于网络企业网内部的一台主机来讲的，因为主机处在不同的网络中 NAT 可以解释为不同的地址。

(1)内部本地地址：分配给网络内部设备的 IP 地址，这个地址可能是非法的未向相关机构注册的 IP 地址，也可能是合法的私有网络地址。

(2)内部全局地址：合法的 IP 地址，是由网络信息中心(NIC)或者服务提供商提供的可在互联网传输的地址，在外部网络代表着一个或多个内部本地地址。

(3)外部本地地址：外部网络的主机在内部网络中表现的 IP 地址，该地址不一定是合法的地址，也可能是内部可路由地址。

(4)外部全局地址：外部网络分配给外部主机的 IP 地址，该地址是合法的全局可路由地址。

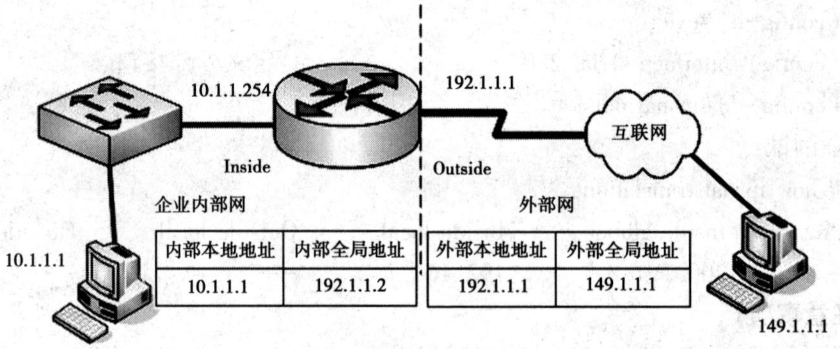

图 5-30　地址转换的术语

任务 2　复用内部全局地址的转换 NAPT 的配置方法

【任务描述】

你是某公司的网络管理员,公司只向 ISP 申请了一个公网 IP 地址 200. 1. 1. 1/24,希望全公司的主机都能访问外网,请你实现。NAPT 拓扑图如图 5-31 所示。

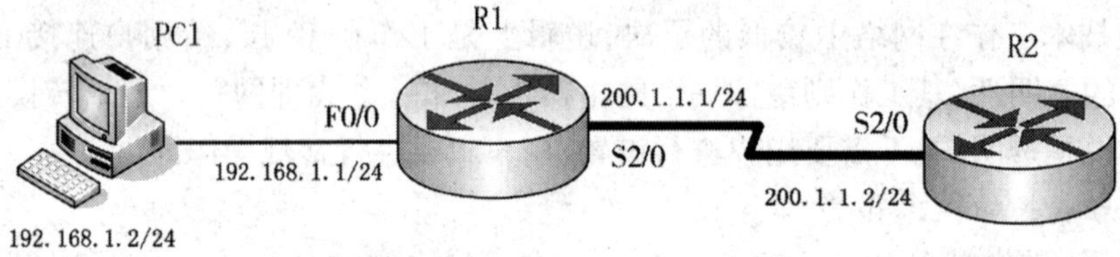

图 5-31　NAPT 拓扑图

【任务分析】

NAPT 是实现转换后多个本地 IP 地址对应一个全局 IP 地址。目前,网络中由于公网 IP 地址紧缺,而局域网主机数较多,因此一般使用动态的 NAPT 实现局域网多台主机共用一个或少数几个公网 IP 访问互联网。

【操作步骤】

(1)配置计算机 PC1。

设置计算机 PC1 的 IP 地址、子网掩码和网关分别为 192. 168. 1. 2,255. 255. 255. 0 和 192. 168. 1. 1。

(2)配置路由器端口地址。

```
R2#conf t
R2(config)#interface serial 2/0
R2(config-if)#ip address 200. 1. 1. 2 255. 255. 255. 0
R2(config-if)#clock rate 64000
R2(config-if)#no shutdown
R2(config-if)#exit
R1(config)#interface serial 2/0
R1(config-if)#ip address 200. 1. 1. 1 255. 255. 255. 0
```

```
R1(config-if)#no shutdown
R1(config-if)#exit
R1(config)#interface fastEthernet 0/0
R1(config-if)#ip address 192.168.1.1 255.255.255.0
R1(config-if)#no shutdown
R1(config-if)#exit
```

(3)配置路由器路由。

```
R2(config)#interface serial 2/0
R2(config-if)#router rip
R2(config-router)#version 2
R2(config-router)#network 200.1.1.0
R1(config)#interface serial 2/0
R1(config-if)#router rip
R1(config-router)#version 2
R1(config-router)#network 192.168.1.0
R1(config-router)#network 200.1.1.0
R1(config-router)#end
```

验证测试：

```
R1#ping 200.1.1.2
Type escape sequence to abort.
Sending 5, 100-byte ICMP Echos to 200.1.1.2, timeout is 2 seconds:
!!!!!
Success rate is 100 percent (5/5), round-trip min/avg/max = 1/2/4 ms
```

(4)在 R1 上配置 NAPT 动态映射。

```
R1(config)#interface fastEthernet0/0
R1(config-if)#ip nat inside          ! 定义内部接口
R1(config-if)#exit
R1(config)#interface serial 2/0      ! 定义外部接口
R1(config-if)#ip nat outside
R1(config-if)#exit
R1(config)# ip nat pool to-internet 200.1.1.1 200.1.1.1 netmask 255.255.255.0 type rotary      ! 定义地址池
R1(config)# access-list 1 permit 192.168.1.0 0.0.0.255      ! 定义允许转换的地址
R1(config-if)# ip nat inside source list 1 pool to-internet      ! 为内部本地调用转换地址池
```

验证测试：

```
R1#sh ip nat tran
Pro Inside global      Inside local      Outside local      Outside global
---200.1.1.1           192.168.1.2       ---                ---
```

【注意事项】

(1)不要把 inside 和 outside 应用的接口弄错。

(2)要加上能使数据包向外转发的路由,比如默认路由。

(3)尽量不要用广域网接口地址作为映射的全局地址,本例子中特定仅有一个公网地址。

【知识链接】

NAPT(Network Address Port Translation)是把内部地址映射到外部网络的一个 IP 地址的不同端口上。网络地址端口转换 NAPT 是人们比较熟悉的一种转换方式。

NAPT 普遍应用于接入设备中,它可以将中小型的网络隐藏在一个合法的 IP 地址后面。NAPT 与动态地址 NAT 不同,它将内部连接映射到外部网络中的一个单独的 IP 地址上,同时在该地址上加上一个由 NAT 设备选定的 TCP 端口号。

由于 NAT 实现是私有 IP 和 NAT 的公共 IP 之间的转换,那么,私有网中同时与公共网进行通信的主机数量就受到 NAT 的公共 IP 地址数量的限制。为了克服这种限制,NAT 被进一步扩展到在进行 IP 地址转换的同时进行 Port 的转换,这就是网络地址端口转换 NAPT 技术。

NAPT 与 NAT 的区别在于,NAPT 不仅转换 IP 包中的 IP 地址,还对 IP 包中 TCP 和 UDP 的 Port 进行转换。这使得多台私有网主机利用 1 个 NAT 公共 IP 就可以同时和公共网进行通信。

项目 7 利用 TFTP 管理路由器

【项目目标】

- 利用 TFTP 升级现有路由器操作系统。
- 利用 ROM 方式重写路由器操作系统。

任务 1 利用 TFTP 升级现有路由器操作系统

【任务描述】

你是思科网络产品的用户,现在你拥有思科路由器 2811,你的路由器的操作系统比较老,已经不能支持网络中新的功能的需要,为了满足网络的需求,要升级路由器操作系统。

【任务分析】

本实验以思科 2811 路由器为例。如图 5-32 所示,一台 PC 通过串口(Com)连接到路由器的控制(Console)端口,通过网卡连接到路由器的 F0/1 端口。PC 作为 TFTP 服务器,为路由器端口分配 IP 地址,TFTP 服务器所在 PC 要可以和路由器通信,一般与路由器配置在同一网段,这里 PC 的地址为 172.16.9.1/24。

【操作步骤】

(1)将新的路由器操作系统放到 TFTP 服务器所在的目录下,如图 5-33 所示。

(2) 超级终端下调整 COM 口属性, 如图 5-34 所示。

(3)建立路由器和 TFTP 服务器的连接。

Router(Config)#int f0/1

Router(Config-if)#ip address 172. 16. 9. 2 255. 255. 255. 0

Router(Config-if)#no shutdown

(4)检查路由器操作系统的版本。

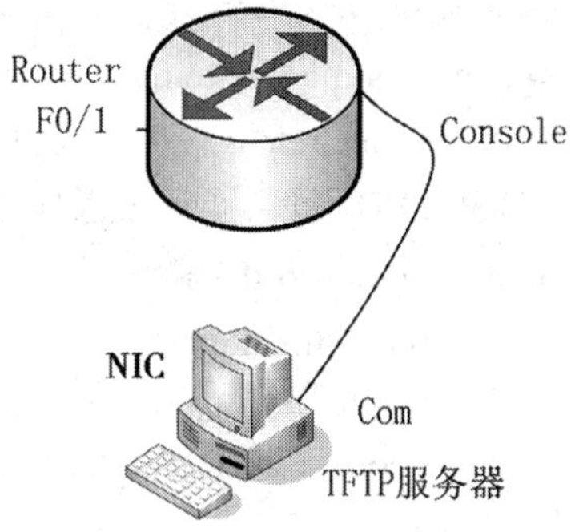

图 5-32　利用 TFTP 升级路由器操作系统

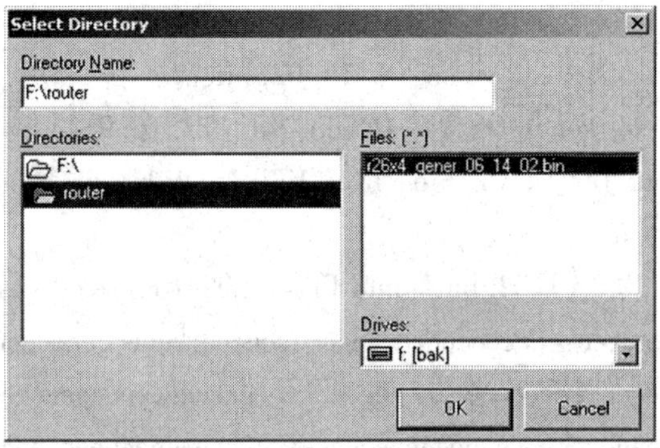

图 5-33　TFTP 服务器目录

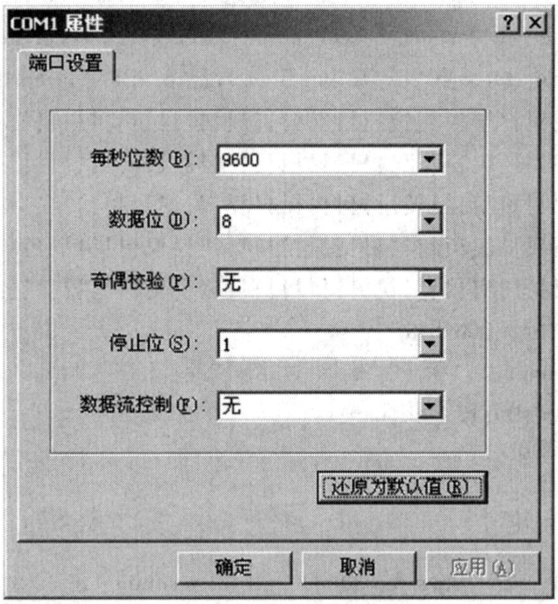

图 5-34　COM 属性

```
Router#show version
Router operating system software
RGNOS(tm) release software,Version 6.13(9)
```

(5)从 TFTP 服务器升级操作系统。

```
Router#copy tftp flash
System flash directory:
File  Length   Name
  1   2227676  r26x4_gener_06_14_02.bin
[2227740 bytes used, 6160868 available, 8388608 total]

Address or name of remote host [255.255.255.255]? 172.16.9.1
Source file name? r26x4_gener_06_14_02.bin
Destination file name [r26x4_gener_06_14_02.bin]?
Accessing file 'r26x4_gener_06_14_02.bin' on 172.16.9.1...
Loading r26x4_gener_06_14_02.bin .from 172.16.9.1 (via FastEthernet0): ! [OK]

  as 'r26x4_gener_06_14_02.bin' into Flash WITH erase? [yes/no]y
Erasing device... eeeeeeeeeeeeeeeeeeeeeeeeeeeeeeeeeeeeeeeeeeeeeeeeeeeeeeeeeeeee
eeeeeeeeeeeeeeeeeeeeeeeeeeeeeeeeeeeeeeeeeeeeeeeeeeeeeeeeeeeeeeeeeeeeeeeeeeeeeeeee
eeeeeeeeeeeeeeeeeeeeeeeeeeeeeeeeeeeeeeeeeeeeeeeeeeeeeeeeeeeeeeeeeeeeeeeeeeeeeeeee
eeeeeeeeeeeeeeeeeeeeeeeeeeeeeeeeeeeeeeeeeeeeeeeeeeeeeeeeeeeeeeeeeeeeeeeeeeeeeeeee
eeeeeeeeeeeeeeeeeeeeeeeeeeeeeeeeeeeeeeeeeeeeeeeeeeeeeeeeeeeeeeeeeeeeeeeeeeeeeeeee
eeeeeeeeeeeeeeeeeeeeeeeeeeeeeeeeeeeeeeeeeeeeeeeeeeeeeeeeeeeeeeeeeeeeeee...erased
    Loading r26x4_gener_06_14_02.bin from 172.16.9.1 (via FastEthernet0): !!!!
    !!!!!!!!!!!!!!!!!!!!!!!!!!!!!!!!!!!!!!!!!!!!!!!!!!!!!!!!!!!!!!!!!!!
!!!!!!!!!!!!!!!!!!!!!!!!!!!!!!!!!!!!!!!!!!!!!!!!!!!!!!!!!!!!!!!!!!!!!!!
!!!!!!!!!!!!!!!!!!!!!!!!!!!!!!!!!!!!!!!!!!!!!!!!!!!!!!!!!!!!!!!!!!!!!!!
!!!!!!!!!!!!!!!!!!!!!!!!!!!!!!!!!!!!!!!!!!!!!!!!!!!!!!!!!!!!!!!!!!!!!!!
!!!!!!!!!!!!!!!!!!!!!!!!!!!!!!!!!!!!!!!!!!!!!!!!!!!!!!!!!!!!!!!!!!!!!!!
[OK - 2227676/8388608 bytes]
Verifying checksum...  OK (0x2885)
Flash copy took 00:00:12 [hh:mm:ss]
```

(6)重新启动路由器。

```
Router#reload

System configuration has been modified. Save? [yes/no]: n
Proceed with reload? [confirm]
```

(7)检查路由器新版本。

Router#show ver

Router Operating System Software

RGNOS (tm) RELEASE SOFTWARE, Version 6.14(2)

版本从 6.13(9)升级到 6.14(2)。

【注意事项】

(1)要保证路由器和 TFTP 的连通性。

(2)路由器如果和 PC 直连要用交叉线。

(3)路由器如果和 PC 直连要选择以太口。

任务 2 备份路由器配置到 TFTP 服务器

【学习内容】

将路由器配置文件备份到 TFTP 服务器。

【任务描述】

作为网络管理员,在路由器配置好了以后,需要将其配置文件做备份,以备将来需要时用,如图 5-35 所示。

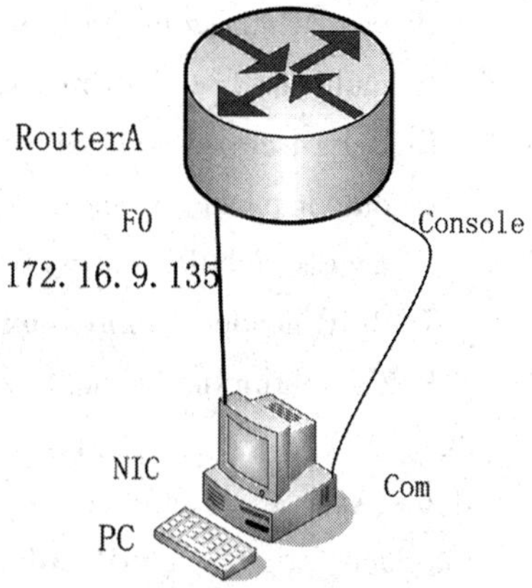

图 5-35 备份路由器配置到 TFTP 服务器网络拓扑图

【任务分析】

本实验以一台思科 2811 路由器为例,路由器名为 RouterA。一台 PC 机通过串口(Com)连接到路由器的控制(Console)端口,通过网卡(NIC)连接到路由器的 fastethernet0 端口。假设 PC 机的 IP 地址和网络掩码分别为 172.16.9.57,255.255.0.0,配置路由器的 fastethernet0 端口的 IP 和网络掩码分别为 172.16.9.135,255.255.0.0。

【操作步骤】

(1)在路由器上配置 fastEthernet0 端口的 IP 地址。

RouterA(config)#interface fastEthernet 0/0 ! 进入路由器接口配置模式

RouterA(config-if)#ip address 172.16.9.135 255.255.0.0 ! 配置路由器管理接口 IP 地址

RouterA(config-if)#no shutdown ! 开启路由器 fastEthernet0/0 接口

验证测试:验证路由器接口 fastEthernet0/0 的 IP 地址已经配置和开启,PC 与路由器有网络连通性。

RouterA#show ip interface fastEthernet0/0 ! 验证接口 fastEthernet0/0 的 IP 地址已经配置和开启

```
FastEthernet0/0 is up, line protocol is up
  Internet address is 172.16.9.135/16
  Broadcast address is 255.255.255.255
```

```
  Address determined by setup command
  MTU is 1500 bytes
  Helper address is not set
  Directed broadcast forwarding is disabled
  Outgoing access list is not set
  Inbound  access list is not set
  Proxy ARP is enabled
  Security level is default
  Split horizon is enabled
  ICMP redirects are always sent
  ICMP unreachables are always sent
  ICMP mask replies are never sent
  IP fast switching is enabled
  IP fast switching on the same interface is disabled
  IP multicast fast switching is enabled
  Router Discovery is disabled
  IP output packet accounting is disabled
  IP access violation accounting is disabled
  TCP/IP header compression is disabled
  Policy routing is disabled
```

或:

```
RouterA#show ip interface brief
Interface          IP-Address       OK? Method Status                 Protocol
FastEthernet0/0    172.16.9.135     YES manual up                     up
FastEthernet0/1    unassigned       YES unset  administratively down  down
Serial2            unassigned       YES unset  administratively down  down
Serial3            unassigned       YES unset  administratively down  down
```

```
RouterA#ping 172.16.9.57          ! 验证路由器与PC具有网络连通性
Type escape sequence to abort.
Sending 5, 100-byte ICMP Echoes to 172.16.9.57, timeout is 2 seconds:
!!!!!
Success rate is 100 percent (5/5), round-trip min/avg/max =1/1/4 ms
```

(2)备份路由器配置。

RouterA#copy running-config tftp　　! 备份路由器的当前配置文件到 TFTP 服务器

```
Remote host [ ]? 172.16.9.57                    ! 输入TFTP服务器的IP地址
Name of configuration file to write [routera-confg]?    ! 选择输入配置文件名
```

```
Write file routera-confg on host 172.16.9.57? [confirm]
Building configuration...
Writing routera-confg .!! [OK]
```

或：

```
RouterA#copy startup-config tftp          ! 备份路由器的初始配置文件到 TFTP 服务器
Remote host [ ]? 172.16.9.57
Name of configuration file to write [routera-confg]?
Write file routera-confg on host 172.16.9.57? [confirm]
Writing routera-confg !! [OK]
```

验证测试：验证 TFTP 服务器上的配置文件。

打开 TFTP 服务器上的配置文件 D:\wangluo\routera-confg （用 Office Word 程序即可打开）。

D:\wangluo\routera-confg 文件内容如下：

```
!
version 6.14(2)
!
hostname "RouterA"
!
enable secret 5 $1$UFXg$5ePB2H1UE/15667uaCJss1
!
!
!
ip subnet-zero
!
!
!
interface FastEthernet0/0
 ip address 172.16.9.135 255.255.0.0
!
interface FastEthernet0/1
 no ip address
 shutdown
!
interface Serial1
 no ip address
 shutdown
```

```
!
interface Serial2
 no ip address
 shutdown
!
interface Serial3
 no ip address
 shutdown
!
!
voice-port 0
!
voice-port 1
!
voice-port 2
!
voice-port 3
ip classless
!
line con 0
line aux 0
line vty 0 4
 password star
 login
!
end
```

【注意事项】

在备份路由器配置到上 TFTP Server 之前，须验证路由器与 PC(TFTP Server)具有网络连通性。

总结与回顾

本单元主要介绍思科路由器在网络中的配置方法。重点掌握路由器的静态路由和默认路由的配置方法、动态路由协议的原理、RIP 路由协议和 OSPF 路由协议基本配置、访问控制列表的原理与配置方法，以及路由器 NAT 功能的基本配置，了解 HDLC 协议封装、PPP 协议原理以及 CHAP 认证基本配置、帧中继协议及配置、路由器系统维护。

实训与练习

一、选择题

1. 三层交换机和路由器相同的特点是________。

A. 有丰富的广域网接口　　B. 具有高速转发能力

C. 具有路由寻径能力　　D. 端口数量大

2. 配置思科网络产品时，在超级终端设置 COM 口每秒位数时，应设置数值为________。

A. 4 800　　B. 9 600　　C. 57 600　　D. 6 400

3. 在 R2624 路由器发出的 Ping 命令中，"U"代表________。

A. 数据包已经丢失　　B. 遇到网络拥塞现象

C. 目的地不能到达　　D. 成功地接收到一个回送应答

4. 在 Rip 路由中设置管理距离是衡量一个路由可信度的等级，你可以通过定义管理距离来区别不同________来源。路由器总是挑选具有最低管理距离的路由。

A. 拓扑信息　　B. 路由信息

C. 网络结构信息　　D. 数据交换信息

5. 跟踪 RIP 路由更新过程的方法是________。

A. show ip route　　B. debug ip rip

C. show ip rip　　D. clear ip route*

6. RIP 的最大跳数是________。

A. 24　　B. 18　　C. 15　　D. 12

7. 当 RIP 向相邻的路由器发送更新时，它使用________s 为更新计时的时间值。

A. 30　　B. 20　　C. 15　　D. 25

8. 配置 Rip 版本 2 的方法是________。

A. ip rip send v1　　B. ip rip send v2

C. ip rip send version 2　　D. version 2

9. 关闭 Rip 路由汇总的命令是________。

A. no auto-summary　　B. auto-summary

C. no ip router　　D. ip router

10. 在路由器设置了以下三条路由：①ip route 0. 0. 0. 0 0. 0. 0. 0 192. 168. 10. 1；② ip route 10. 10. 10. 0 255. 255. 255. 0 192. 168. 11. 1；③ip route 10. 10. 0. 0 255. 255. 0. 0 192. 168. 12. 1。请问当这台路由器收到源地址为 10. 10. 10. 1 数据包时，它应被转发给下一跳地址________。

A. 192. 168. 10. 1　　B. 192. 168. 11. 1

C. 192. 168. 12. 1　　D. 路由设置错误，无法判断

11. 如果将一个新的办公子网加入到原来的网络中，那么需要手工配置 IP 路由表，需要输入命令是________。

A. Ip route　　　　B. Route ip

C. Sh ip route　　　　D. Sh route

12. 对在下面所示的路由条目中各部分叙述正确的是________。

R　　172. 16. 8. 0[120/4]　via 172. 16. 7. 9　00:00:23　Serial0

A. R 表示该路由条目的来源是 RIP

B. 172. 16. 8. 0 表示目标网段或子网

C. 172. 16. 7. 9 表示该路由条目的下一跳地址

D. 00:00:23 表示该路由条目的老化时间

13. 关于管理距离的说法正确的是________。

A. 管理距离是 IP 路由协议中选择路径的方法

B. 管理距离越大表示路由信息源的可信度越高

C. 手工输入的路由条目优于动态学习的路由条目

D. 度量值算法复杂的路由选择协议优于度量值算法简单的路由选择协议

14. 以下配置默认路由的命令正确的是________。

A. ip route 0. 0. 0. 0 0. 0. 0. 0 172. 16. 2. 1

B. ip route 0. 0. 0. 0 255. 255. 255. 255 172. 16. 2. 1

C. ip router 0. 0. 0. 0 0. 0. 0. 0 172. 16. 2. 1

D. ip router 0. 0. 0. 0 255. 255. 255. 255 172. 16. 2. 1

15. 访问控制列表具有的作用是________。

A. 安全控制　　B. 流量过滤　　C. 数据流量标识　D. 流量控制

16. 标识访问控制列表以________作为判别条件。

A. 数据包的大小　　　　B. 数据包的源地址

C. 数据包的端口号　　　　D. 数据包的目的地址

17. 下列关于 NAT 缺点描述正确的是________。

A. NAT 增加了延迟

B. 失去了端对端 IP 的 Traceability

C. NAT 通过内部网的私有化来节约合法的注册寻址方案

D. NAT 技术使得 NAT 设备维护一个地址转换表,用来把私有的 IP 地址映射到合法的 IP 地址上去

18. NAT 不支持的流量类型是________。

A. ICMP　　　　B. DNS 区域传输

C. BOOTP　　　　D. FTP

19. 某公司维护它自己的公共 Web 服务器,并打算实现 NAT。应该为该 Web 服务器使用的 NAT 类型是________。

A. 动态　　B. 静态　　C. Pat　　D. 不使用

20. 在锐捷交换机上,端口安全的默认配置是________。

A. 默认为关闭端口安全

B. 最大安全地址个数是 128

C. 没有安全地址

D. 违例方式为保护(protect)

21. 命令 access-list 1 permit 204. 211. 19. 162 0. 0. 0. 0 可以实现的功能是________。

A. 只拒绝本网段地址　　B. 允许一个指定的主机

C. 只允许本网络通过　　D. 以上都不是

22. 在访问列表中,有一条规则如下:access-list 121 permit ip any 192. 168. 10. 0 0. 0. 0. 255 eq ftp。在该规则中,any 的意思是表示________。

A. 检查源地址的所有 bit 位　　B. 检查目的地址的所有 bit 位

C. 允许所有的源地址　　D. 允许 255. 255. 255. 255 0. 0. 0. 0

二、填空题

1. 根据是否在一个自治系统内部使用,路由协议分为________和________。

2. 典型的路由选择方式有两种:________和________。

3. RIP 使用________度量标准来确定消息传输的最佳路径。

4. 一个典型的 PPP 链路建立过程分为三个阶段:________、________和________。

5. ACLs 按照其使用范围可分为________和________。

6. 一个安全端口只能是一个________。

7. 一个安全端口的默认最大安全地址数是________。

8. 地址转换(NAT)有三种类型,分别是________、________和________。

9. ________是把内部多个本地地址映射到外部网络的一个 IP 地址的不同端口上。

三、简答题

1. 简述动态路由协议的分类。

2. 简述静态路由和动态路由的区别。

3. 简述 PPP 协议认证的两种方式及其工作原理。

4. 扩展访问控制列表依据什么标准来过滤数据流量?

5. 在 NAT 中有哪四种地址?

6. NAPT 与 NAT 的主要区别是什么?

四、实训题

1. 在 Boson NetSim 中选择一台路由器,用 Show 命令查看路由器的初始化配置。

2. 用模拟器 Bonson NetSim 练习本单元讲到的任务实例,如果有条件,可在实际环境中练习。

3. 现在有两台 Cisco 2600 系列路由器,请按照图 5-18 连线,尝试完成 PAP 的双向认证。

4. 假设校园网通过一台路由器连接到校园外的另一台路由器上,中间穿过的是另一个主网络 10. 1. 1. 0/24,而校园内网和外部网则是主网络 172. 16. 0. 0/16 的两个子网,现要在路由器上做适当配置,全网运行静态路由,实现校园网内部主机与校园网外部主机的相互通信。如图 5-36 所示,两台路由器用 1 根 V. 35 DTE 线缆和 1 根 V. 35 DCE 线缆直接连起来。

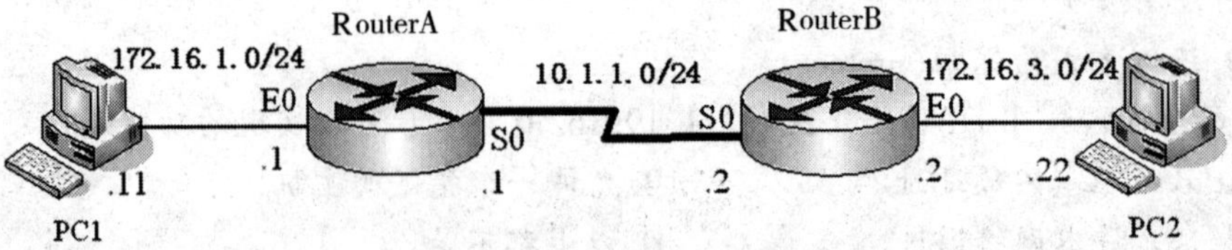

图 5-36　静态路由配置实训

5. 假设某企业网的拓扑图中，内网中的一台服务器的地址为 172.16.8.5，Lan-router 的 E0 地址是 172.16.8.1，申请到的公网地址是 200.1.8.7。如图 5-37 所示，网络管理员希望通过在路由器上配置静态 NAT 实现在外网中可以访问内网中的服务器。

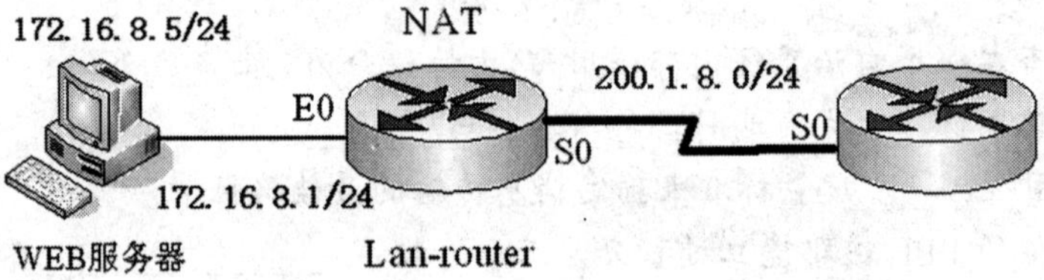

图 5-37　静态 NAT 配置实训

第 6 单元　网络操作系统安装与基本配置

【课程思政】

习近平总书记在《加强基础研究 实现高水平科技自立自强》文章中强调,要打好科技仪器设备、操作系统和基础软件国产化攻坚战,鼓励科研机构、高校同企业开展联合攻关,提升国产化替代水平和应用规模,争取早日实现用我国自主的研究平台、仪器设备来解决重大基础研究问题。

操作系统对信息产业起到了基础支撑的作用。然而,2022 年国产服务器操作系统市场占有率低于 5%。当我们面临操作系统“卡脖子”的问题时,国产操作系统从业人员也正以自强不息的精神不断追赶,国产服务器操作系统也正在强势崛起。统信 UOS、中标麒麟、麒麟信安等不断发展应用。目前,操作系统在党政、金融、电信、互联网等行业的国产产品装机量也在逐步提升。

从空间站阶段首次载人飞行任务神舟十二号开始,到神舟十三号、神舟十四号、神舟十五号、神舟十六号、神舟十七号载人飞船成功发射,这其中一直都有国产操作系统的助力。“自强不息、艰苦奋斗、勇于创新、攻坚克难”的精神也在不断激励着国产操作系统向前发展。

Windows Server 2008 可以用来搭建功能强大的网站与应用程序服务器平台,无论是大中还是小型企业网络,都可以利用 Windows Server 2008 新添加的强大功能与经过强化的安全措施,来优化网站与服务器的管理、提高资源的可用性、减少成本支出、保护企业应用程序与数据。本单元将介绍 Windows Server 2008 的安装、启动、使用与基本配置。

项　目　网络操作系统安装与基本配置

【项目目标】

- 能利用系统盘安装 Windows Server 2008。
- 能启动与使用 Windows Server 2008。
- 能对 Windows Server 2008 进行基本配置。

任务 1　安装 Windows Server 2008

【任务描述】

使用 Windows Server 2008 安装光盘启动计算机,全新安装 Windows Server 2008 网络操作系统。

【任务分析】

安装 Windows Server 2008,需要一台高性能的 PC、Windows Server 2008 安装光盘、主机自带的驱动光盘。

【操作步骤】

(1)设置从光盘启动主机。

开机自检时按 Del 键,进入系统 BIOS。把计算机启动方式设置成光驱启动。把 Windows Server 2008 安装光盘放入光驱,重启计算机。

提示:不同主板的 BIOS 不同,但设置原则都是一样的,都是让系统从光盘启动。

(2)重启计算机后,系统自动从光驱启动,出现"安装 Windows"界面,选择需要安装的语言,单击"下一步",如图 6-1 所示。

(3)单击"现在安装"。

(4)选择要安装的操作系统版本,选择"Windows Server 2008 Enterprise(完全安装)",单击"下一步",如图 6-2 所示。

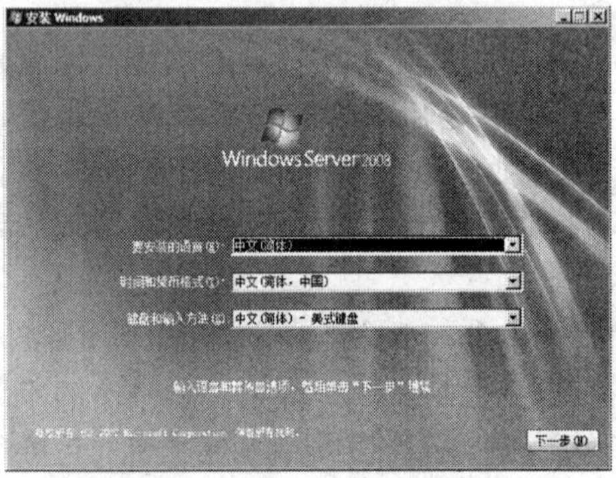

图 6-1　选择安装语言等选项

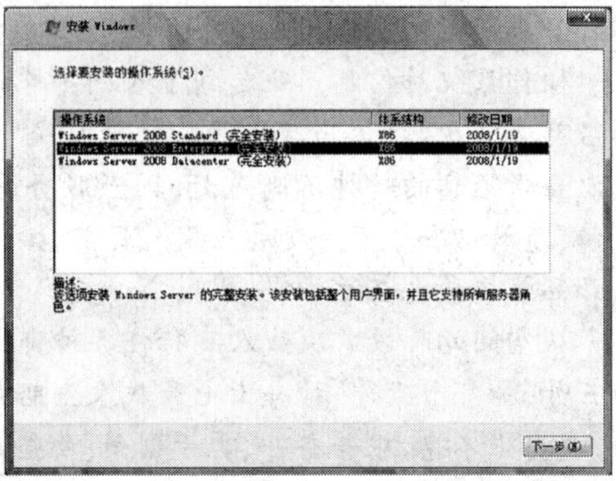

图 6-2　选择要安装的操作系统版本

(5)阅读许可条款后,选中"我接受许可条款",单击"下一步"。

(6)单击"自定义(高级)",如图 6-3 所示。因为这是全新安装操作系统,所以此窗口不允许运行升级安装。

(7)选择将要安装 Windows Server 2008 的磁盘分区,单击"驱动器选项(高级)",如图 6-4 所示。

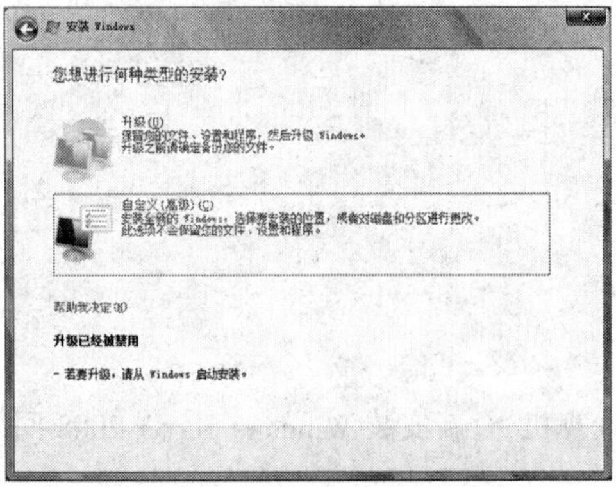

图 6-3　选择安装类型

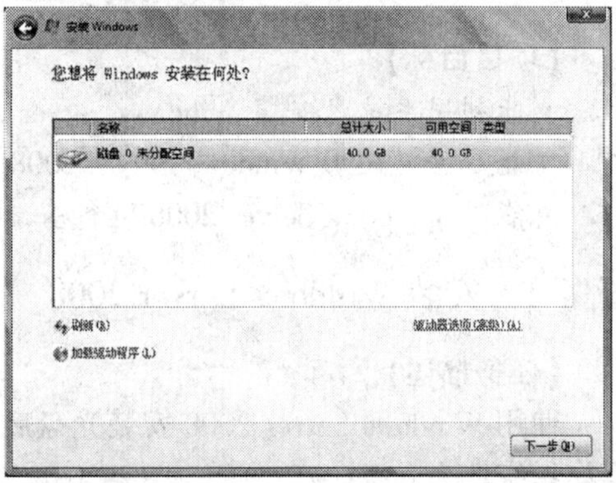

图 6-4　安装磁盘分区

(8)单击"新建",创建磁盘分区,如图 6-5 所示。

(9)单击“格式化”，格式化选中的系统磁盘分区，如图 6-6 所示。

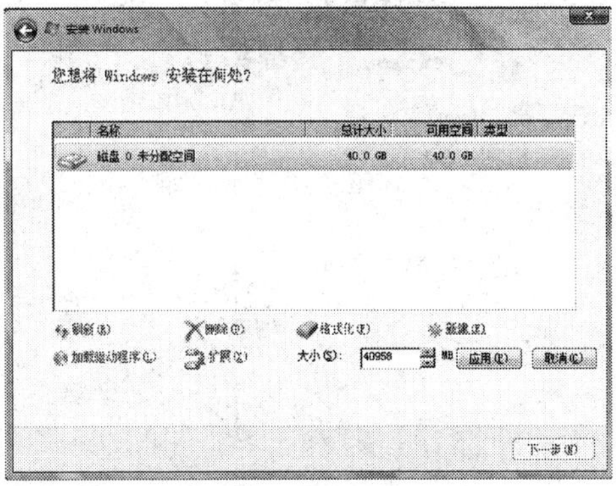

图 6-5　新建磁盘分区

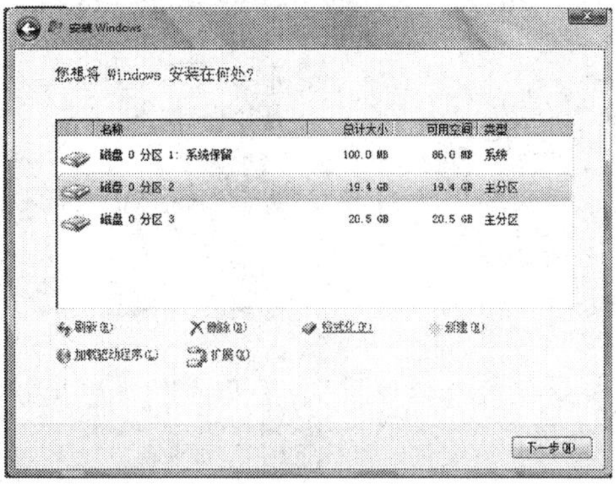

图 6-6　格式化磁盘分区

(10)安装程序开始安装 Windows，如图 6-7 所示。

(11)安装完成后，计算机将自动重启进入 Windows Server 2008 操作系统。第一次启动 Windows Server 2008 时，以系统管理员账户 Administrator 登录系统，并要求更改 Administrator 的密码。单击“确定”后输入新密码，确认新密码，如图 6-8 所示。

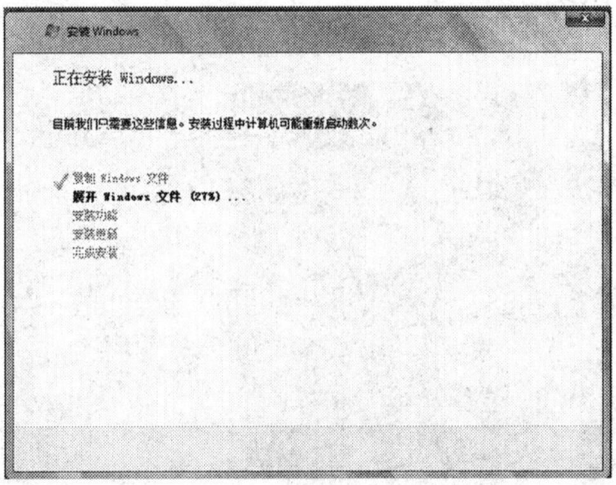

图 6-7　安装 Windows

图 6-8　登录密码更改

提示：Windows Server 2008 系统默认的用户密码最少 6 个字符，且不能包含用户账户名称中超过 2 个以上的连续字符，还要至少包含大写字母、小写字母、数字、符号(如!、#、$、%等)等 4 组字符中的 3 组。如 ABab12 就是一个有效的密码，而 abcdef 是无效的密码。

(12)输入用户名和新密码登录后，将自动弹出图 6-9 所示的“初始配置任务”窗口，关闭窗口，暂时不进行配置。接着弹出“服务器管理器”窗口，也关闭窗口，暂时不进行配置。

(13)单击屏幕左下角的“开始”菜单，单击电源图标或向右箭头后可以选择“关机”，选择“注销”后会结束目前正在运行的应用程序，选择“锁定”后，所有的应用程序仍会继续运行。也可以通过同时按 Ctrl+Alt 键不放，再按 Del 键，之后从所显示的窗口来选择锁定、注销或关机。

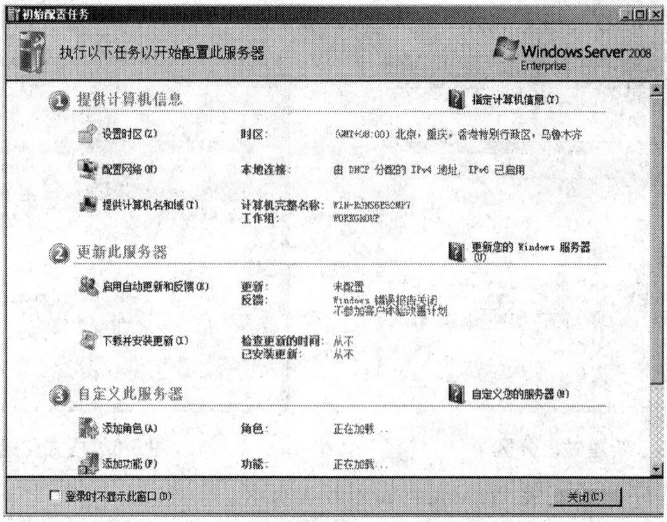

图 6-9　初始配置任务

(14)以后计算机启动时屏幕上会显示登录界面,如图 6-10 所示,此时按 Ctrl+Alt+Del 键,再输入系统管理员(Administrator)密码登录系统。

图 6-10　登录界面

任务 2　Windows Server 2008 的基本配置

【任务描述】

Windows Server 2008 安装完成后,并不能立刻投入使用,还需要进行必要的基本配置。

【任务分析】

需要对系统进行计算机属性、网络、时间和日期、虚拟内存等基本设置后,计算机才能正常进行联网操作。

【操作步骤】

1. 设置计算机名和域

(1)单击“开始”→“控制面板”→“系统”,打开“系统”对话框,如图 6-11 所示。在该图中显示了计算机的基本信息,还可进行设备管理、远程设置以及高级系统设置。

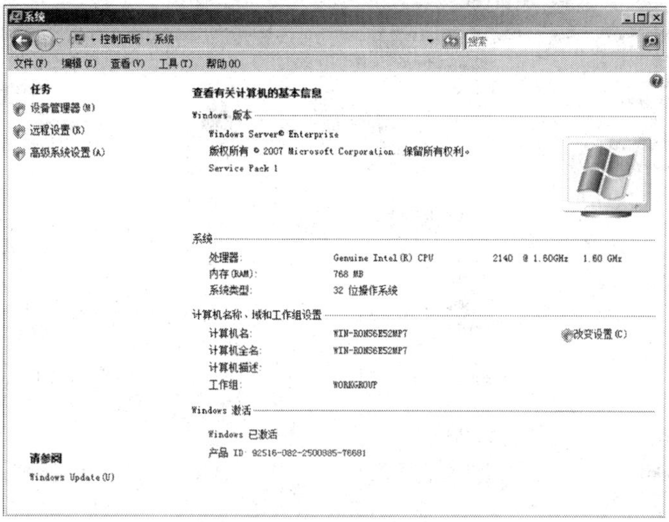

图 6-11　“系统”界面对话框

(2)单击“高级系统设置”,打开“系统属性”对话框,选择“计算机名”选项卡,如图 6-12 所示。单击“更改”按钮,打开“计算机名/域更改”对话框,输入自己设定的计算机名称,然后选择自己的计算机是属于域还是工作组,单击“确定”按钮,如图 6-13 所示。在加入域时,需要在域控制器中建立一个账号,加入域的计算机在登录到域的过程中需要输入相应的账号和密码。

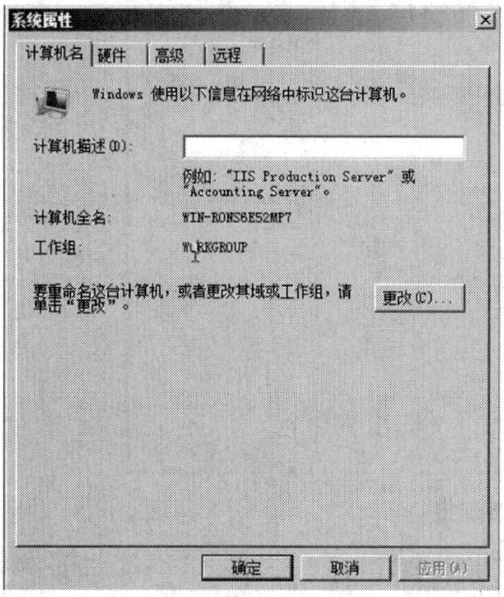

图 6-12　计算机名

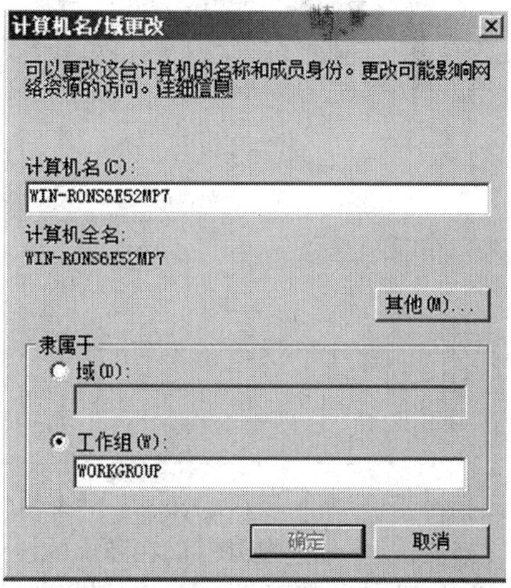

图 6-13　计算机名/域更改

2. 配置网络

(1)单击“开始”→“控制面板”→“网络”→“网络和共享中心”,打开“网络和共享中心”对话框,该对话框中可以设置连接或网络以及管理网络连接,如图 6-14 所示。

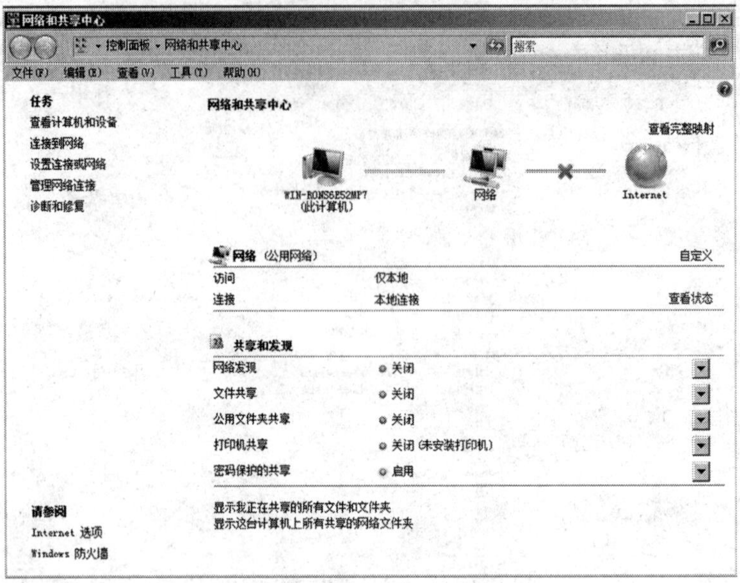

图 6-14　“网络和共享中心”对话框

(2)单击“管理网络连接”,打开“网络连接”对话框,出现“本地连接”,如图 6-15 所示。

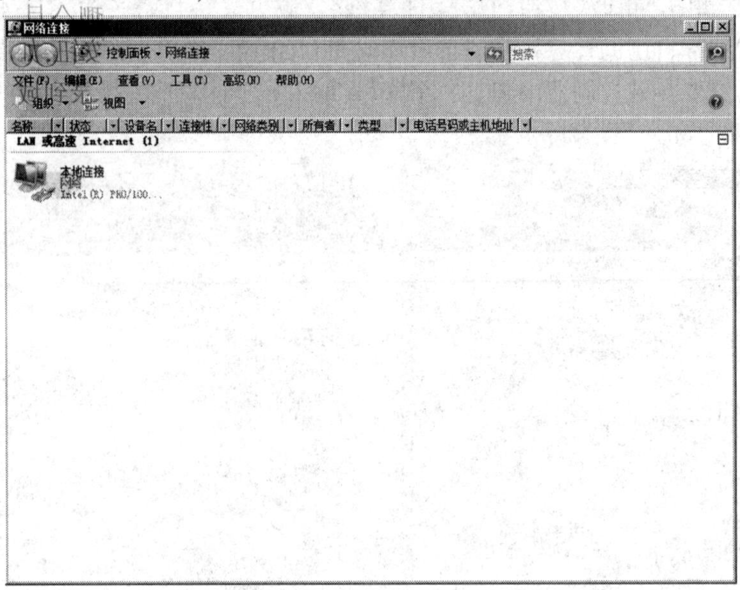

图 6-15　网络连接

(3)右击“本地连接”图标,在弹出的快捷菜单中选择“属性”,打开“本地连接 属性”对话框,如图 6-16 所示。双击“Internet 协议版本 4”,打开“Internet 协议版本 4(TCP/IPv4)属性”设置对话框,在对话框中可以设置 IP 地址、子网掩码、默认网关以及首选、备用DNS服务器地址,如图6-17所示。

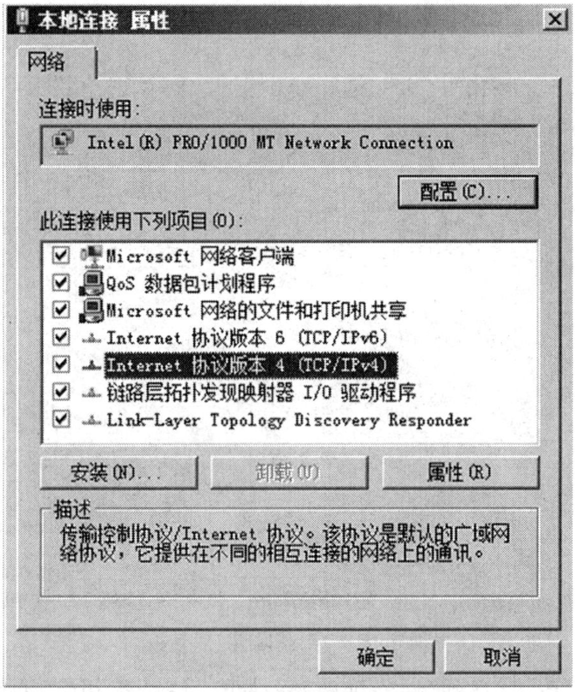

图6-16　“本地连接属性”对话框

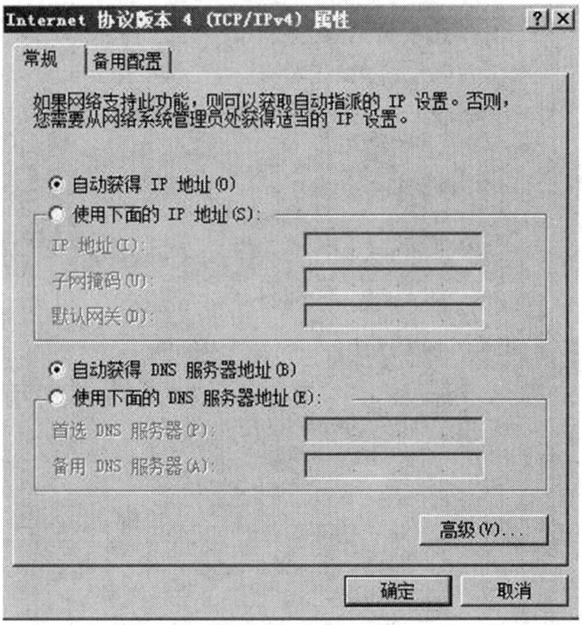

图6-17　“Internet协议版本4(TCP/IPv4)属性”对话框

3. 调整虚拟内存大小

(1)单击“开始”→“控制面板”→“系统”,打开“系统”对话框,在该对话框中单击“高级系统设置”,打开“系统属性”对话框,选择“高级”选项卡,如图 6-18 所示。

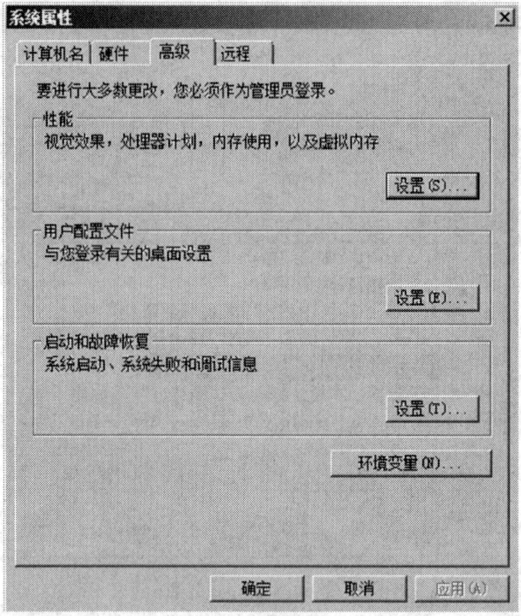

图 6-18 “系统属性”对话框

(2)单击“设置”按钮,打开“性能选项”对话框,选择“高级”选项卡,可以看到当前计算机的虚拟内存容量为 1 322 MB,如图 6-19 所示。

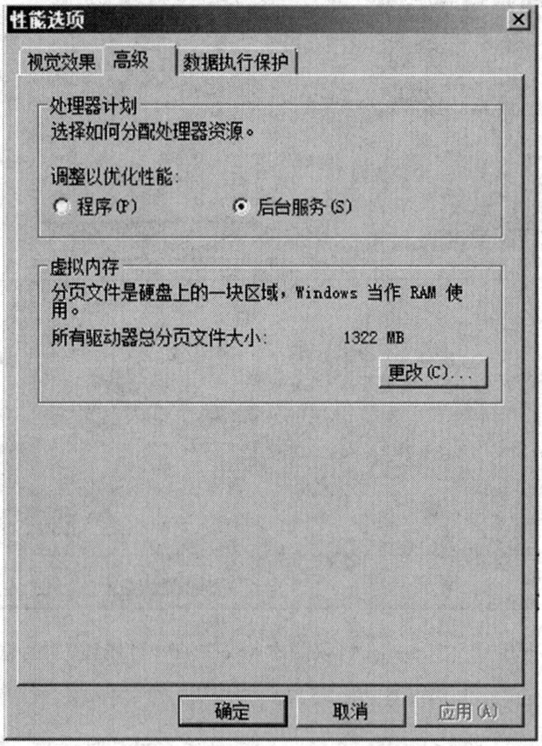

图 6-19 “性能选项”对话框

(3)单击"更改"按钮,打开"虚拟内存"对话框,选择"自定义大小"单选框,设置初始大小和最大值为预定大小,单击"设置"按钮,单击"确定"并重启计算机完成虚拟内存的设置,如图6-20所示。

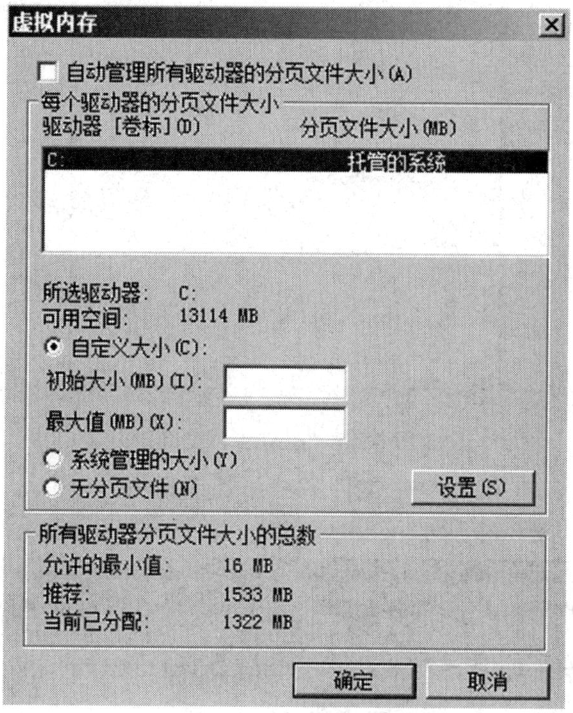

图6-20　"虚拟内存"对话框

4. 设置管理控制台

Microsoft管理控制台(MMC)集成了可以用于管理网络、计算机、服务和其他系统组件的管理工具,支持独立管理单元和扩展管理单元。

(1)单击"开始"→"运行",打开"运行"对话框,在对话框中输入命令"mmc",如图6-21所示。单击"确定"按钮,出现"控制台1"窗口,如图6-22所示。

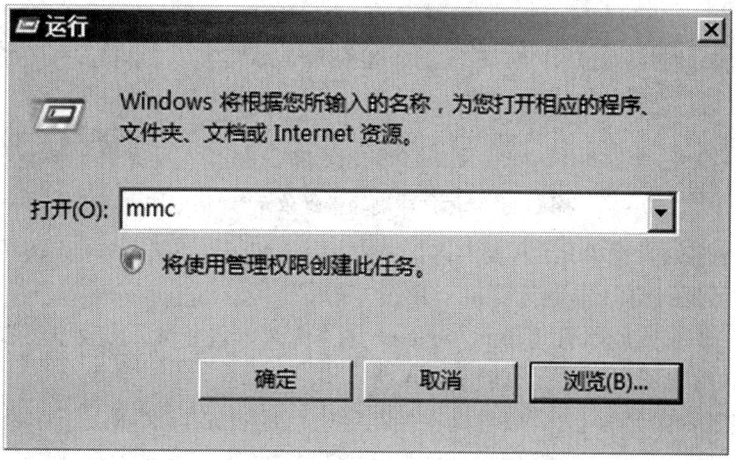

图6-21　"运行"对话框

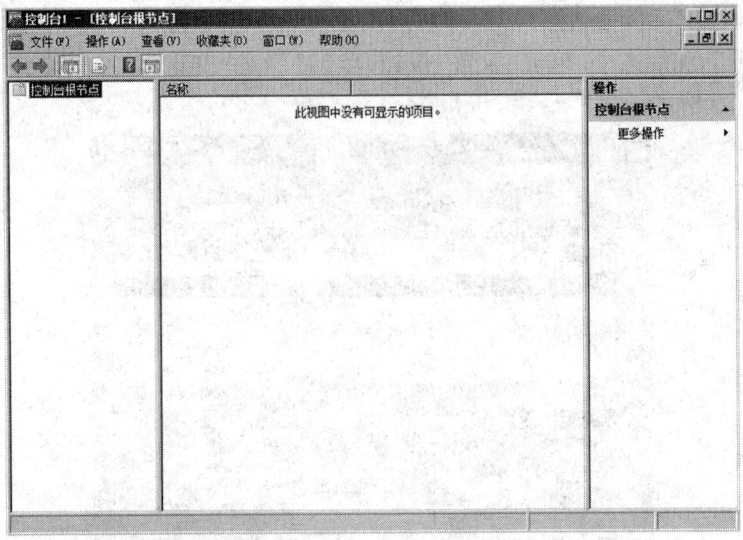

图 6-22 “控制台 1”窗口

(2)在 MMC 中,单击菜单栏中“文件”→“添加或删除管理单元”,打开“添加或删除管理单元”对话框,如图 6-23 所示。

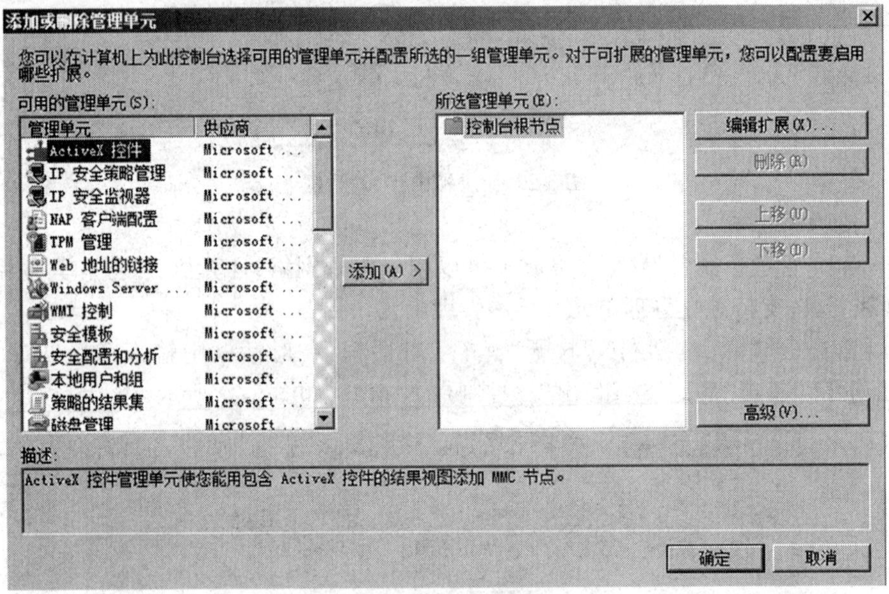

图 6-23 “添加或删除管理单元”对话框

(3)在“可用的管理单元”列表中选择“本地用户和组”,单击“添加”按钮,弹出“选择目标机器”对话框,选择“本地计算机”,单击“完成”。

(4)返回“添加或删除管理单元”对话框,在“所选管理单元”列表中可以看到已经添加了“本地用户和组”管理单元,如图 6-24 所示。

(5)在控制台主界面上,可以看到在控制台中已经添加了“本地用户和组”管理单元,如图 6-25 所示。

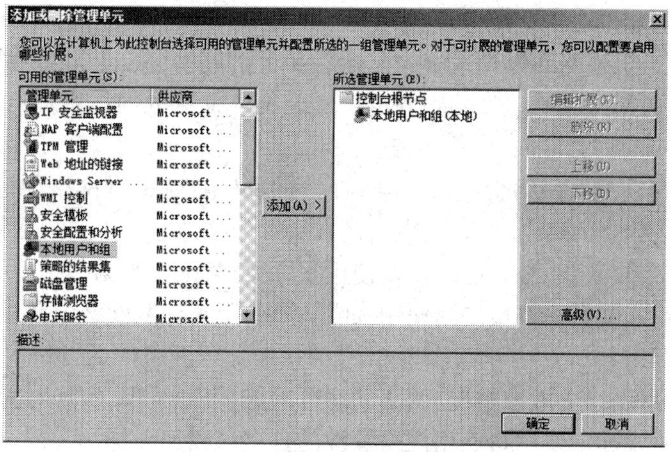

图 6-24　添加管理单元

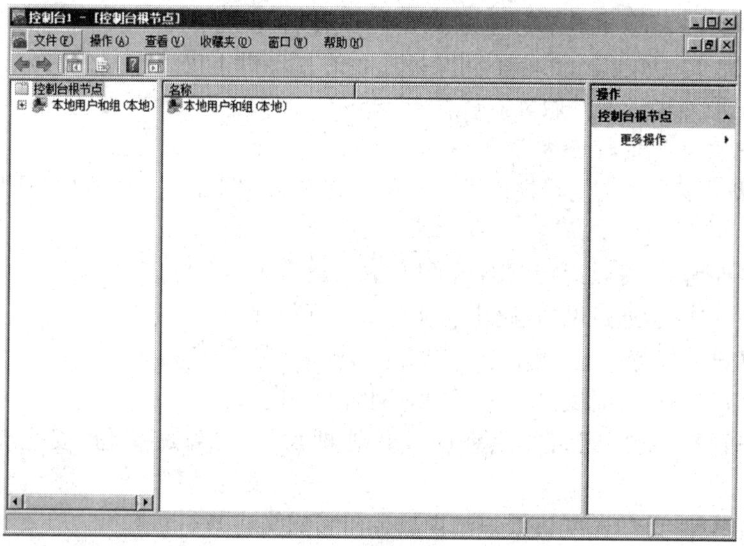

图 6-25　已配置控制台

【知识链接】

1. 网络操作系统

网络操作系统(Network Operating System,NOS)是使网络中各计算机能方便而有效地共享网络资源,为网络用户提供所需的各种服务的软件和有关规则的集合。通常的操作系统具有处理机管理、存储器管理、设备管理及文件管理,而网络操作系统除具有上述的功能外,还具有提供高效、可靠的网络通信能力和提供多种网络服务的功能。

1)网络操作系统的功能

(1)数据通信功能。数据通信是计算机网络的最基本功能,是实现资源共享的基础,其任务是在源主机和目标主机之间实现无差错的数据传输。

(2)资源共享功能。实现资源共享是计算机网络的重要功能之一,计算机网络中可以共享的资源很多,如文件、数据和各类硬件资源等。网络操作系统会提供有效的安全管理机制,对网络中的共享资源实施有效的管理。

(3)网络服务功能。网络服务是网络建立的主要形式，网络操作系统必须提供各种网络服务功能。为保证网络操作系统的灵活性和可扩展性，大部分的网络功能通常是通过系统内置的各种组件和第三方的服务组件实现的。常见的网络服务有电子邮件、文件传输、DNS、DHCP、Web、Telnet、目录服务等。

(4)网络管理功能。网络管理可以增强网络的可用性，提高网络的运行质量和资源利用率，保障网络数据的安全性，提高网络的社会和经济效益。主要的网络管理功能有配置管理，涉及定义、收集、监视和控制以及使用配置数据，配置数据包括网络中静态和动态信息等重要资源，这些数据要被广泛使用；故障管理，用来检测网络中所发生的异常事件；性能管理，收集网络各部分使用情况的统计数据，来分析网络的运行情况、网络的响应时间、网络的吞吐量、网络的阻塞情况、网络的运行趋势；安全管理，实现对受限资源的访问；计费管理，用于监视和记录用户使用网络资源的种类、数量和时间。

(5)互操作功能。所谓互操作，在客户机/服务器模式的局域网环境下，是指连接在服务器上的多种客户机和主机，不仅能与服务器通信，还能以透明的方式访问服务器上的文件系统；在互联网环境下，是指不同网络之间的客户机不仅能够通信，而且能以透明的方式访问其他网络中的文件服务器。

2)网络操作系统的特征

网络操作系统为网上用户提供了便利的操作和管理平台，一个典型的网络操作系统一般具有以下特征。

(1)与硬件无关：可以运行在不同的网络硬件(如网卡)上。

(2)广域网连接：通过网桥、路由功能与别的网络连接。

(3)多客户端支持：可连接多个客户端。

(4)多用户支持：同时支持多个用户对网络的访问。

(5)网络管理：支持网络实用程序及其管理功能，如系统备份、安全管理、性能控制等。

(6)系统容错：能防止主机系统出现故障而影响网络的正常运行。

(7)安全性和存取控制：通过设置用户对网络访问的权限，可以有效地实现对用户资源的控制。

(8)用户界面：提供了丰富的网络用户界面。

3)网络操作系统分类

目前，可供选择的网络系统多种多样，涉及的因素也很多，而网络操作系统是建立网络的关键因素之一。常见的网络操作系统有 Windows、NetWare、Unix、Linux 等。

(1)Windows 类。

对于这类操作系统相信用过电脑的人都不会陌生，这是全球最大的软件开发商——Microsoft(微软)公司开发的。微软公司的 Windows 系统不仅在个人操作系统中占有绝对优势，在网络操作系统中也具有非常强劲的力量。这类操作系统在整个局域网配置中是最常见的，但由于它对服务器的硬件要求较高，且稳定性不是很高，所以微软的网络操作系统在中低档服务器中应用比较普遍，而高端服务器采用 Unix、Linux 或 Solairs 等非 Windows 操作系统的比例比较大。

在整个 Windows 网络操作系统中最为成功的是 Windows NT 4.0 系统，它几乎成为中小型企业局域网的标准操作系统。首先，它继承了 Windows 家族统一的界面，使用户学习、使用起来更加容易。其次，它的功能比较强大，基本上能满足所有中小型企业的各项网络要求。目前，Microsoft 已停止对 Windows NT Server 进行所有升级服务，市场上已无正版产品的销售。

2008 年 2 月，微软正式发布了新一代服务器操作系统 Windows Server 2008。作为 Windows Server 2003 的换代产品，Windows Server 2008 对构成 Windows Server 产品的内核代码库进行了根本性的修订。Windows Server 2008 是具有较高的易管理性、安全性、可靠性和效率的新一代网络操作系统。Windows Server 2008 中虚拟化技术的应用能够最大限度地实现提高硬件的利用率，合并工作量，节约管理成本。

Windows Server 2008 发行了多种版本，以支持各种规模的企业对服务器不断变化的需求。Windows Server 2008 Standard（标准版）内置的强化 Web 和虚拟化功能，是专为增加服务器基础架构的可靠性和弹性而设计，可节省时间及降低成本。利用功能强大的工具，让用户拥有更好的服务器控制能力，并简化设定和管理工作。而增强的安全性功能则可强化操作系统，以协助保护数据和网络，并可为用户的企业提供扎实且可高度信赖的基础。Windows Server 2008 Enterprise（企业版）可提供企业级的平台，部署企业关键应用。其所具备的群集和热添加（Hot-Add）处理器功能，可协助改善可用性，而整合的身份管理功能，可协助改善安全性，利用虚拟化授权权限整合应用程序，则可减少基础架构的成本。因此，Windows Server 2008 Enterprise 能为高度动态、可扩充的 IT 基础架构提供良好的基础。Windows Server 2008 Datacenter（数据中心版）所提供的企业级平台，可在小型和大型服务器上部署企业关键应用及大规模的虚拟化。其所具备的群集和动态硬件分割功能，可改善可用性，而通过无限制的虚拟化许可授权来巩固应用，可减少基础架构的成本。此外，此版本可支持 2~64 台处理器，因此 Windows Server 2008 Datacenter 能够提供良好的基础，用以建立企业级虚拟化和扩充解决方案。Windows Web Server 2008（Web 版）是特别为单一用途 Web 服务器而设计的系统，而且是建立在下一代 Windows Server 2008 中坚若磐石的 Web 基础架构功能的基础上，整合了重新设计架构的 IIS 7.0、ASP .NET 和 Microsoft. NET Framework，以便提供给企业快速部署网页、网站、Web 应用程序和 Web 服务。

（2）NetWare 类。

Novell 公司在 1983 年开始推出 NetWare 操作系统。NetWare 是一个真正的网络操作系统，而不是其他操作系统下的应用程序。它直接对微处理器编程，因而伴随着最新的微处理器一起发展，充分利用微处理器的高性能，从而达到高效的服务。NetWare 的特点是支持各种硬件，支持多种网络平台的互联，如 DOS、OS/2、Windows、Macintosh 等具有广泛的网络互联性能。Novell 提供内桥、外桥、远程桥等多种互联选件，从而将具有相同或不同的网络接口卡、不同协议和不同拓扑结构的网络连接起来。另外，还具有出色的容错特性，NetWare 提供一、二、三级容错，整体系统的保密性、安全性好。NetWare 4.0 以后的版本提供的目录服务，更好地支持多服务器网络，实现单一的全局的系统管理。

（3）Unix 系统。

Unix 分为两大类，分别是由厂商支持的 Unix System V 家族和 BSD 家族，最新版本主要有 SUN 的 Solaris 11、FreeBSD 10.0 等。Unix 支持网络文件系统服务、提供数据等应用,功能强大。这种网络操作系统稳定和安全性能非常好,但由于它多数是以命令方式来进行操作的,不容易掌握,特别是初级用户。正因为如此,小型局域网基本不使用 Unix 作为网络操作系统,Unix 一般用于大型的网站或大型的企事业局域网。Unix 网络操作系统历史悠久,其良好的网络管理功能已为广大网络用户所接受,拥有丰富的应用软件的支持。

(4)Linux。

Linux 最大的特点就是源代码开放,可以免费得到许多应用程序。最新版本主要有红帽公司的 RHEL 9(企业版)、由红帽公司赞助的免费的 Fedora 39(桌面版)、免费的 CentOS 8、国产的 KylinOS(银河麒麟)等。其优点主要体现在安全性和稳定性方面,与 Unix 有许多类似之处。Linux 是一种自由软件,在遵守自由软件联盟协议下,用户可以自由地获取程序及其源代码,并能自由地使用它们,包括修改和复制等。Linux 是网络时代的产物,在互联网上经过了众多技术人员的测试和除错,并不断被扩充和完善。正是因为这些特点,Linux 在商业应用领域中获得了飞速的发展。

总的来说,对特定计算环境的支持使得每一个操作系统都有适合于自己的工作场合,这就是系统对特定计算环境的支持。例如,Windows 7 适用于桌面计算机,Linux 目前较适用于小型网络,而 Windows Sever 2008 和 Unix 则适用于大型服务器应用程序。因此,对于不同的网络应用,需要用户有目的地选择合适的网络操作系统。

2. Windows Server 2008 安装需求

(1)CPU 最小速度。Windows Server 2008 提供有 X86 版本和 X64 版本,目前主流的处理器都能够支持 64 位。处理器的最小速度为 1 GHz (X86 处理器)、1.4 GHz (X64 处理器),建议 2 GHz 或更快。

(2)最小内存:512 MB;推荐内存:2GB 或更大。

最大内存:32 位系统,4 GB(Standard)或 64 GB(Enterprise、Datacenter)。

64 位系统,32 GB(Standard)或 2 TB(Enterprise、Datacenter、Itanium-based 系统)。

(3)安装所需空间。最小空间:10GB;推荐空间:40GB 或更大。

3. Windows Server 2008 的安装类型

有全新安装和升级安装两种。

4. 硬盘的分区方式

执行全新安装时,需要决定硬盘的分区方式。一块硬盘通常分成多个分区,一个主分区和多个扩展分区,每个分区以一个盘符形式表示。安装 Windows Server 2008 操作系统的分区叫引导分区,包括运行 Windows Server 2008 所需要文件,通常安装到主分区。

5. 文件系统

Windows Server 2008 所支持的文件系统包括 NTFS、FAT、FAT32。NTFS 安全级别最高,是最佳的配置方式。

总结与回顾

Windows Server 2008 是一种高度集成、安全可靠、功能强大的网络操作系统,用来帮助企业级客户降低成本并提高IT运营的效率和有效性。本单元主要介绍了Windows Server 2008的安装,计算机属性、网络、虚拟内存、管理控制台等基本配置,网络操作系统简介、网络架构、安装需求和类型等内容。

通过本项目的学习,要了解网络操作系统的基本理论知识,能安装Windows Server 2008网络操作系统,并设置系统的基本配置。

实训与练习

一、选择题

1. Windows Server 2008所支持的文件系统不包括________。

A. NTFS　　B. EXT3　　C. FAT　　D. FAT32

2. 操作系统的四大基本功能包括处理机管理、存储器管理、设备管理及________。

A. 服务器管理　　B. I/O管理　　C. 程序管理　　D. 文件管理

3. 计算机网络的最基本功能是________。

A. 数据通信　　B. 资源共享　　C. 网络服务　　D. 网络管理

4. 以下________不是Windows的网络架构。

A. 工作组架构　　B. 域架构

C. 工作组与域混合架构　　D. 单机架构

二、填空题

1. Windows Server 2008的安装类型有________和________两种。

2. 工作组网络也被称为________,因为网络上的每一台计算机的地位都是平等的,它们的资源与管理分散在各个计算机上。

3. 网络操作系统的________功能可以增强网络的可用性,提高网络的运行质量和资源利用率,保障网络数据的安全性。

三、简答题

1. 简述网络操作系统的定义及功能。

2. 简述Windows Server 2008各版本的特点。

3. 简述Windows不同网络架构的特点。

四、实训题

1. 在虚拟机软件VMware Workstation中,全新安装Windows Server 2008。

2. 在虚拟机软件VMware Workstation中,对安装好的Windows Server 2008进行基本配置。

第7单元　DHCP 服务器

【课程思政】

在2016年的政府工作报告中提出：大力推进“互联网+政务服务”，实现部门间数据共享，让居民和企业少跑腿、好办事、不添堵。简除烦苛，禁察非法，使人民群众有更平等的机会和更大的创造空间。通过互联网技术的引入，大大提高政务服务的效率，提升公众的满意度，真正体现了“以人民群众为中心”的理念，让人民群众能够足不出户办业务。网络技术为社会发展的各个方面提供着便利。要善用网络技术为人民服务，为人民群众提供便利。

DHCP 服务器在网络管理中也提供着便利。配置好 DHCP 服务器后，网络中的计算机可以自动获取 IP 地址。避免了繁琐的为每台计算机配置固定 IP 地址的工作，也避免了由于粗心大意导致的 IP 冲突的问题。

Windows Server 2008 提供了主机动态配置协议(Dynamic Host Configuration Protocol, DHCP)。DHCP 是一种简化主机 IP 地址分配管理的 TCP/IP 标准协议，它能够动态地向网络中每台设备分配唯一的 IP 地址，并提供安全、可靠、简单的 TCP/IP 网络配置。

在 TCP/IP 的网络中，每台计算机都必须拥有唯一的计算机名和 IP 地址，才能够与网络中其他的计算机进行通信。计算机获取 IP 地址有两种途径，手动配置和自动获取。当网络的规模比较大的时候，手动配置 IP 地址的工作量会很大，而且容易出错，此时采用 DHCP 的方式让计算机自动获取 IP，能够杜绝 IP 地址重复等错误，减轻网络管理员的工作负担。

项　目　配置 DHCP 服务器

【项目目标】

- 能够安装和配置 DHCP 服务器。
- 能够设置 DHCP 客户端与实验验证。

任务1　安装 DHCP 服务器

【任务描述】

网络管理员通过 DHCP 的方式让网络中的计算机自动获取 IP 地址等网络参数。

【任务分析】

若要使计算机自动获取 IP 地址，就必须在网络中存在能够提供地址分配功能的 DHCP 服务器，若要使 Windows Server 2008 成为 DHCP 服务器，必须安装 DHCP 服务。

【操作步骤】

(1)选择“开始”菜单的“服务器管理器”,单击“角色”右边的“添加角色”,打开“添加角色向导”页面,在打开的“选择服务器角色”对话框中,选择“DHCP 服务器”,如图 7-1 所示。

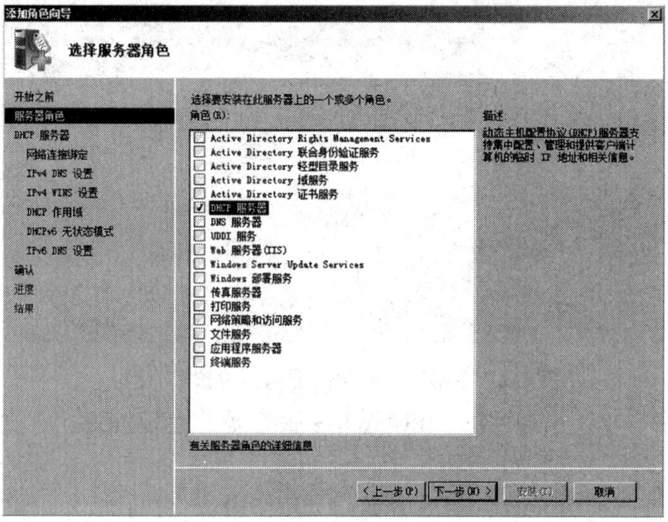

图 7-1　选择 DHCP 服务器角色

(2)单击“下一步”,出现“DHCP 服务器”对话框(这里显示的是注意事项和 DHCP 的简介)。接着单击“下一步”,如图 7-2 所示,出现“选择网络连接绑定”对话框,为 DHCP 服务器指定一个网络连接。

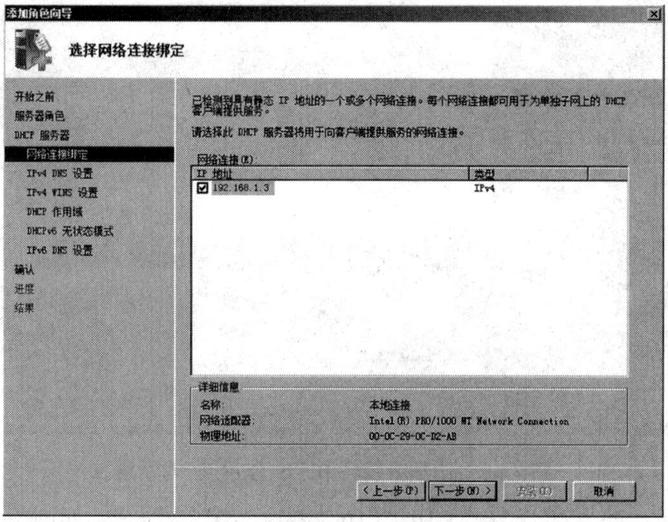

图 7-2　“选择网络连接绑定”对话框

(3)单击“下一步”,出现“指定 IPv4 DNS 服务器设置”对话框,如图 7-3 所示。在这里设置父域和首选 DNS 服务器 IPv4 地址提供给 IPv4 客户端计算机,如果该 DHCP 服务器不在域中,可以不设置。

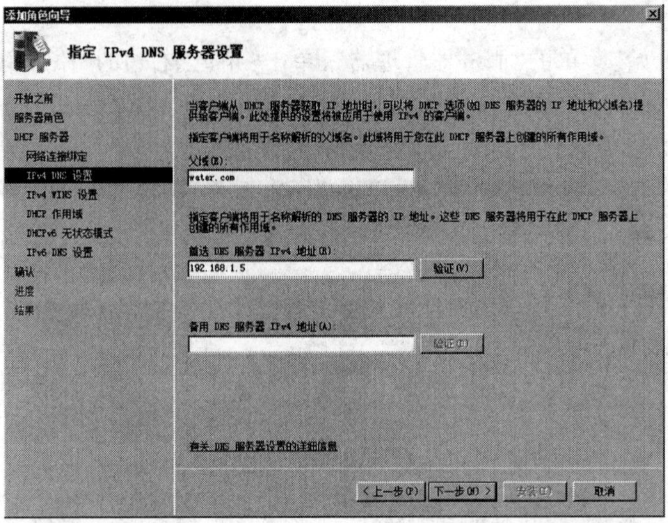

图 7-3　“指定 IPv4 DNS 服务器设置”对话框

(4)单击“下一步”,出现“指定 IPv4 WINS 服务器设置”对话框,在这里选择“此网络上的应用程序不需要 WINS”单选框。

(5)单击“下一步”,出现“添加或编辑 DHCP 作用域”对话框,作用域也可以在 DHCP 服务器角色安装完成之后添加,这里先不添加作用域,如图 7-4 所示。

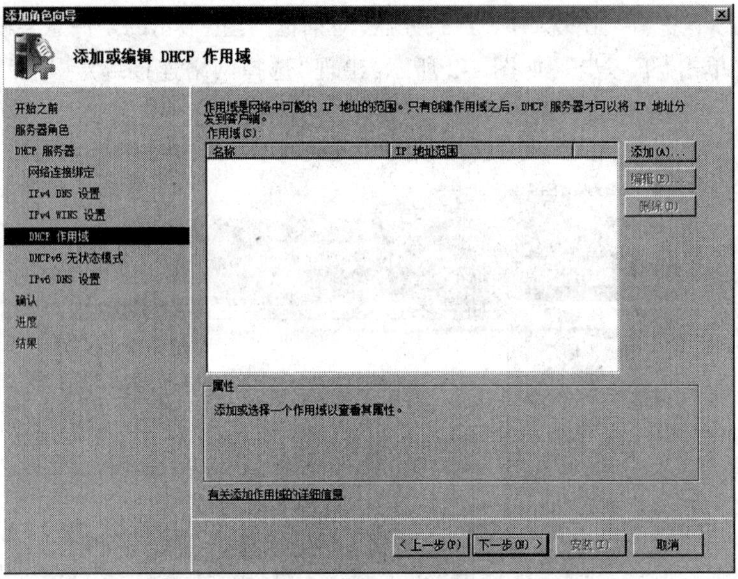

图 7-4　“添加或编辑 DHCP 作用域”对话框

(6)单击“下一步”,出现“配置 DHCPv6 无状态模式”对话框,如图 7-5 所示。这里选择“对此服务器禁用 DHCPv6 无状态模式”禁用该功能。

(7)单击“下一步”,出现“授权 DHCP 服务器”对话框,如图 7-6 所示。在这里显示当前用户的凭据在 AD DS 中授权此 DHCP 服务器(如果计算机没有安装 AD,此步骤不出现)。

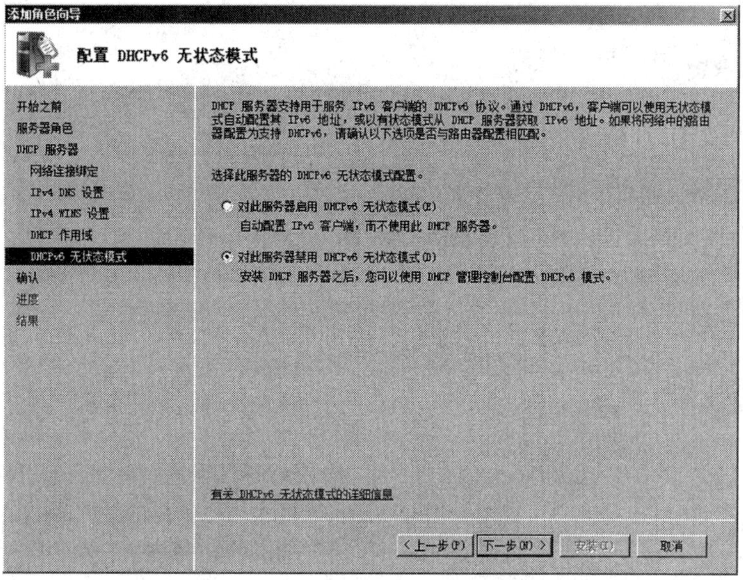

图 7-5　“配置 DHCPv6 无状态模式”对话框

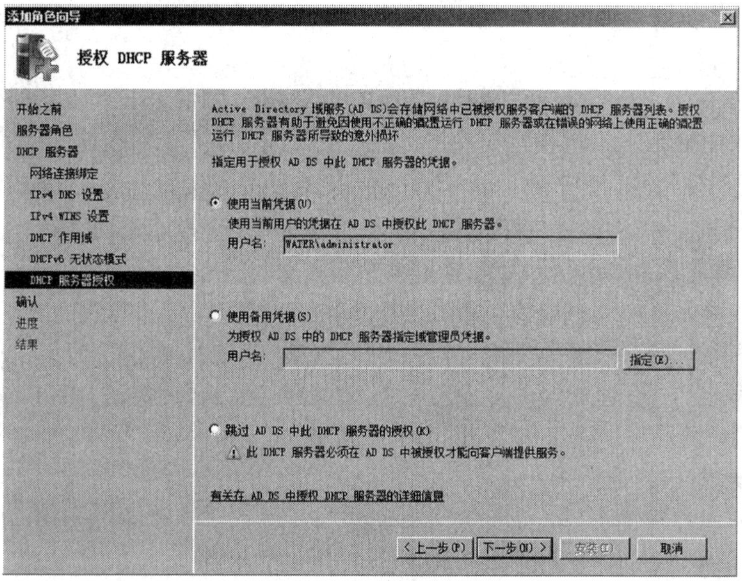

图 7-6　“授权 DHCP 服务器”对话框

(8)单击“下一步”,出现“确认安装选择”对话框,如图 7-7 所示。在这里显示要安装的服务器角色的信息。

(9)单击“安装”,开始安装 DHCP 服务器角色。完成后在“安装结果”对话框,点击“关闭”,即可完成 DHCP 服务器角色的安装。

任务 2　配置 DHCP 服务器

【任务描述】

在 DHCP 服务器中,设定一段 IP 地址的范围,当 DHCP 客户端请求得到 IP 地址时,

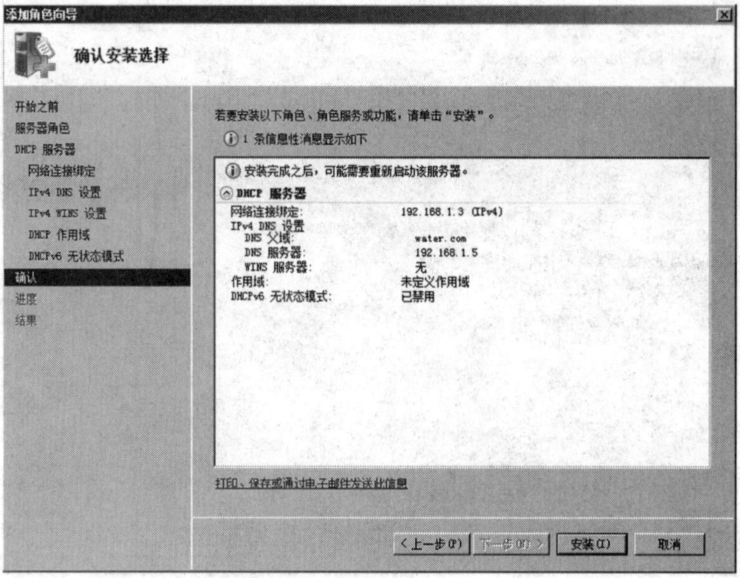

图 7-7　“确认安装选择”对话框

DHCP 服务器将从该范围内选取一个尚未使用的 IP 地址分配给 DHCP 客户端。

【任务分析】

当 DHCP 安装成功后，计算机便成为 DHCP 服务器，如果 DHCP 服务器位于域中，必须首先要为 DHCP 服务器提供授权操作，如图 7-6 所示，如果其不在域中，则不需要授权。如果 DHCP 服务器要提供 IP 地址分配的功能，就必须为它配置合适的 DHCP 作用域和一些作用域的选项。

【操作步骤】

1. DHCP 服务的停止和启动

1）使用“服务”控制台

单击“开始”→“管理工具”→“服务”，打开“服务”控制台，找到 DHCP Server，通过单击“启动”或者“停止”来开启或者关闭 DHCP 服务。

2）使用网络命令语言

在命令提示符界面中，输入命令“net stop　dhcpserver”可以停止 DHCP 服务。输入命令“net start dhcpserver”可以启动 DHCP 服务，如图 7-8 所示。

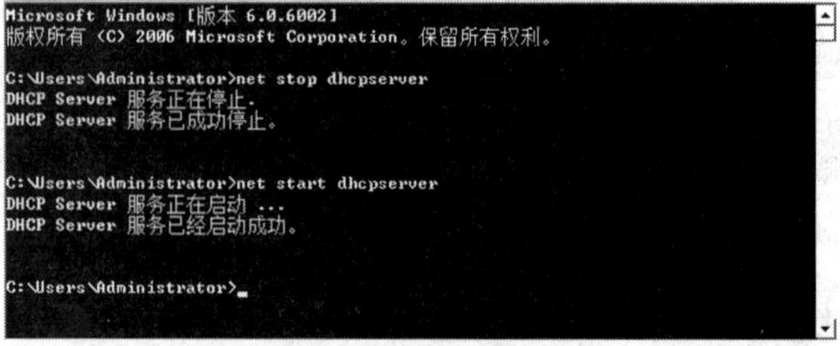

图 7-8　使用网络命令语言

3)使用 DHCP 控制台

单击“开始”→“管理工具”→“DHCP”,打开 DHCP 控制台,在左边目录树中右键点击服务器,通过选择“所有任务”的“停止”或“启动”来停止或启动 DHCP 服务,如图 7-9 所示。

2. 配置 DHCP 作用域

(1)打开 DHCP 控制台,在控制台树中展开“服务器”节点,右击 IPv4,选择“新建作用域”,如图 7-10 所示。

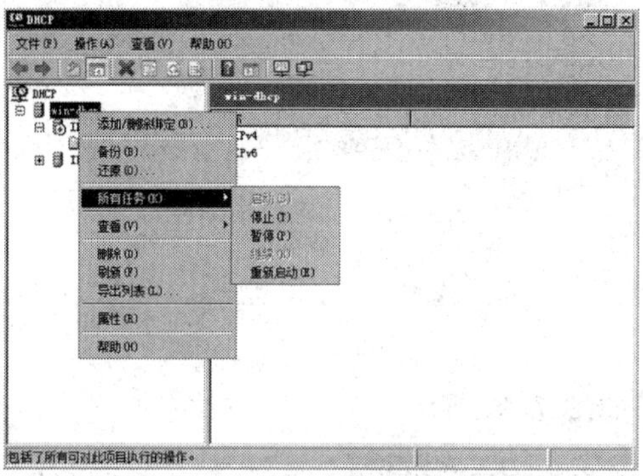

图 7-9 使用 DHCP 控制台

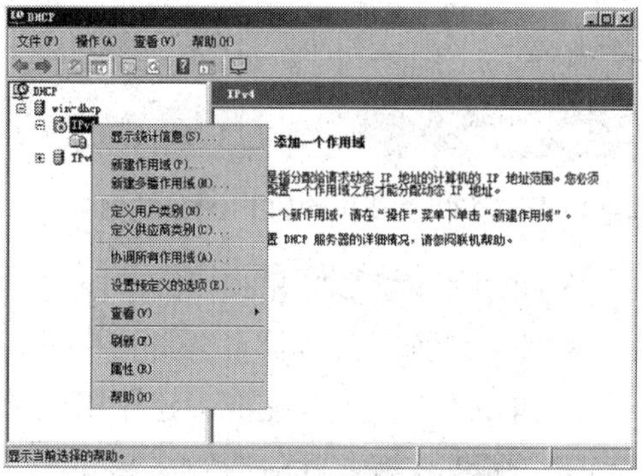

图 7-10 新建作用域

(2)单击“下一步”,在“新建作用域向导”中设置新建作用域的名称和描述,如图 7-11 所示。

(3)单击“下一步”,在“IP 地址范围”中输入该作用域的 IP 地址范围为“192. 168. 1. 20~192. 168. 1. 180”,子网掩码的长度为 C 类地址默认的 24 位,即“255. 255. 255. 0”,如图 7-12 所示。

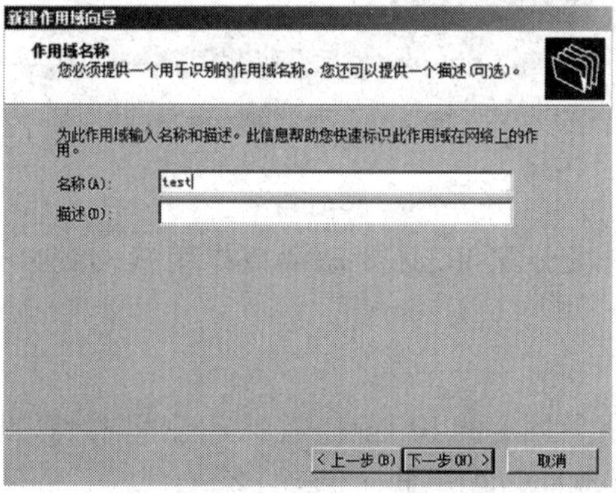

图 7-11 新建作用域的名称和描述

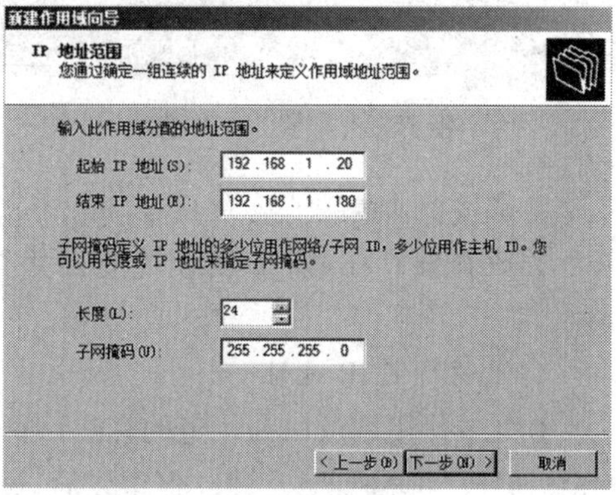

图 7-12 新建作用域的 IP 地址范围

(4)单击“下一步”,在“添加排除”对话框中填入在作用域的 IP 地址范围内不想被分配出去的 IP 地址。这里选择从 192. 168. 1. 30 到 192. 168. 1. 60,该范围内的 IP 地址将不会分配给客户机,如图 7-13 所示。

(5)单击“下一步”,出现“租用期限”对话框,这里设置的是客户机能够使用 IP 地址的时间,默认为 8 天,如图 7-14 所示。

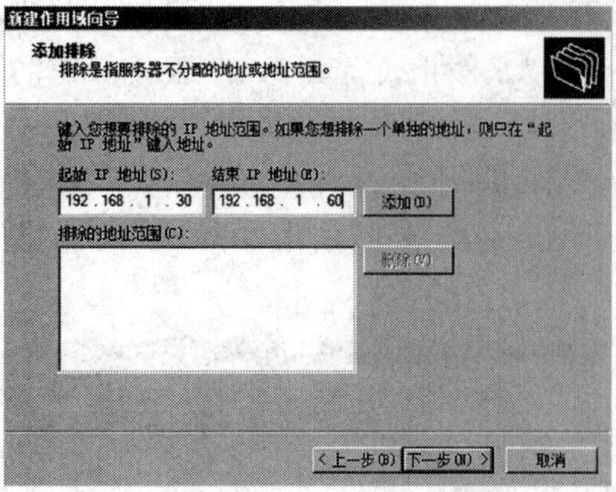

图 7-13　需要排除的 IP 地址范围

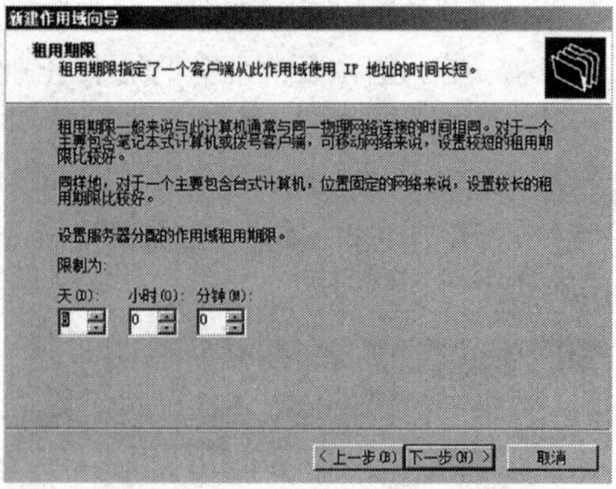

图 7-14　设置租用期限

(6)单击“下一步”,出现“配置 DHCP 选项”对话框,选择“否,我想稍后配置这些选项”,如图 7-15 所示。

(7)单击“下一步”,完成新建作用域,结果如图 7-16 所示。

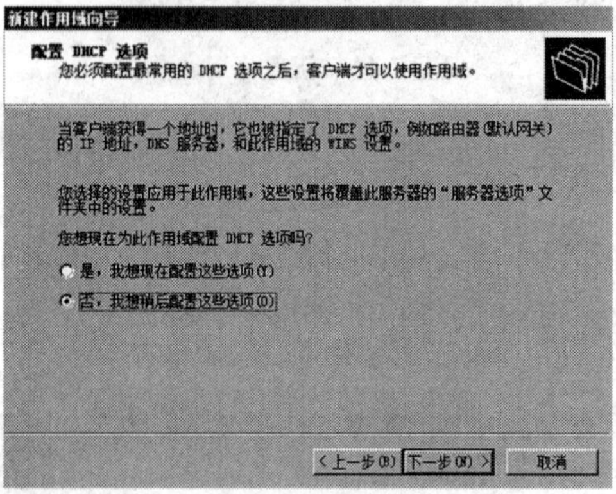

图 7-15　配置 DHCP 选项

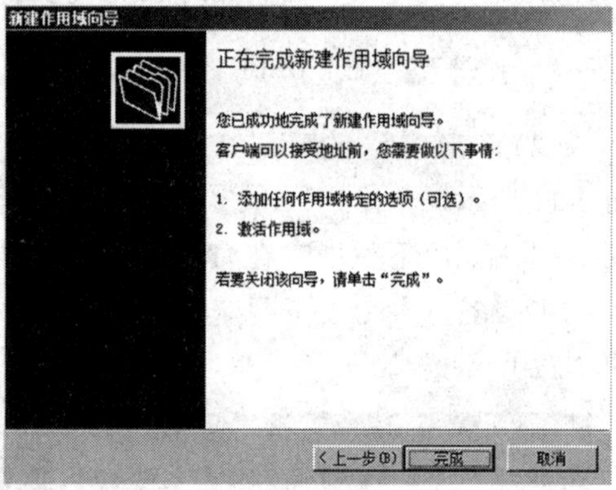

图 7-16　完成新建作用域

3. 激活作用域

完成新建作用域,为使作用域能给客户机分配 IP,还要激活该作用域,如图 7-17 所示。

4. 保留特定 IP 地址

DHCP 作用域可以为特定的客户计算机保留固定的 IP 地址,需要绑定客户计算机的 MAC 地址(物理地址)。建立保留以后,该 IP 地址只能分配给特定的客户计算机,方便客户机需要拥有固定 IP 地址的需求。设置方法,如图 7-18 所示,在 DHCP 的控制平台,展开作用域,右击“保留”,选择“新建保留”选项。在如图 7-19 所示的对话框中填入保留名称、需要保留的 IP 地址和客户机的 MAC 地址。此处为保留名为“FTP 服务器”、MAC 地址为“00-0C-29-32-EA-1F”的客户机,保留 IP 地址“192.168.1.100”。

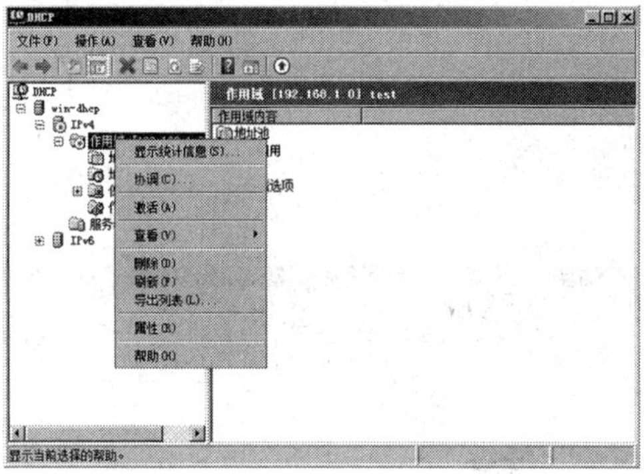

图 7-17 激活作用域

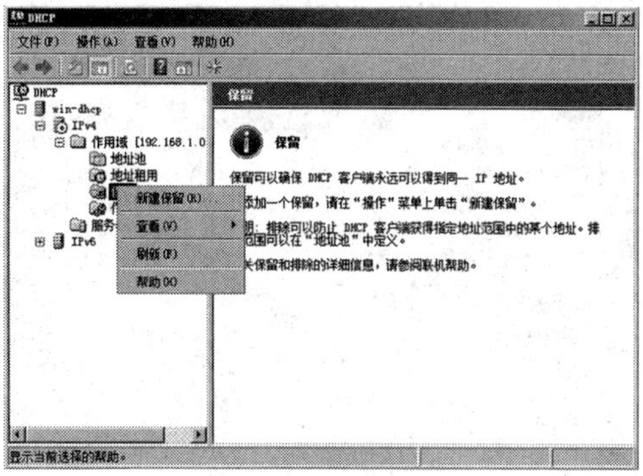

图 7-18 新建保留

完成配置以后，MAC 地址为“00-0C-29-32-EA-1F”的客户机将一直使用“192.168.1.100”这个固定的 IP 地址。

5. 配置 DHCP 作用域选项

DHCP 作用域选项是 DHCP 服务器给客户机分配除 IP 地址、子网掩码外的相关网络参数（如网关地址、DNS 服务器地址等）的选项。下面以给客户机分配“网关地址”为例说明。

（1）打开“DHCP 控制台”→“展开服务器”→“IPv4”→“作用域”，右击“作用域选项”，选择“配置选项”，如图 7-20 所示。

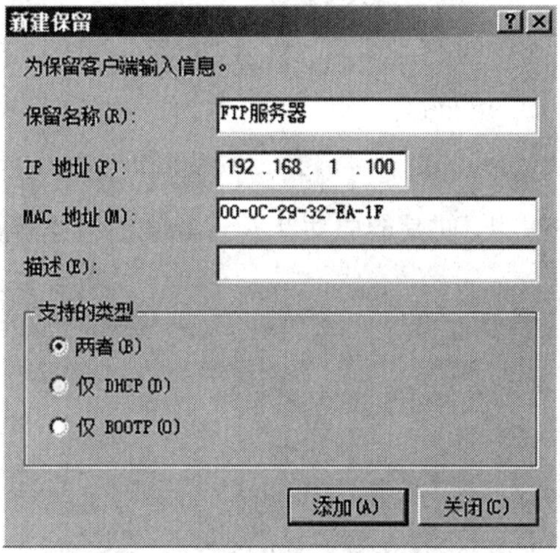

图 7-19 新建保留配置

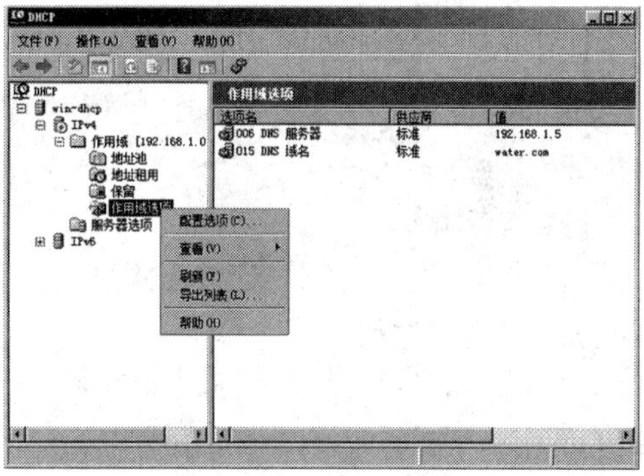

图 7-20 作用域的配置选项

（2）在打开的“作用域选项”对话框中，选择“003 路由器”，这里配置的是局域网的网关，如图 7-21 所示，在“IP 地址”处输入“192.168.1.1”作为本例的网关，单击“添加”，然后单击“确定”。

（3）完成设置以后，返回 DHCP 控制台，单击“作用域选项”，如图 7-22 所示，就可以看到配置完成后的作用域选项。

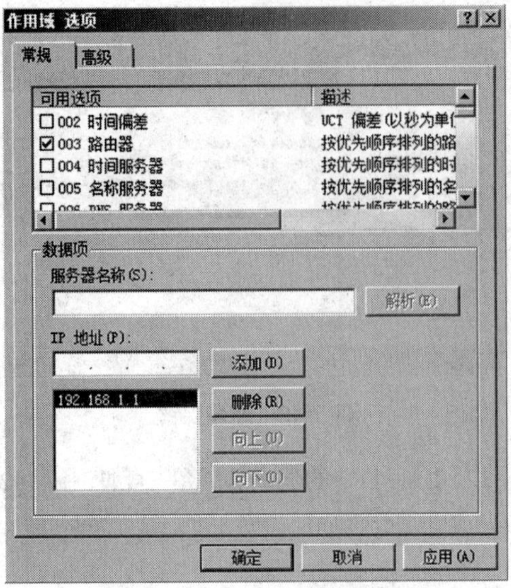

图 7-21 作用域配置网关

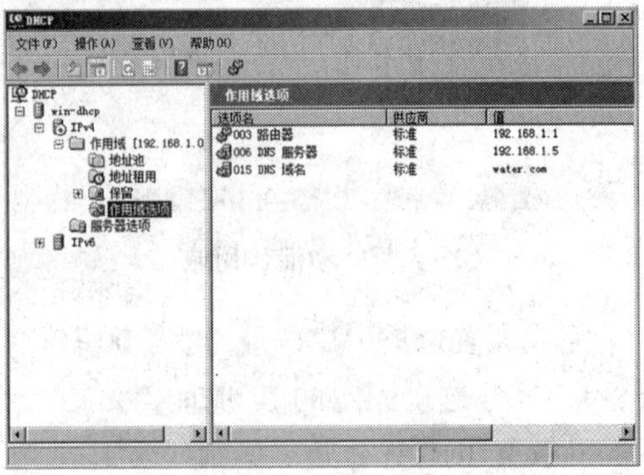

图 7-22 配置完成的作用域选项

任务 3 配置 DHCP 客户端

【任务描述】

配置好 DHCP 服务器以后，必须对 DHCP 客户端进行合理配置才能使客户端从 DHCP 服务器上获取 IP 地址。

【任务分析】

DHCP 客户端计算机从 DHCP 服务器获取 IP 地址，须将客户端的获取方式设置为“自动获取”方式。下面配置一台局域网内的客户机，使其能成功获取到 DHCP 服务器所分配的 IP 地址。

【操作步骤】

(1) 右击“网上邻居”或者通过“控制面板”，打开“网络连接”。

(2) 打开“本地连接 属性”对话框，选择“Internet 协议版本 4(TCP/IPv4)属性”，如图 7-23 所示，在“常规”中选择“自动获得 IP 地址”和“自动获得 DNS 服务器地址”两个选项，单击“确定”，完成设置。

(3) 在 DHCP 客户端计算机打开命令窗口，在窗口中输入命令“ipconfig/all”，可以查看当前客户机的 IP 地址的详细信息。使用命令“ipconfig/release”可以释放当前 IP 地址。使用命令“ipconfig/renew”可以刷新和续订 IP 地址，如图 7-24 所示。

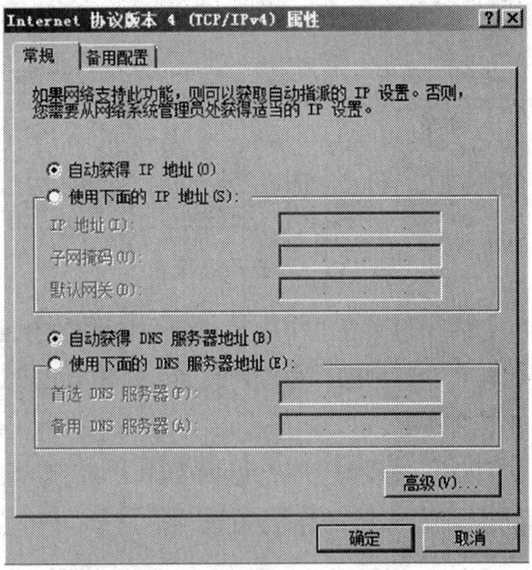

图 7-23 设置自动获取 IP 地址

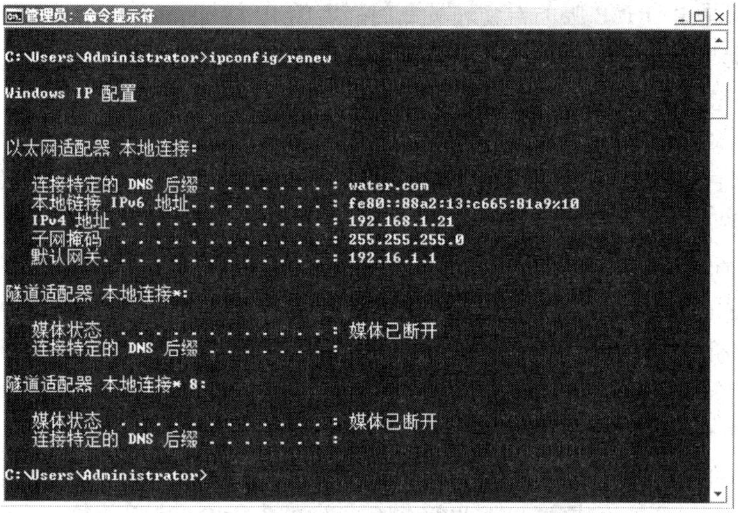

图 7-24　使用命令 ipconfig/renew 获取 IP 地址

(4)完成后，打开"本地连接状态"，在"常规"选项中点击"详细信息"，弹出"网络连接详细信息"对话框，如图 7-25 所示。从图 7-25 中可以看出，该客户机已经成功从 DHCP 服务器获取到 IP 地址。

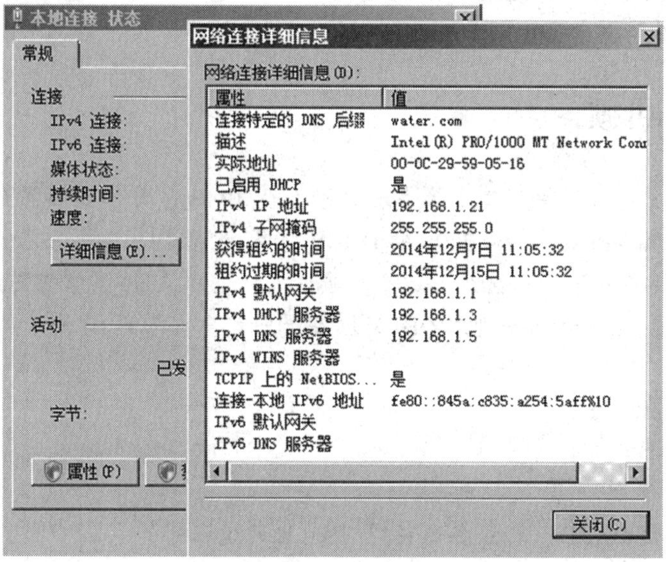

图 7-25　查看客户机网络连接详细信息

【知识链接】

1. DHCP 的分配方式

在 DHCP 的工作原理中，DHCP 服务器提供了三种 IP 分配方式：自动分配(Automatic allocation)、手动分配和动态分配(Dynamic Allocation)。

自动分配是当 DHCP 客户机第一次成功地从 DHCP 服务器获取一个 IP 地址后，就永久地使用这个 IP 地址。

手动分配是由 DHCP 服务器管理员专门指定的 IP 地址。

动态分配是当客户机第一次从 DHCP 服务器获取到 IP 地址后,并非永久使用该地址,每次使用完后,DHCP 客户机就需要释放这个 IP,供其他客户机使用。

2. DHCP 的租约过程

DHCP 客户端从 DHCP 服务器获得 IP 地址的过程叫作 DHCP 的租约过程。

租约过程分为四个步骤,分别为:

(1)发现阶段。DHCP 客户端发出(DHCP DISCOVER)报文,向网络发送广播,在网络内搜寻 DHCP 服务器。

(2)提供阶段。DHCP 服务器接收到(DHCP DISCOVER)报文后,从自己的地址池中选择一个没有被分配的 IP 地址分给客户端;然后向客户端发送包含出租 IP 地址和其他配置的 DHCP_Offer 报文。

(3)选择阶段。即 DHCP 客户端选择 IP 地址,如果有多台 DHCP 服务器向该客户端发来 DHCP_Offer 报文,客户端只接收第一个收到的 DHCP_Offer 报文,然后以广播的方式向各个 DHCP 服务器回应 DHCP_Request 报文,该信息中包含向选定 DHCP 服务器请求 IP 地址的内容。

(4)确认阶段。当 DHCP 服务器收到客户端回应的 DHCP_Request 报文后,便向客户端发送包含它所提供的 IP 地址和其他配置的 DHCP_ACK 确认报文,然后客户端将其 TCP/IP 协议组件与网卡绑定。

总结与回顾

DHCP 是网络管理员进行集中管理和自动分配 IP 地址等网络参数的通信协议。本单元主要介绍了 Windows Server 2008 的 DHCP 服务,包括 DHCP 服务器的安装、DHCP 服务器的配置,以及 DHCP 客户端的配置等。通过本单元的学习,要掌握网络操作系统 DHCP 服务器的配置,在局域网中利用 DHCP 服务器向客户机分配 IP 地址。

实训与练习

一、填空题

1. DHCP 客户端从 DHCP 服务器获得 IP 地址的过程叫作__________。

2. DHCP 租约过程分为四个步骤,分别为______、______、______和______。

3. DHCP 服务器提供了三种 IP 分配方式:________、________和________。

4. 在 TCP/IP 的网络中,每台计算机都必须拥有唯一的计算机名和__________,才能够与网络中其他的计算机进行通信。

5. 计算机获取 IP 地址有两种途径:__________和__________。

6. DHCP 作用域就可以为特定的客户计算机保留固定的 IP 地址,需要绑定客户计算机的____________。

二、选择题

1. DHCP服务中不能够向主机提供的内容是________。

A. IP地址　　B. 网关地址　　C. DNS主机地址　　D. MAC地址

2. 租约过程分为四个步骤，其中DHCP服务器接收到报文后，从自己的地址池中选择一个没有被分配的IP地址分给客户端，属于____________阶段。

A. 发现阶段　　B. 提供阶段　　C. 选择阶段　　D. 确认阶段

三、简答题

1. 试述DHCP服务器的工作过程。

2. 试述DHCP能够向客户机传达的信息。

3. 在DHCP客户端计算机如何查看IP信息？如何释放当前IP地址？如何刷新和续订IP地址？

四、实训题

1. 尝试安装DHCP服务。

2. 在DHCP服务器上建立作用域，该作用域的IP地址范围为172.16.0.1～172.16.0.200，排除IP地址172.16.1.11和172.16.0.20～172.16.0.30，并保留IP地址172.16.0.100给MAC地址为10-78-D2-DE-53-2A的客户机。

第 8 单元　DNS 服务器

【课程思政】

我国的顶级域名为“. CN”。“. CN”域名由国家工业和信息化部管理,“. CN”域名注册的管理机构为中国互联网信息中心(CNNIC)。1990 年 10 月钱天白教授代表中国正式在国际互联网络域名分配管理中心注册登记了我国的顶级域名“. CN”,并建立了我国第一台“. CN”域名服务器,从此中国有了自己的网上标识,中国的网络有了自己的身份标识。截至 2023 年 6 月,我国“. CN”域名注册量达到 2 000 余万个,是全球第一大国家顶级域名。

DNS 服务器,作为互联网的重要基础设施,是信息传递的守护者。它确保了我们在网络世界中的顺畅交流和信息的准确传递。这正如我们在现实世界中承担的社会责任,要用我们所学的知识和技能为社会做出贡献。通过学习 DNS 服务器,我们要培养自己的社会责任感和担当精神,努力为社会的发展贡献自己的力量。在互联网的世界里,没有哪一个环节可以单独运行。域名和 IP 地址的转换需要各个环节的紧密配合,这正如社会生活和工作,需要我们与他人合作、沟通,共同完成任务。我们要学会倾听、理解他人,增强团队协作能力,以更好地适应社会发展的需要。

Windows Server 2008 提供了功能强大的 DNS(Domain Name System,域名系统),它是一种组织成域层次结构的计算机和网络服务命名系统。在访问某个网站的时候,通常不会直接使用其 IP 地址,而是使用其域名来访问。但是,TCP/IP 协议的通信是基于 IP 地址的,也就是说,要访问网站,必须将其域名转化为 IP 地址,这个工作是由 DNS 域名系统解析完成的。

Windows Server 2008 域的 Active Directory 与 DNS 紧密结合在一起,Windows Server 2008 的计算机名称采用的也是 DNS 的命名方式,它需要通过 DNS 服务器来寻找域控制器,所以在 Windows Server 2008 域要安装 DNS 服务器。

项　目　配置 DNS 服务器

【项目目标】

- 能够安装 DNS 服务器。
- 能够配置 DNS 区域。
- 能够配置 DNS 客户端和测试。

任务 1　安装 DNS 服务器

【任务描述】

要访问局域网内域名为 www. slxx. com 的计算机,其 IP 地址为 192. 168. 1. 8。

【任务分析】

要通过域名来访问计算机,需要安装 DNS 服务器来对此域名进行解析。也就是说,要通过 DNS 服务器将域名 www. slxx. com 解析为 IP 地址 192. 168. 1. 8 后才能访问。

【操作步骤】

(1)在需要安装 DNS 服务器角色的计算机上设置固定 IP 地址,本任务 DNS 服务器的 IP 地址为 192. 168. 1. 5。

(2)打开"服务器管理器"控制台,单击"角色",然后在控制台右侧单击"添加角色",打开"添加角色向导"页面。在"选择服务器角色"对话框中,选择"DNS 服务器",如图 8-1 所示。

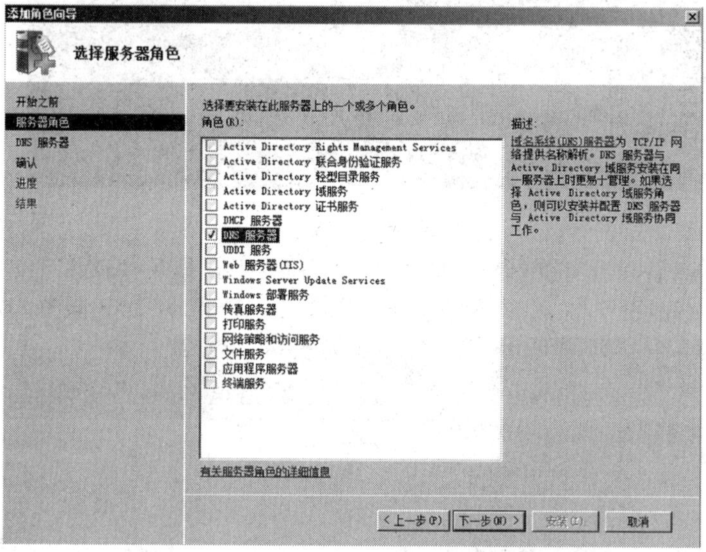

图 8-1　"选择服务器角色"对话框

(3)单击"下一步",在弹出的"DNS 服务器"对话框中显示了 DNS 服务器简介和注意事项。单击"下一步",出现"确认安装选择"对话框,单击"安装",如图 8-2 所示。

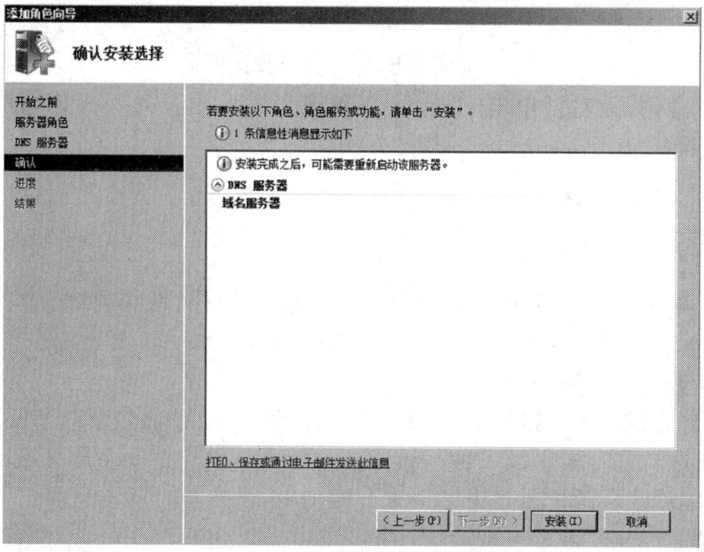

图 8-2　"确认安装选择"对话框

(4)安装完成后,单击"关闭"完成安装。

(5)DNS 服务的停止和启动。有三种方式可以停止或启动 DNS 服务。

①使用 net 命令。在安装成功的 DNS 服务器上,打开命令提示符界面,输入命令"net stop dns"可以停止 DNS 服务,输入命令"net start dns"可以启动 DNS 服务,如图 8-3 所示。

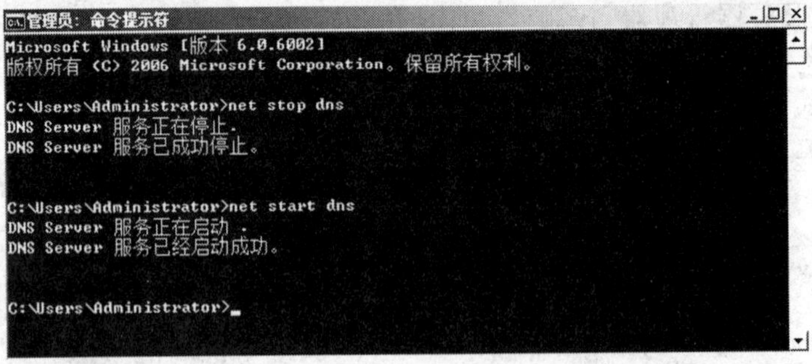

图 8-3　net 命令

②通过"DNS 管理器"控制台。单击"开始"→"管理工具"→"DNS",在"DNS 管理器"左侧目录树中,右击服务器,选择"所有任务"→"停止"或"启动"DNS 服务,如图 8-4 所示。

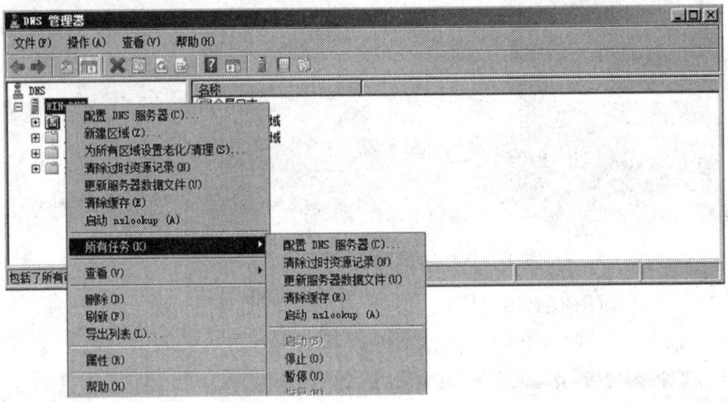

图 8-4　DNS 管理器

③使用"服务"控制台。单击"开始"→"管理工具"→"服务",打开"服务"控制台,找到服务 DNS Server,单击"停止"或"启动"DNS 服务。

任务 2　配置 DNS 服务器

【任务描述】

安装 DNS 服务器以后,要使 DNS 服务器进行解析工作,就必须对 DNS 服务器进行合理配置。在配置 DNS 服务器时首先要确定 DNS 区域类型。

【任务分析】

DNS 区域分为正向查询区域和反向查询区域两大类,每个类型查询区域又可以分为主要区域、辅助区域和存根区域三种区域类型。下面从创建正向主要区域、创建反向主要区域和在区域中创建资源记录三个方面来介绍 DNS 服务器的具体配置。

【操作步骤】

1. 创建正向主要区域

本例在 DNS 服务器上创建正向主要区域 slxx. com。

(1)在 DNS 服务器上,单击“开始”→“管理工具”→“DNS”,在“DNS 管理器”左侧目录树中展开服务器,右击“正向查找区域”,选择“新建区域”,如图 8-5 所示。

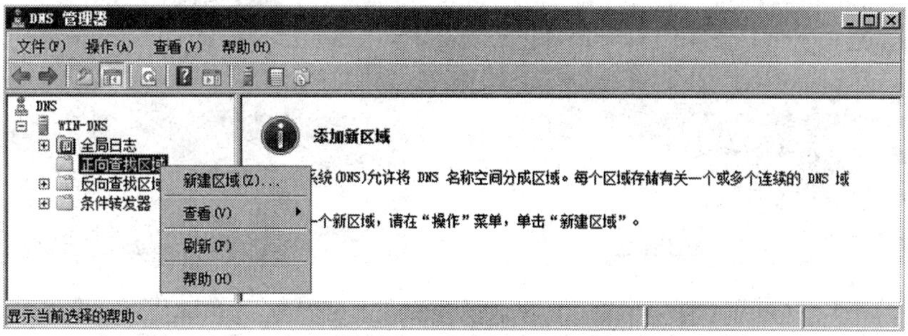

图 8-5 新建正向查找区域

(2)在弹出的“新建区域向导”对话框中选择“下一步”,弹出“区域类型”对话框,这里选择“主要区域”,然后单击“下一步”,如图 8-6 所示。

(3)在弹出的“区域名称”对话框中,输入区域名称为“slxx. com”,如图 8-7 所示。

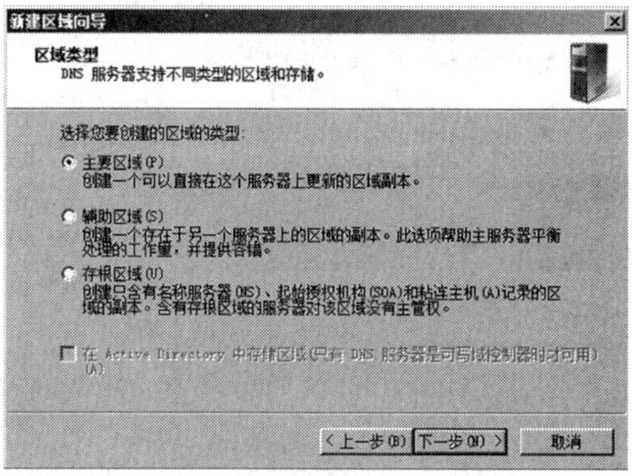

图 8-6 选择区域类型

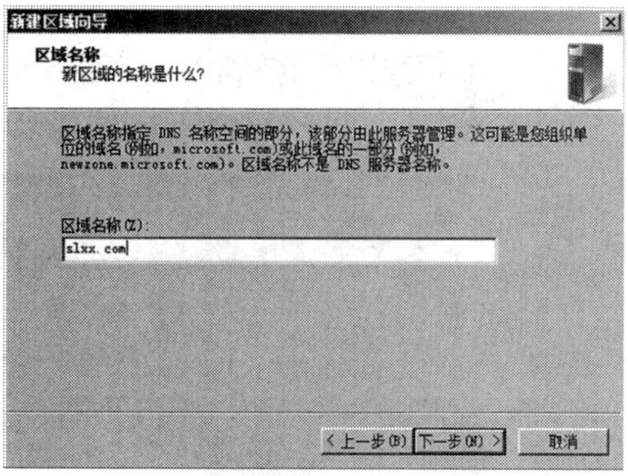

图 8-7 设置 DNS 区域名称

(4)单击“下一步”,出现“区域文件”对话框。区域文件也称为 DNS 区域数据库,主要作用是保存区域资源记录,这里选择默认设置“创建新文件,文件名为:”,如图 8-8 所示。

(5)单击“下一步”,出现“动态更新”对话框,这里选择默认的设置“不允许动态更新”,如图 8-9 所示。

(6)单击“下一步”,在出现的“正在完成新建区域向导”对话框中单击“完成”,即可完成正向主要区域的创建。返回“DNS 管理器”,正向主要区域 slxx. com 创建成功以后的界面,如图 8-10 所示。

2. 创建反向主要区域

本例在 DNS 服务器上创建反向主要区域 1. 168. 192 in-addr. arpa。

(1)在 DNS 服务器上,打开“DNS 管理器”,在左边右击“反向查找区域”,选择“新建区域”,如图 8-11 所示。

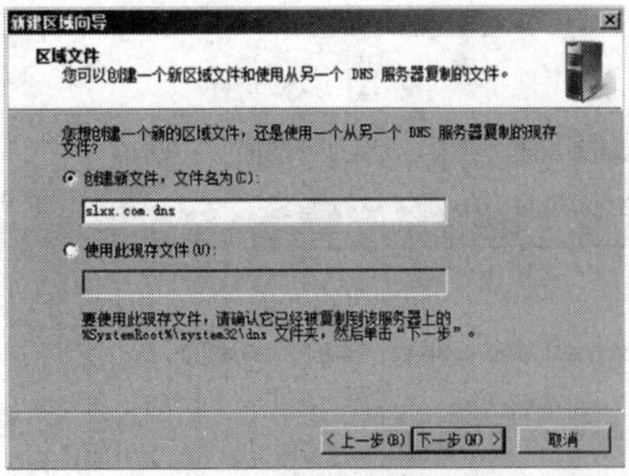

图 8-8　设置 DNS 区域文件

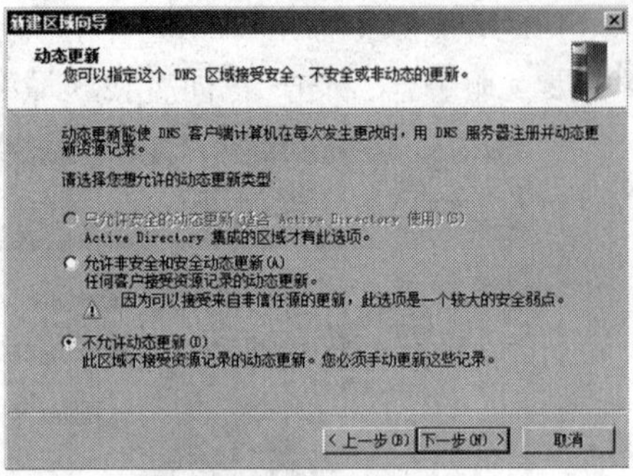

图 8-9　设置 DNS 动态更新

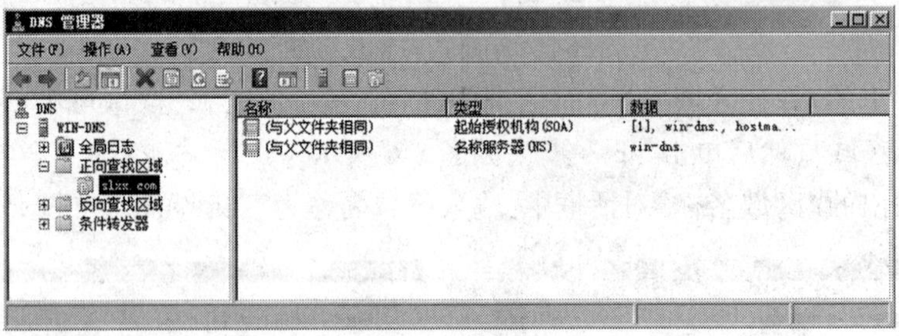

图 8-10　完成正向主要区域 slxx. com

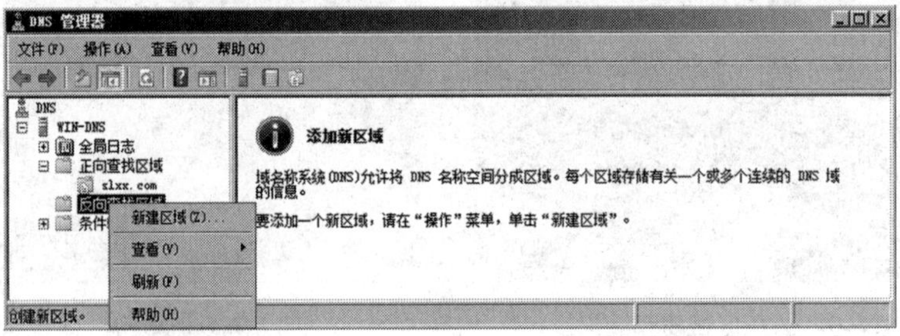

图 8-11　新建反向查找区域

(2)在弹出的“反向查找区域名称”对话框中选择“IPv4 反向查找区域”，如图 8-12 所示。

(3)单击“下一步”，在出现的“反向查找区域名称”对话框中，输入反向查找区域的名称，网络 ID 为“192. 168. 1”，如图 8-13 所示。

(4)单击“下一步”，在“区域文件”对话框中，选择默认的“创建新文件，文件名为：”如图 8-14 所示。

(5)单击“下一步”，在“动态更新”对话框中选择“不允许动态更新”，然后单击“下一步”，出现“正在完成新建区域向导”对话框，单击“完成”，完成反向主要区域的创建，如图 8-15 所示。

(6)回到“DNS 管理器”界面，如图 8-16 所示，反向主要区域 1. 168. 192. in-addr. arpa 创建完成。

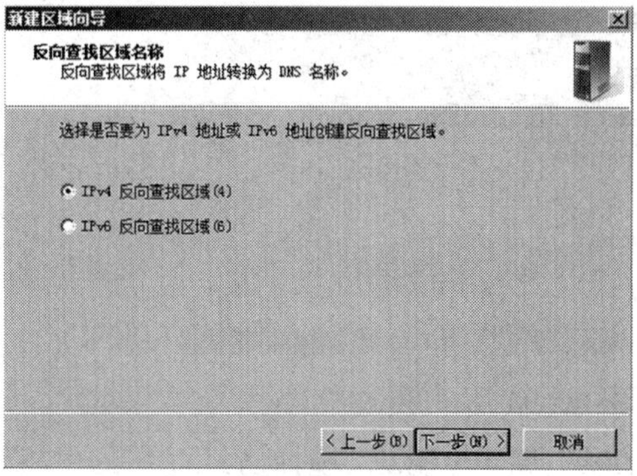

图 8-12 选择 IPv4 反向查找区域

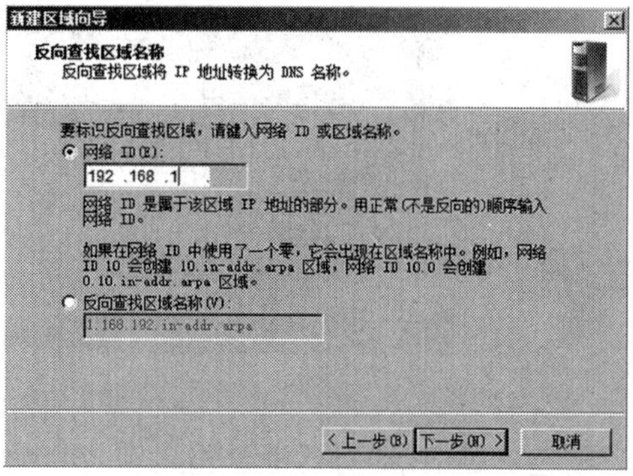

图 8-13 设置网络 ID

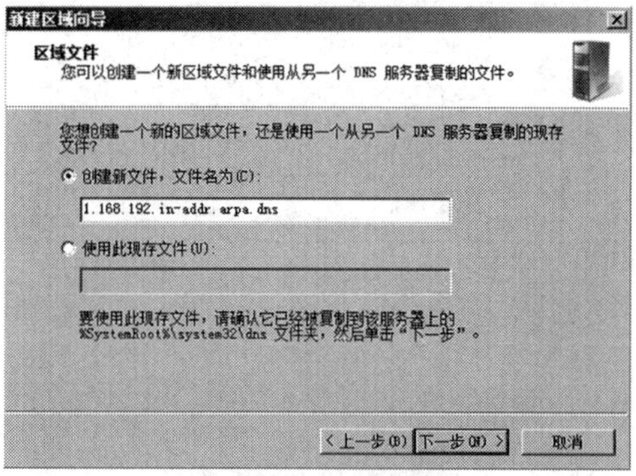

图 8-14 设置区域文件

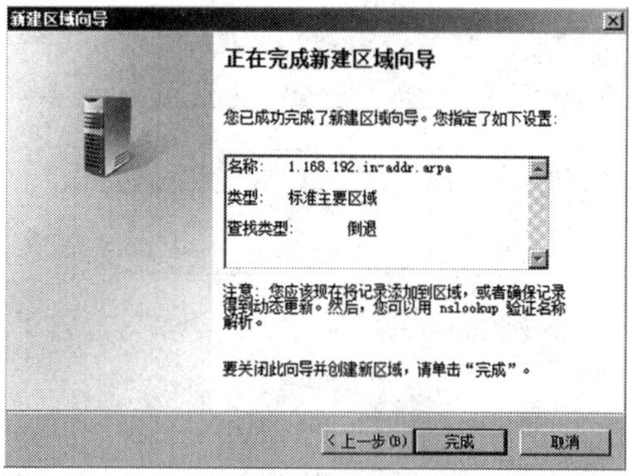

图 8-15 完成反向主要区域创建

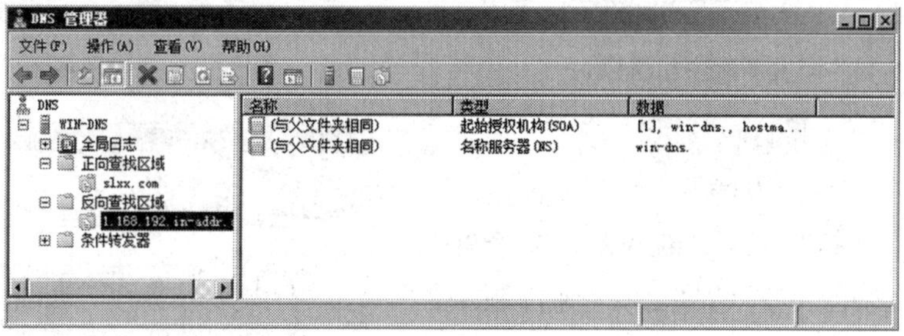

图 8-16 反向主要区域完成后的 DNS 管理器界面

3. 在区域中创建资源记录

1) 创建主机记录

打开"DNS 管理器"控制台，展开"正向查找区域"，右击 slxx. com，选择"新建主机"，如图 8-17 所示。在打开的"新建主机"对话框中输入名称"www"，IP 地址"192. 168. 1. 8"，选择"创建相关的指针(PTR)记录"，这样在创建正向区域的主机记录的同时，反向区域也创建了相对应的指针记录，如图 8-18 所示，最后单击"添加主机"，完成创建主机记录。

2) 新建别名记录

在"DNS 管理器"中展开"正向查找区域"，右击区域"slxx. com"，选择"新建别名"，打

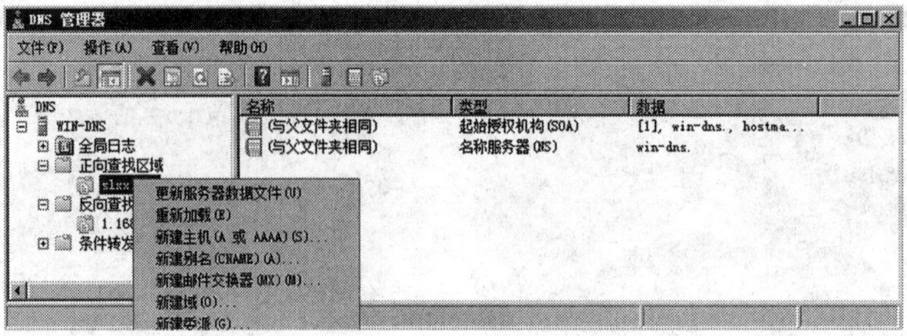

图 8-17　选择新建主机

开“新建资源记录”对话框。输入别名为“win2008”,单击“浏览”选择已经存在的主机记录“www. slxx. com”,如图 8-19 所示,最后单击“确定”,完成别名记录的创建。

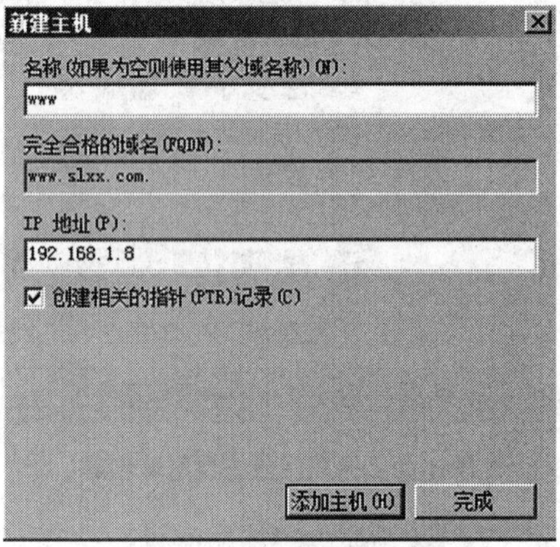

图 8-18　配置新建主机选项

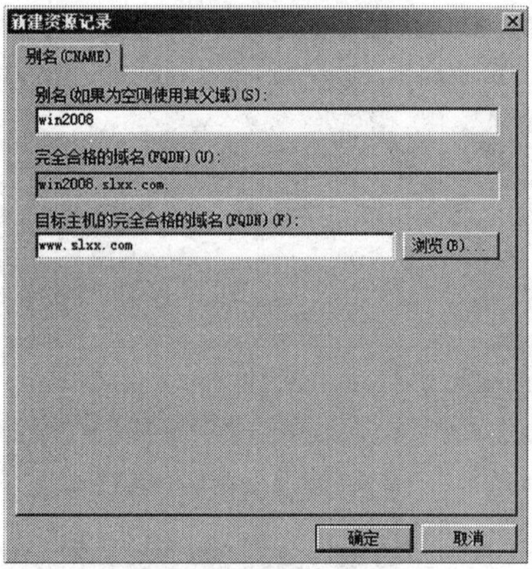

图 8-19　新建别名记录

3) 新建邮件交换器记录

在“DNS 管理器”中展开“正向查找区域”,右击区域“slxx. com”,选择“新建邮件交换器”,打开“新建资源记录”对话框。在“邮件服务器的完全合格的域名”处单击“浏览”选择已经存在的主机记录“www. slxx. com”,如图 8-20 所示,最后单击“确定”完成邮件交换器记录的创建。

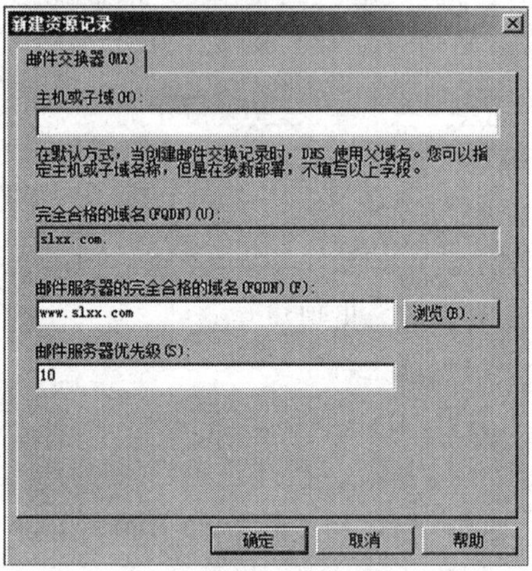

图 8-20　新建邮件交换器

在正向主要区域中创建了主机记录、别名记录和邮件交换器记录以后,回到“DNS 管理器”窗口,如图 8-21 所示。

4) 新建指针记录

在“DNS 管理器”中展开“反向查找区域”,右击区域“1. 168. 192. in-addr. arpa”,选择“新建指针”,如图 8-22 所示,打开“新建资源记录”对话框。在主机 IP 地址处,输入“192. 168. 1. 9”,在主机名处输入“ftp. slxx. com”,如图 8-23 所示,最后的单击“确定”完成指针记录的创建。

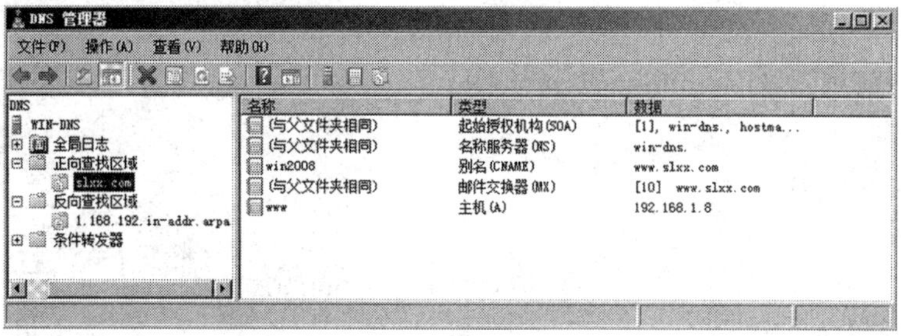

图 8-21　正向主要区域资源记录

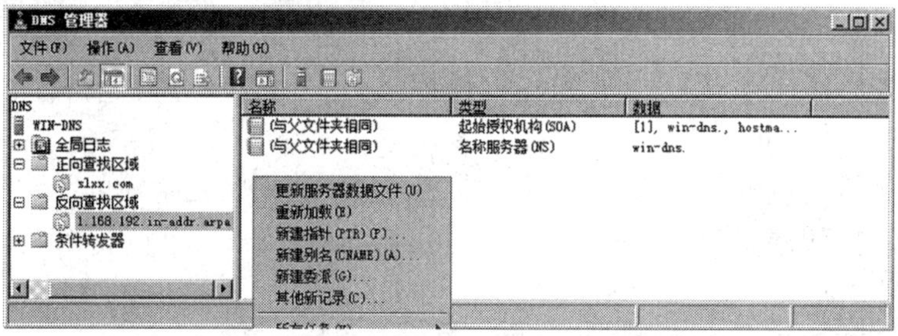

图 8-22　新建指针

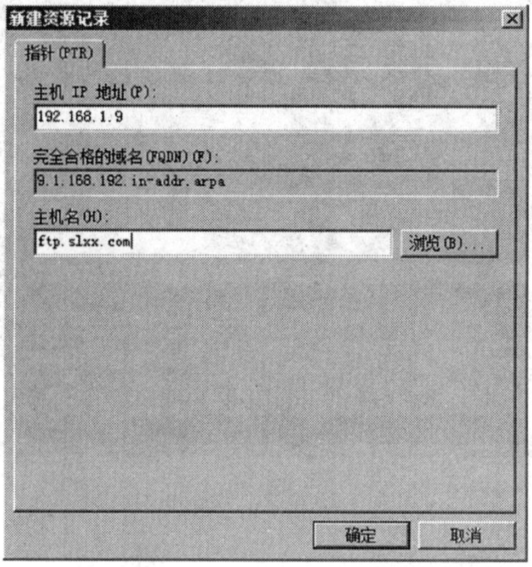

图 8-23　新建指针选项

任务 3　检测 DNS 服务器

【任务描述】

DNS 服务器上配置完成后,就可以配置 DNS 客户端并测试在 DNS 服务器上的资源记录。

【任务分析】

检测 DNS 服务器上的资源记录,可以通过 DNS 客户端来实现,可以在客户端上通过 PING 命令和 Nslookup 命令来进行测试。

【操作步骤】

(1)配置 DNS 客户端。

在 DNS 客户端计算机上,打开"Internet 协议(TCP/IP)属性"对话框,将"首选 DNS 服务器"IP 地址设置为"192.168.1.5",如图 8-24 所示。

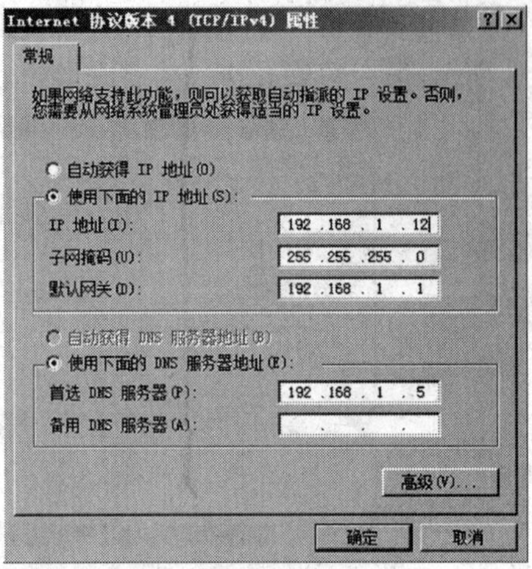

图 8-24　DNS 客户端 IP 设置

(2)使用 ping 命令进行测试。

在 DNS 客户端计算机上,打开命令行提示符界面,分别输入 ping www.slxx.com 和 ping win2008.slxx.com 可以测试 DNS 服务器上的主机记录和别名记录,测试结果如图 8-25 所示。由图中信息可以看到,DNS 服务器已经成功将 www.slxx.com 和 win2008.slxx.com 解析为 IP 地址 192.168.1.8。

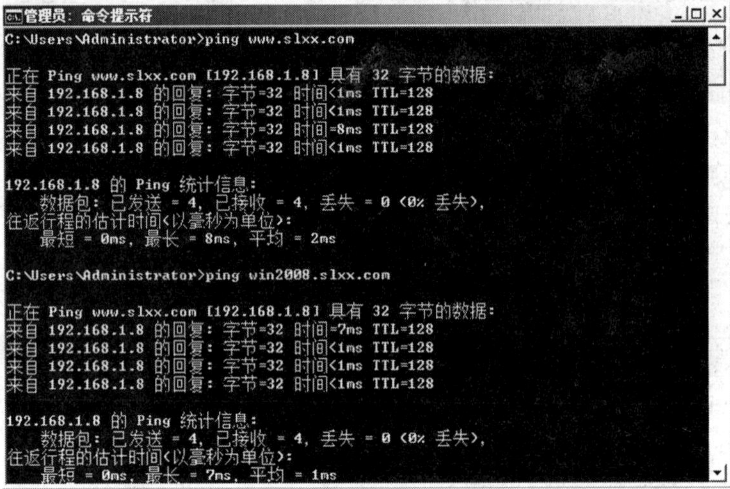

图 8-25　使用 ping 命令测试

(3)使用 nslookup 命令进行测试。

在 DNS 客户端计算机上,打开命令行提示符界面,分别输入 nslookup www.slxx.com、nslookup win2008.slxx.com 和 nslookup 192.168.1.9,可以测试 DNS 服务器上的指针记录,测试结果如图 8-26 所示。

(4)管理 DNS 客户端缓存。

在客户端可以通过命令查看和清空 DNS 客户端缓存。

在 DNS 客户端计算机上,打开命令行提示符界面,输入命令 ipconfig/displaydns 可以查看客户端计算机上的 DNS 缓存,如图 8-27 所示;输入命令 ipconfig/flushdns 可以清空客

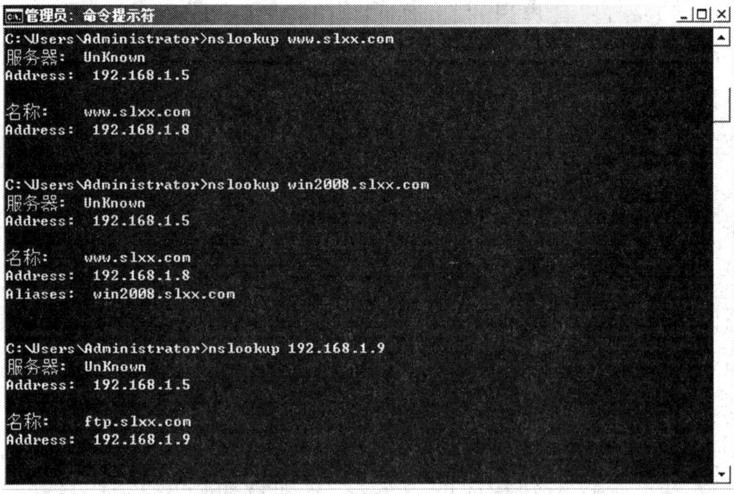

图 8-26　使用命令 nslookup 测试

户端计算机上的 DNS 缓存,如图 8-28 所示。

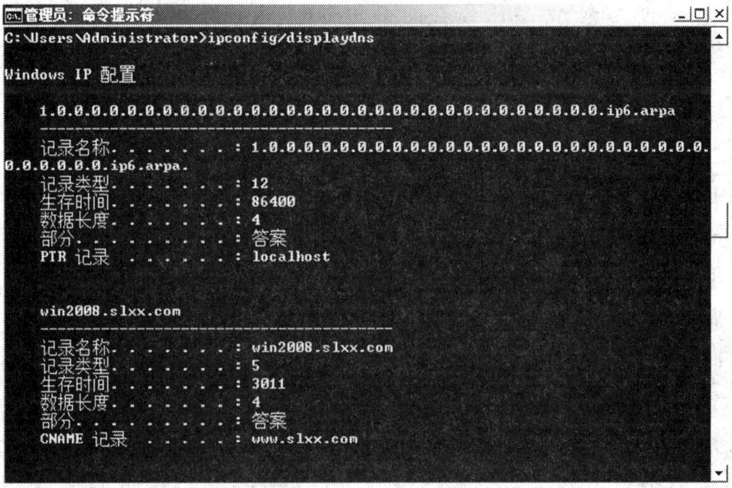

图 8-27　查看 DNS 缓存

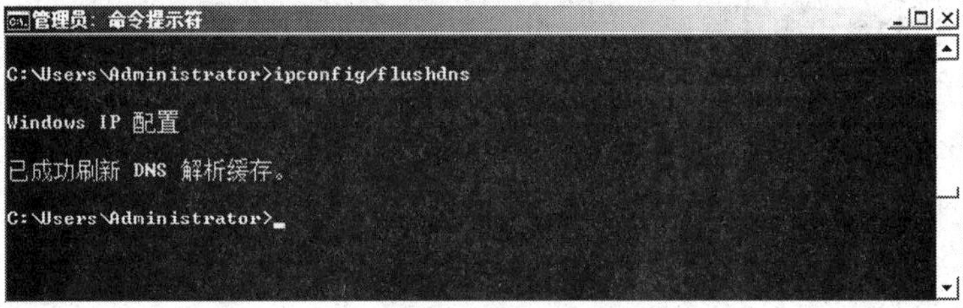

图 8-28　清空 DNS 缓存

【知识链接】

1. DNS 简介

DNS 是域名系统(Domain Name System)的缩写,用于 TCP/IP 网络中,通过以简单的域名(如 www. slxx. com)代替难记的 IP 地址(如 192. 168. 1. 8)来定位计算机和服务。域名系统是一个分布式的主机信息数据库,它管理着整个 Internet 主机名与 IP 地址。域名系统是采用分层管理的,因此这个分布式主机信息数据库也是分层结构的,它类似于计算机中文件系统的结构。

2. DNS 工作原理

域名解析有正向解析和反向解析两种。正向解析就是将域名转换成对应的 IP 地址的过程,它应用于在浏览器地址栏中输入网站域名时的情形;而反向解析是将 IP 地址转换成对应域名的过程,但在访问网站时无须进行反向解析,即使在浏览器地址栏中输入的是网站服务器 IP 地址,因为互联网主机的定位本身就是通过 IP 地址进行的,只是在同一 IP 地址下映射多个域名时需要。另外,反向解析经常被一些后台程序使用,用户看不到。

除正向解析、反向解析外,还有一种称为递归查询的解析。递归查询的基本含义就是在某个 DNS 服务器上查找不到相应的域名与 IP 地址对应关系时,自动转到另外一台 DNS 服务器上进行查询。通常递归到的另一台 DNS 服务器对应域的根 DNS 服务器。因为对于提供互联网域名解析的互联网服务商,无论是从性能上,还是从安全上来说,都不可能只有一台 DNS 服务器,而是由一台或者两台根 DNS 服务器(两台根 DNS 服务器通常是镜像关系),再在下面配置了多台子 DNS 服务器来均衡负载的(各子 DNS 服务器都是从根 DNS 服务器中复制查询信息的),根 DNS 服务器一般不接受用户的直接查询,只接受子 DNS 服务器的递归查询,以确保整个域名服务器系统的可用性。

当用户访问某网站时,在输入了网站网址(其实就包括了域名)后,首先就有一台首选子 DNS 服务器进行解析,如果在它的域名和 IP 地址映射表中查询到相应的网站的 IP 地址,则立即可以访问,如果在当前子 DNS 服务器上没有查找到相应域名所对应的 IP 地址,它就会自动把查询请求转到根 DNS 服务器上进行查询。如果是相应域名服务商的域名,在根 DNS 服务器中是肯定可以查询到相应域名 IP 地址的,如果访问的不是相应域名服务商域名下的网站,则会把相应查询转到对应域名服务商的域名服务器上。

3. DNS 服务器性能

在递归查询过程可能需要占用大量资源,但对于 DNS 服务器来说,它仍然具有一些性能上的优势。例如,在递归过程中,执行递归查询的 DNS 服务器,获得有关 DNS 域名空间的信息。该信息由服务器缓存起来并可再次使用,以便提高使用此信息或与之匹配的后续查询的应答速度。虽然打开与关闭 DNS 服务时,这些缓存信息将被清除,但是随着时间的推移,它们会不断增加并占据大量的服务器内存资源。

总结与回顾

在一个 TCP/IP 架构的网络环境中 DNS 是一项核心服务,主要用来实现域名与 IP 之间的解析,以及在域环境中以 DNS 标准命名、支持和定位域控制器。本项目主要介绍了 Windows Server 2008 的 DNS 服务,包括 DNS 的安装,正向查询区域和反向查询区域 DNS 服务器的配置,以及 DNS 的检测等。通过本单元的学习,要掌握网络操作系统 DNS 服务器的配置及客户端的配置。

实训与练习

一、填空题

1. DNS 区域分为__________和__________两大类，每个类型查询区域又可以分为__________、__________和存根区域三种区域类型。

2. DNS 的作用是______________________________。

3. 在 Windows XP/7 命令行下，用__________命令来测试 DNS 服务器是否配置正确。

4. 域名空间由__________________和__________________两部分组成。

5. 在访问某个网站的时候，通常不会直接使用其 IP 地址，而是使用其____________来访问。但是，TCP/IP 协议的通信是基于 IP 地址的，也就是说，要访问网站，必须将其域名转化为________________，这个工作是由________________解析完成的。

二、选择题

1. DNS 的作用是________。

A. 将 MAC 地址转换为 IP 地址　　B. 将 IP 地址转换为 MAC 地址

C. 将域名转换为 IP 地址　　D. 将域名转换为 MAC 地址

2. 清空 DNS 客户端缓存的命令是________。

A. nslookup　　B. ipconfig/displaydns

C. ipconfig/delete　　D. ipconfig/flushdns

三、简答题

1. 试述 DNS 的工作原理。

2. 什么是域名解析？

3. 简述 DNS 的解析方式的种类。

四、实训题

1. 尝试安装 DNS 服务。

2. 新建域 slxx. cm，并在域中创建主机记录、别名记录和邮件交换器，使得网址为 172. 16. 0. 8 的 Web 站点可以用域名 www. slxx. com 访问。

第 9 单元　Web 与 FTP 服务器

【课程思政】

习近平总书记在向 2023 年世界互联网大会乌镇峰会开幕式发表视频致辞时指出，构建网络空间命运共同体既是回答时代课题的必然选择，也是国际社会的共同呼声。我们要深化交流、务实合作，共同推动构建网络空间命运共同体迈向新阶段。

中国互联网络信息中心（CNNIC）发布的第 52 次《中国互联网络发展状况统计报告》中显示，截至 2023 年 6 月，我国域名总数为 3024 万个。我国网民规模达到了 10.79 亿人，稳居世界第一。互联网服务体验与用户获得感进一步提升，工业互联网体系建设水平上新台阶，与实体经济相关的各项互联网业务快速发展。然而，2023 年 7 月全球网站访问量排行前十中，只有百度上榜，位列第 6 位。

Web 与 FTP 服务器作为互联网的重要组成部分，是信息传递和资源共享的关键平台。它们为人们提供了便捷的信息获取和文件传输方式，促进了知识的传播和交流。这启发我们思考自己的社会责任，意识到在未来的工作中要充分发挥专业优势，为社会的发展和进步做出贡献。在互联网世界中，信息传递的真实性和可靠性至关重要。我们要树立正确的信息观，遵守信息传播的道德规范，坚决抵制虚假信息的传播。同时，在工作中我们要保持诚实守信，维护企业的形象和利益。互联网的开放性使得信息和资源得以广泛传播和共享，推动了社会的进步和创新。这启示我们要具备开放的心态和包容的胸怀，尊重他人的观点和成果，积极参与合作与交流。通过开放与共享，我们可以共同创造更多的价值，推动社会的繁荣与发展。互联网的规范运行需要法律法规的保障，我们要遵守相关法律法规，维护网络空间的秩序。同时，我们也要具备维权意识，保护自己的合法权益不受侵犯。

Windows Server 2008 内置了功能强大的 Web 服务功能，可以搭建功能完备的 Web 网站，能够对 ASP 和.NET 动态功能提供充分的支持。整个 Web 服务系统由 Web 服务器、浏览器和通信协议三部分组成。其中，Web 服务器角色包括 Internet 信息服务（IIS），是一个集成了 IIS、ASP.NET 和 Windows Communication Foundation 的统一 Web 平台。

Windows Server 2008 同时也内置了 FTP 服务功能，FTP 是基于客户/服务器模式的服务系统，它由客户软件、服务器软件和 FTP 通信协议三部分组成。由于 Windows Server 2008 自带的 FTP 服务功能有限，企业用户多选用第三方软件，如 Serv-U 等来做 FTP 服务器，所以本项目对 Windows Server 2008 的 FTP 服务配置只做简单介绍。

项　目　配置 Web 与 FTP 服务器

【项目目标】

- 能够安装并测试 Internet 信息服务（IIS）。

- 能够对Web服务器进行相关的配置与管理。
- 能够配置FTP服务器。

任务1 安装IIS

【任务描述】

通过 Windows Server 2008 的"服务器管理器",实现 Internet 信息服务(IIS)的安装。

【任务分析】

在 Windows Server 2008 中,大多数的服务器都是通过添加角色的方式来添加的,并且在需要的时候添加,不需要的时候卸载。Web 服务器是一个集成了许多功能的服务器,可以在添加 Web 服务器的时候,根据用户的需求,选择某个或某些功能。

【操作步骤】

1. 安装Web服务器角色

(1)选择"开始"菜单的"服务器管理器",单击"角色"右边的"添加角色"。

(2)进入到"选择服务器角色"对话框中,选中"WEB 服务器"复选框,此时将会弹出"添加角色向导→是否添加 Web 服务器(IIS)所需的功能?"对话框,单击"添加必需的功能"按钮,如图 9-1 所示。

提示:"添加必需的功能"是 Windows Server 2008 的一项改进。当用户在安装一个产品或一个软件、或一个功能的时候,如果 Windows 检测到系统缺少必要的支持软件,则会弹出该对话框,提示并可以自动安装所需的软件。以后,如果在安装软件的过程中出现该类似提示,应单击"添加必需的功能"按钮,这样可以避免安装的软件出现问题。

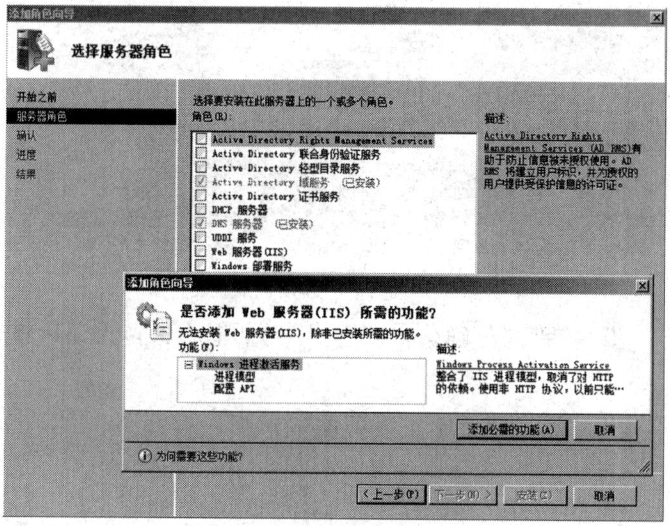

图 9-1 添加必需的功能

(3)单击"下一步"按钮,进入到"Web 服务器(IIS)"对话框,出现 Web 服务器简介(IIS)和注意事项,然后单击"下一步"。

(4)进入到"选择角色服务"对话框,在"角色服务"列表中选择要安装的 Web 服务器的对应功能,如图 9-2、图 9-3 所示。在实际应用中,可根据需要选择。

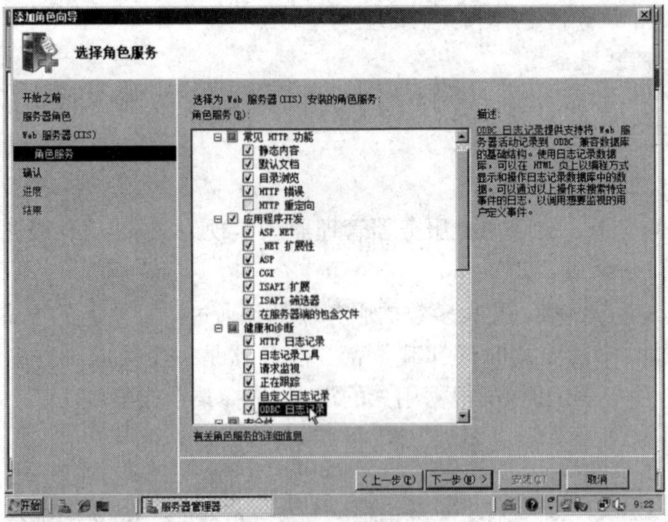

图 9-2　选择 Web 角色服务 1

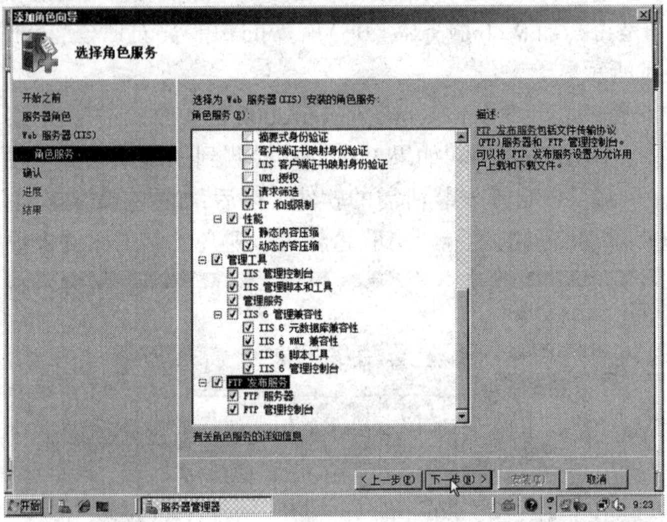

图 9-3　选择 Web 角色服务 2

(5)单击“下一步”按钮,在“确认安装选择”对话框中选择无误后单击“安装”按钮,如图 9-4 所示。

(6)安装完成之后,在“安装结果”对话框中显示安装的 Web 服务及功能,单击“关闭”按钮,完成安装。

2. 测试 IIS 是否安装成功

完成安装后,选择“开始”→“程序”→“管理工具”→“Internet 信息服务(IIS)管理器”,弹出如图 9-5 所示的 IIS 管理器界面,在界面中,可以看到已经有一个名为 Default Web Site 的内置网站在运行。

打开 IE 浏览器,在地址栏输入 http://127.0.0.1,或者 localhost,或者计算机的名称,都将出现如图 9-6 所示的测试页,这就说明 IIS 安装成功。

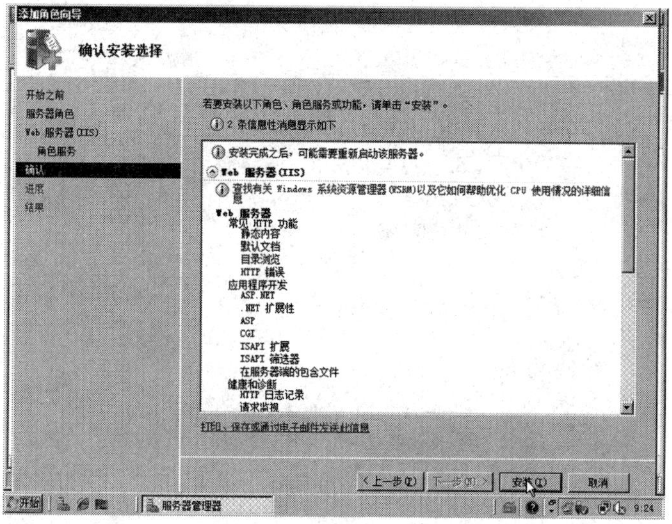

图9-4 确认安装选择

图9-5 IIS管理器

3. 添加或删除其他服务角色

Windows Server 2008的IIS采用模块化的设计(Modular-Based)，而且默认安装的服务角色只包含了部分服务角色功能，有些服务角色功能并没有安装。可以在需要的时候添加这些角色。这样可以减少IIS网站的负荷和攻击面，避免让系统管理员去面对不必要的问题。例如，HTTP中的"HTTP重定向"功能，应用程序开发中的"ASP.NET"".NET扩展性"功能，安全性中的"基本身份验证"等功能。

若要为Web服务器的角色进行删除或添加，单击"开始"→"程序"→"管理工具"→"服务器管理器"→"角色"，如图9-7所示，单击"Web服务器(IIS)"中的"添加角色服务"或"删除角色服务"，通过弹出的对话框来完成相应的操作。例如，可以添加"HTTP重定向"等角色服务。

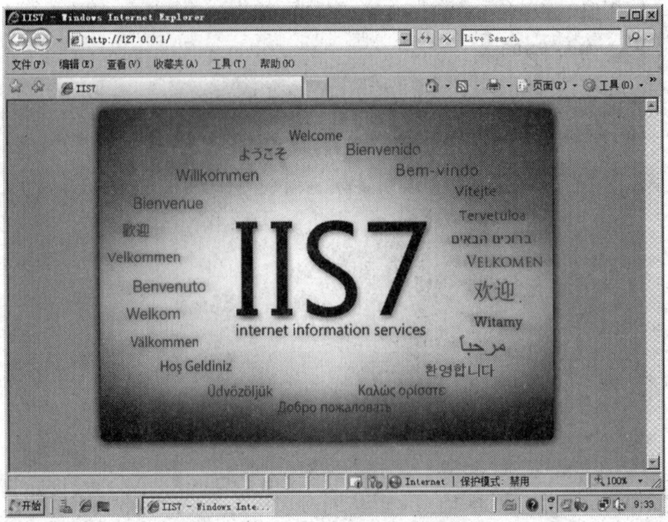

图 9-6　测试 IIS 中的默认网站

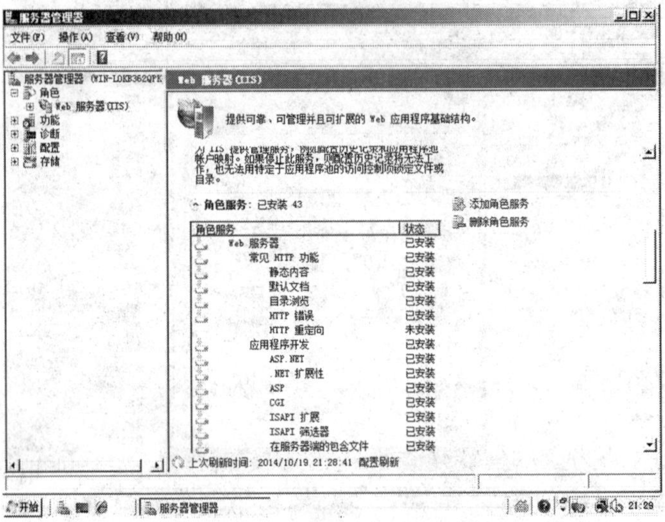

图 9-7　为 IIS 添加或删除角色服务

任务 2　配置 Web 服务器

【任务描述】

IIS 安装完成后，要实现 Web 服务器的相关功能，还需要对其进行相应的配置与管理。

【任务分析】

在安装完 Web 服务器之后，可以对 Web 服务器进一步设置和管理，可以使用 Web 服务器默认的网站，也可以在一台 Web 服务器上创建多个网站。

【操作步骤】

1. 使用 IIS 的默认站点

(1)把制作好的主页文件复制到 C:\inetpub\wwwroot 目录下，该目录是安装程序为默认 Web 站点预设的发布目录。

若要查看默认站点预设的发布目录,单击"开始"→"程序"→"管理工具"→"Internet 信息服务(IIS)管理器",在弹出的 IIS 管理器界面中,单击默认网站 Default Web Site 右边的"操作"区域的"基本设置",如图 9-8 所示。在随后弹出的"编辑网站"对话框中的"物理路径"来查看,如图 9-9 所示。主目录默认设置到文件夹%SystemDrive%\inetpub\wwwroot,其中%SystemDrive%就是安装 Windows Server 2008 的系统路径。

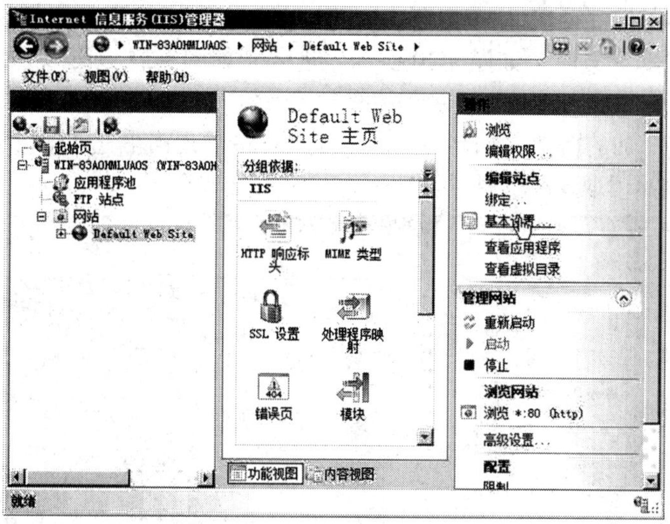

图 9-8　默认站点基本设置

图 9-9　设置默认站点的物理路径

提示:IIS 默认网站的主目录,其物理路径可以更改到本地计算机的其他文件夹,也可以将网页存储到网络上其他计算机的共享文件夹中,然后将主目录设置到此共享文件夹。其设置方法为单击"物理路径"右边的按钮,然后选择网络计算机的共享文件夹。

当用户浏览此网站的网页时,网站会到此共享文件夹中读取网页给用户,不过网站必须提供有权访问此共享文件夹的用户名和密码。可以通过单击“链接为…”按钮，在弹出的“连接为”对话框中设置相应的路径凭据。

(2)将主页文件改名为 Default. htm 或 index. htm。这是因为 Web 服务器设定了 5 个默认 Web 文档，分别是 Default. htm、Default. asp、index. htm、index. html 和 iisstart. htm。网站会先读取最上面的文件 Default. htm，若主目录中没有此文件，则依序读取之后的文件。如果 5 个文件名都找不到，则访问不到用户的网站。

也可以手动添加主页文件，或者删除或禁用某个默认文档。具体步骤为：在 IIS 管理器界面中，双击“默认文档”，如图 9-10 所示。进入到如图 9-11 所示的界面中，单击右边“操作”任务栏中的“添加”按钮，显示如图 9-12 所示的“添加默认文档”对话框，在“名称”文本框中输入待添加的默认文档名，单击“确定”。最后通过右边“操作”窗口的“上移”“下移”来调整网站读取这些文件的顺序。

图 9-10　Web 服务器的默认文档 1

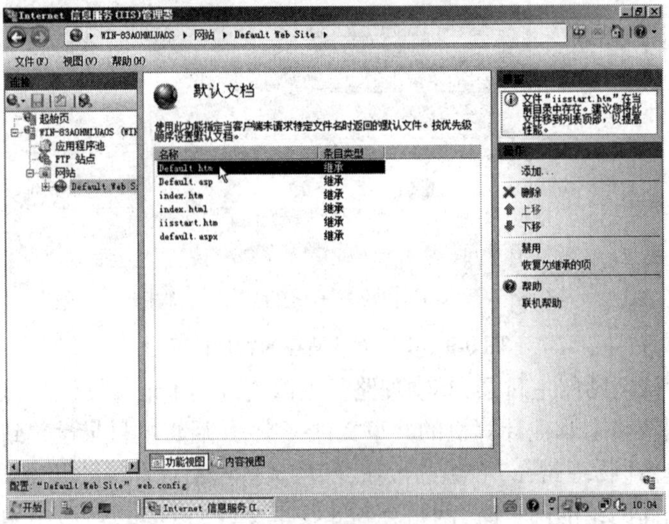

图 9-11　Web 服务器的默认文档 2

若需要删除或禁用某个默认文档,只需要选择相应的默认文档,然后单击“删除”或“禁用”按钮即可。

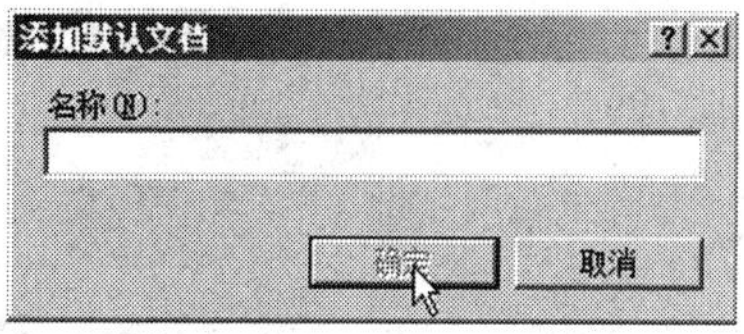

图 9-12　添加默认文档

2. 创建新站点

IIS 支持在同一台计算机上同时创建多个 Web 站点的功能。为了能够区分这些站点,必须给予每一个网站唯一的识别信息,这些识别信息包括主机名、IP 地址与 TCP 端口号。同一台计算机中,所有网站的这三个识别信息不可以完全相同,否则该网站无法启动。

1) 主机名

若这台计算机只有一个 IP 地址,则可以采用主机名来区分这些网站,即每一个网站各有一个主机名。例如,主机名分别为 www. slxx. edu. cn、oa. slxx. edu. cn 与 mail. slxx. edu. cn。

2) IP 地址

每一个网站各有一个唯一的 IP 地址,此方法比较适合于启用了 SSL 安全连接功能的网站,例如对外部用户提供服务的商业网站。

3) TCP 端口号

此时每一个网站将被赋予一个 TCP 端口号,以便让 IIS 计算机利用端口号来区分每一个网站。它比较适合于为内部用户提供服务的网站或测试用网站。

下面新建 4 个网站,Web1、Web2、Web3、Web4,它们的基本配置信息如表 9-1 所示。

表 9-1　Web1、Web2、Web3 和 Web4 的基本配置信息

网站	主机名	IP 地址	TCP 端口	主目录
Web1	无	192. 168. 1. 8	80	C:\web1
Web2	无	192. 168. 1. 8	8080	C:\web2
Web3	无	192. 168. 1. 10	80	C:\web3
Web4	www. slxx. com	192. 168. 1. 8	80	C:\web4

在 C 盘创建 4 个文件夹 Web1、Web2、Web3 和 Web4,在每个文件夹中分别放入各站点的主页文件,主页文件可在记事本中编写并保存为 index. htm。每个主页的内容如下:

站点 Web1 主页内容:“Web1:192. 168. 1. 8 80 没有主机名”;

站点 Web2 主页内容:“Web2:192. 168. 1. 8 8080 没有主机名”;

站点 Web3 主页内容:“Web3:192. 168. 1. 10 80 没有主机名”;

站点 Web4 主页内容:“Web4:192. 168. 1. 8 80 www. slxx. com”。

(1) 设置 Web1 站点。

打开“Internet 信息服务(IIS)管理器”,右击“网站”,选择“添加网站”,在如图 9-13 所示的文本框中输入网站 Web1 的信息,单击“确认”按钮,Web1 站点添加成功。打开浏览器,在地址栏中输入 http://192. 168. 1. 8,即可打开 Web1 站点,浏览效果如图 9-14 所示。

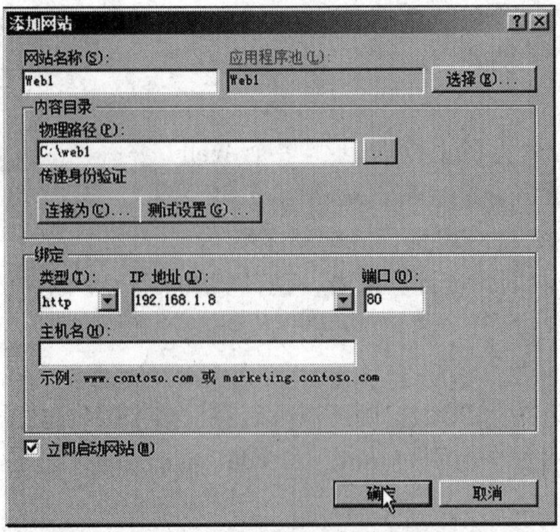

图 9-13　添加 Web1 站点

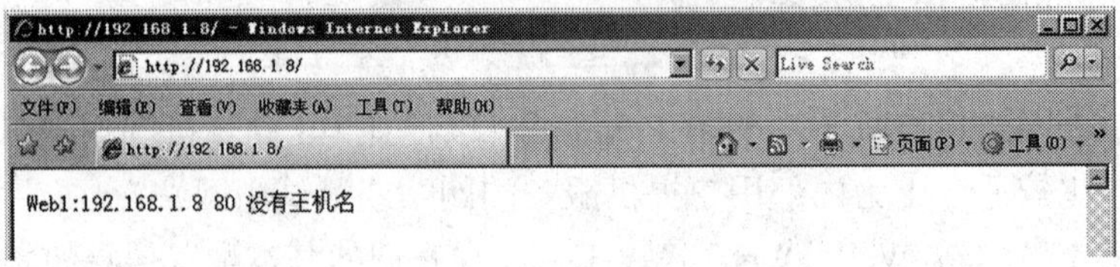

图 9-14　Web1a 站点的浏览效果

(2)设置 Web2 站点。

在"Internet 信息服务(IIS)管理器"控制台中,右击"网站",选择"添加网站",在如图 9-15 所示的文本框中输入网站 Web2 的信息,单击"确认"按钮,Web2 站点添加成功。这时打开 IE 浏览器,在地址栏中输入 http://192.168.1.8:8080 即可打开 Web2 站点,浏览效果如图 9-16 所示。

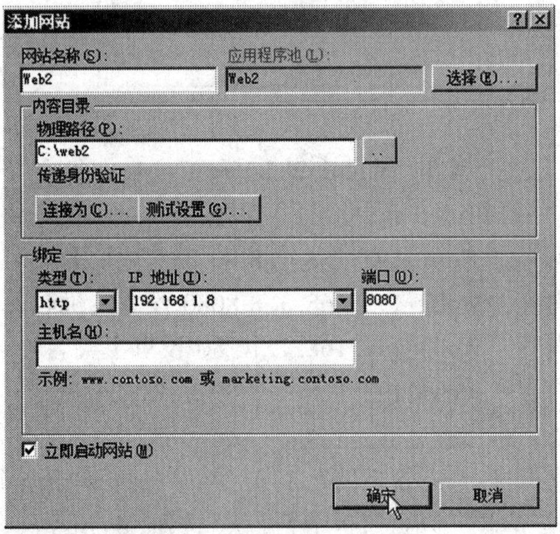

图 9-15　添加 Web2 站点

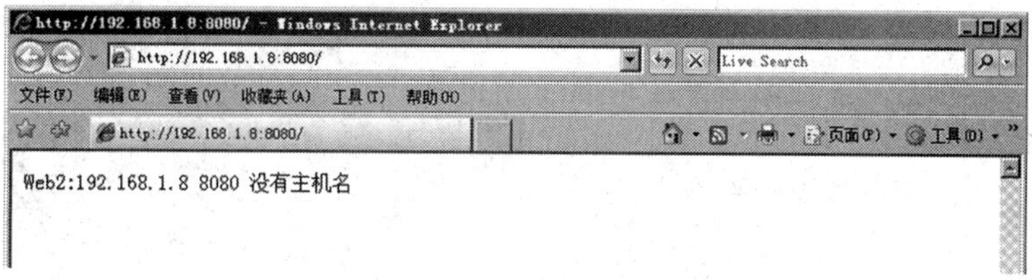

图 9-16　Web2 站点的浏览效果

(3)设置 Web3 站点

首先为 IIS 服务器的网卡再添加一个 IP 地址,右击桌面上的"网络"图标,选择"属性"→"管理网络连接",双击"本地连接",单击"属性"→"Internet 协议版本 4"→"属性",单击"高级"选项,在图 9-17 所示的"IP 设置"选项卡中单击"IP 地址"选项组中的"添加",图 9-17 是已经添加好 IP 地址 192.168.1.10 的界面。

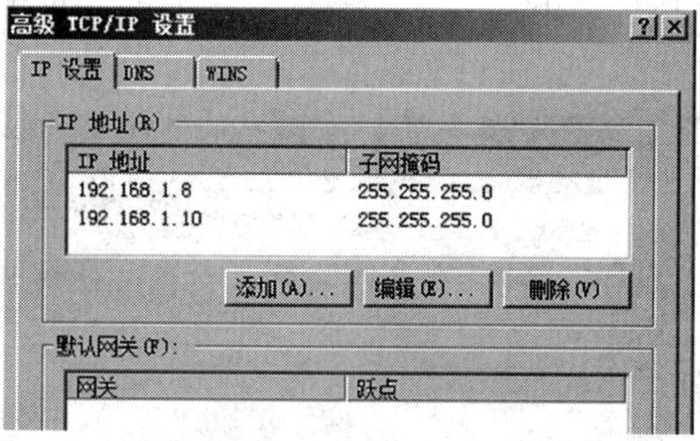

图 9-17　为同一块网卡添加 IP 地址

在"Internet 信息服务(IIS)管理器"控制台中,右击"网站",选择"添加网站",在如图 9-18 所示的文本框中输入网站 Web3 的信息,单击"确认"按钮,Web3 站点添加成功。这时打开 IE 浏览器,在地址栏中输入 http://192.168.1.10 即可打开 Web3 站点,浏览效果如图 9-19 所示。

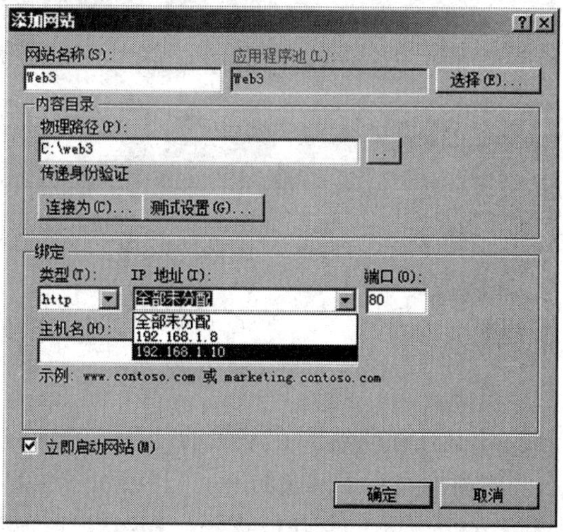

图 9-18　添加 Web3 站点

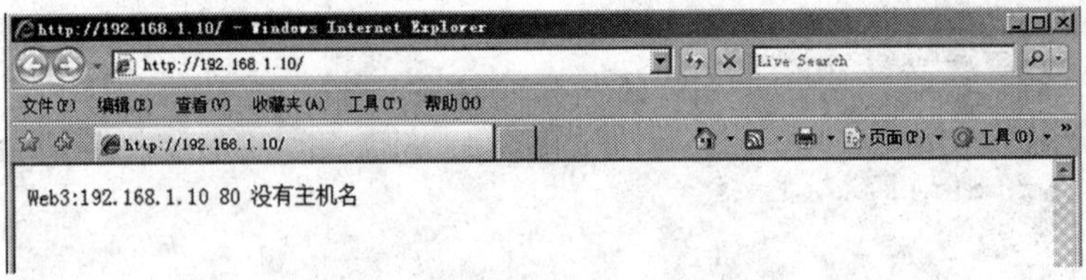

图 9-19　Web3 站点的浏览效果

(4)设置 Web4 站点。

在 DNS 服务器中添加主机记录 www. slxx. com 的 IP 地址 192. 168. 1. 8,并测试是否能解析正确。

在"Internet 信息服务(IIS)管理器"控制台中,右击"网站",选择"添加网站",在如图 9-20 所示的文本框中输入网站 Web4 的信息,单击"确认"按钮,Web4 站点添加成功。这时打开 IE 浏览器,在地址栏中输入 www. slxx. com 即可打开 Web4 站点,浏览效果如图 9-21 所示。

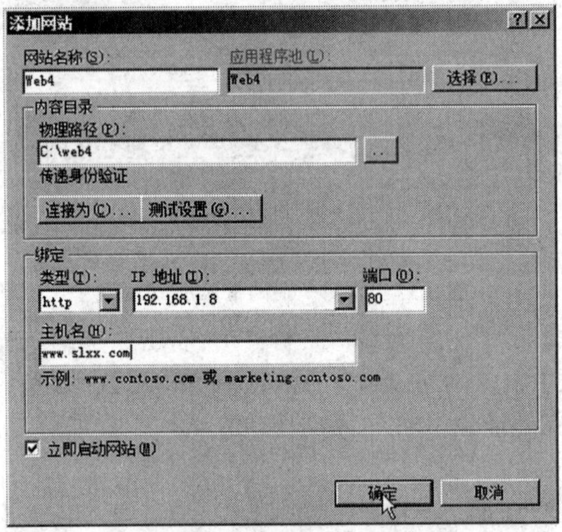

图 9-20　添加 Web4 站点

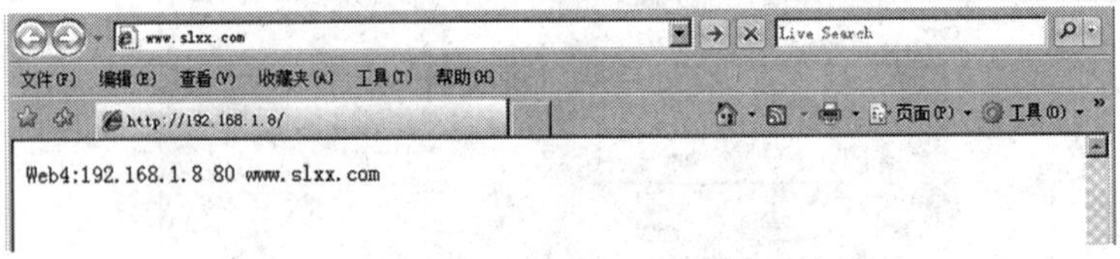

图 9-21　Web4 站点的浏览效果

3. 管理 Web 服务器

1) Web 服务器的总体配置

打开"Internet 信息服务(IIS)管理器",在左侧的任务窗格中,选择一个创建的网站,例如 Web1,在中间与右侧的窗格显示了网站的所有配置,如图 9-22 所示。

在图 9-22 的中间窗格,默认显示的是功能视图。在"IIS"选项中,用户主要用到的功能有 HTTP 重定向、IPv4 地址和域限制、SSL 设置、错误页、默认文档、目录浏览、身份验证

图 9-22　网站配置

等。在右侧的窗格中包括浏览、编辑权限、绑定、基本设置、管理网站、浏览网站等。单击“内容视图”,可以显示网站中的内容。

用鼠标右击选中的网站,在快捷菜单中的命令有浏览、编辑权限、添加应用程序、添加虚拟目录、编辑绑定、管理网站、刷新、删除、重命名等,如图 9-23 所示。这个快捷菜单的命令,有些与右侧窗格“操作”中的命令相同。

图 9-23　右键快捷命令

2）虚拟目录

通常需要在网站的主目录之下新建多个子文件夹，然后将网页与相关文件保存到主目录与这些子文件夹中，这些子文件夹称为物理目录（Physical Directory）。然而网页文件不一定要保存到主目录中，也可以将它们保存到其他文件夹中，例如本地计算机其他磁盘驱动器的文件夹，或其他计算机的共享文件夹，然后通过虚拟目录（Virtual Directory）对应到这个文件夹。每个虚拟目录都有一个别名，用户可以通过别名来访问这个文件夹中的网页。虚拟目录的好处是不论将网页的保存更改到何处，只要别名不变，用户仍然可以通过相同的别名来访问网页。

创建虚拟目录的过程：

在 Web 服务器的 C 盘中新建一个名为 xuni 的文件夹，然后在此文件夹中新建一个名为 index. htm 的测试主页，主页文件的内容为“虚拟目录测试页”。

在“Internet 信息服务（IIS）管理器”右击 Web1 网站，选择“添加虚拟目录”，在弹出的如图 9-24 所示的对话框中输入别名（如 xuni），输入或利用“浏览”按钮输入物理路径 C：\xuni，单击“确定”，返回 IIS 管理器。这时，可以看到 Web1 网站上多了一个虚拟目录 xuni。完成设置后，在 IE 浏览器中输入 http：//192. 168. 1. 8/xuni 进行测试，浏览效果如图 9-25 所示。

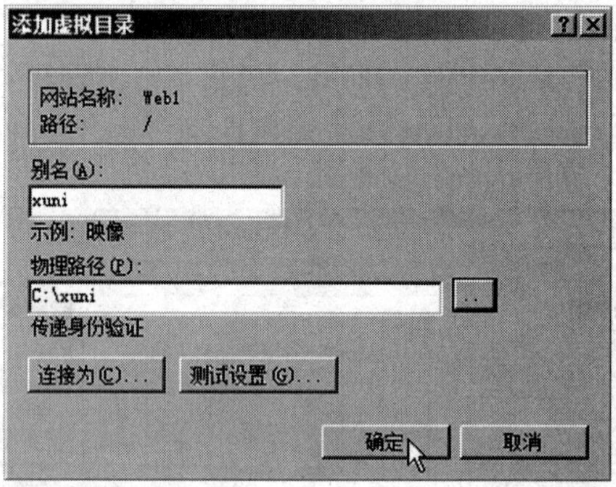

图 9-24　添加虚拟目录

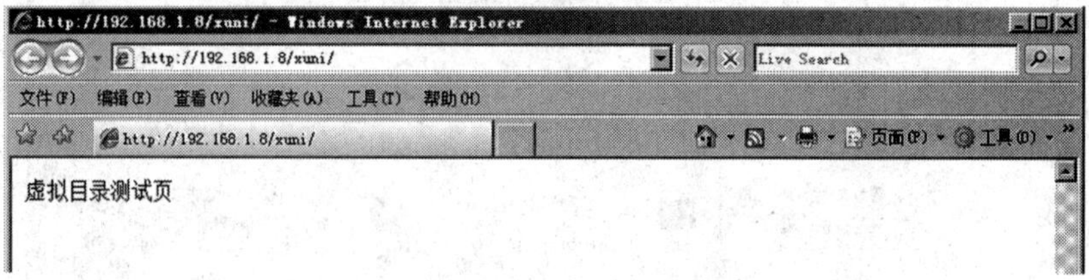

图 9-25　虚拟目录的浏览效果

3）HTTP 重定向

如果网站内容正在搭建或维护中，则可以将此网站暂时重定向到另一个网站，这样用户连接该网站时，看到的将是另一个网站的网页。首先需要安装 HTTP 重定向角色服务。在“Internet 信息服务（IIS）管理器”对话框单击 Web4 网站，在图 9-26 所示的 Web4 主页区域，双击 Web4 中的“HTTP 重定向”，选择“将请求重定向到此目标”并输入目标网址，然后选择“将所有请求重定向到确切的目标（而不是相对于目标）”，如图 9-27 所示，表示将连接此网站（www.slxx.com）的请求重定向到 www.sohu.com。

图 9-26 选中 Web 网站

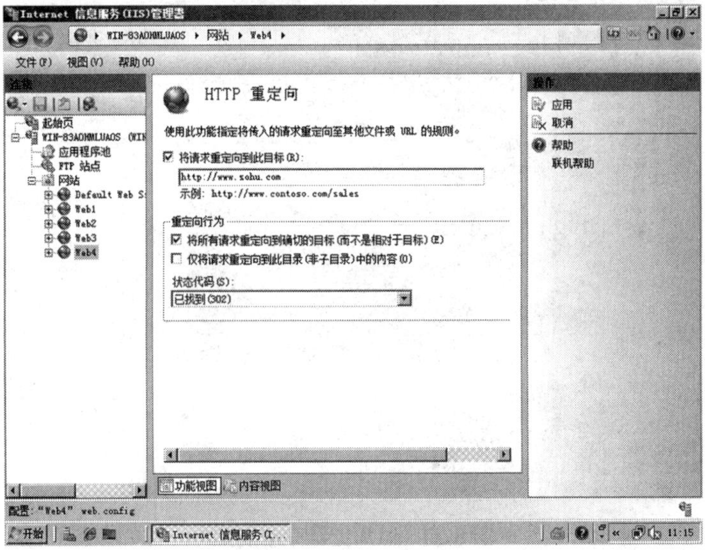

图 9-27 设置 HTTP 重定向

4）IPv4 地址和域限制

在网站中，可以通过“IPv4 地址和域限制”功能页，允许或拒绝某些 IP 地址浏览访问指定的网站，下面以禁止 192.168.1.0/24 的 IP 地址访问 Web1 为例，介绍操作步骤。

首先，打开“Internet 信息服务（IIS）管理器”，在左侧定位到 Web1 网站，在中间双击在“IPv4 地址和域限制”图标，如图 9-28 所示。

在“IPv4 地址和域限制”窗口中，在右侧的“操作”列表中，单击“添加拒绝条目”选项，在弹出的“添加拒绝限制规则”对话框中，单击“IPv4 地址范围”单选按钮，输入拒绝的地址范围和掩码，然后单击“确定”按钮，如图 9-29 所示。

图 9-28　IPv4 地址和域限制

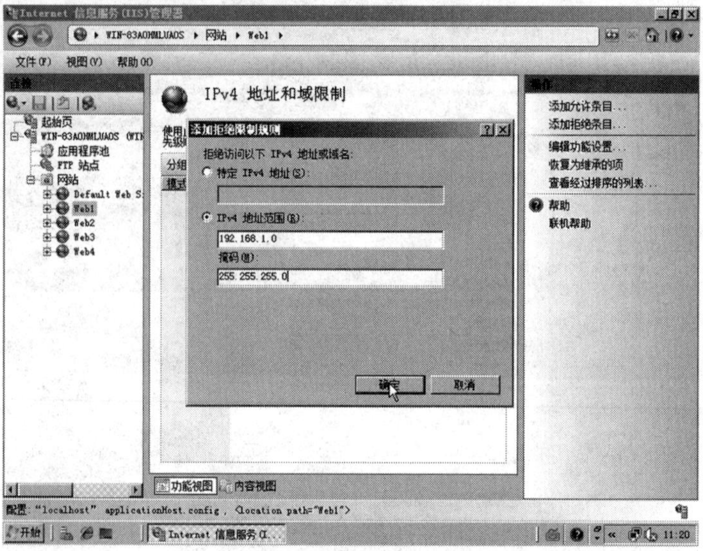

图 9-29　添加拒绝限制规则

在图 9-29 右侧的“操作”窗格中，还可以添加允许条目、编辑功能设置、删除添加的条目等。

添加之后，192.168.1.0/24 的 IP 地址在浏览器中浏览 Web1(http://192.168.1.8)时会出现错误提示，如图 9-30 所示。

5）限制访问 Web 站点的客户端数量

通过设置“限制连接数”可以限制访问 Web 网站的用户数量。

打开“Internet 信息服务(IIS)管理器”单击 Web1，然后在“操作”界面中单击“配置”

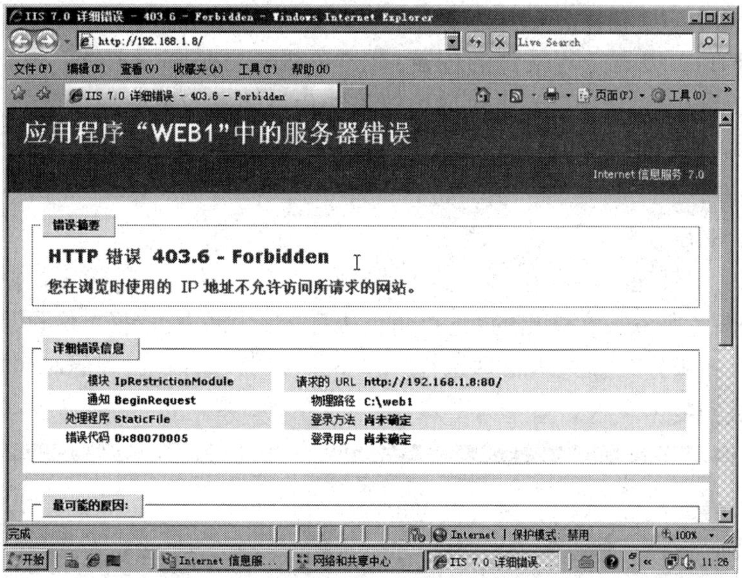

图 9-30 错误 403.6

区域的"限制"按钮,打开"编辑网站限制"界面。选择"限制连接数"复选框,并设置要限制的连接数为1,如图9-31所示,最后单击"确定"按钮。

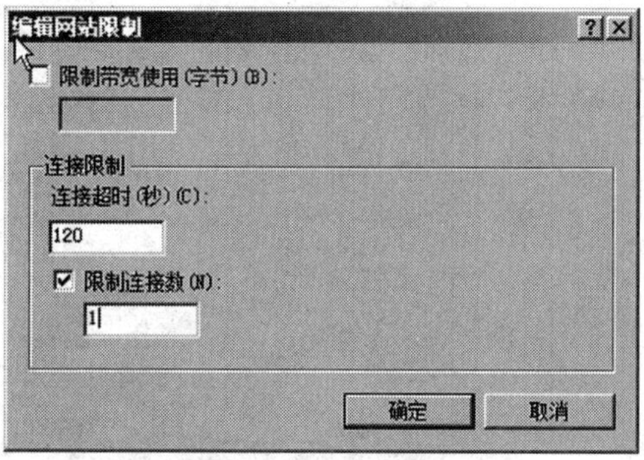

图 9-31 设置"限制连接数"

6)限制客户端访问Web站点使用带宽

通过设置"限制带宽使用"可以限制用户访问Web网站的速度。

在如图9-31所示的"编辑网站限制"对话框中,选择"限制带宽使用(字节)"复选框,并设置限制带宽为1 024字节,单击"确定"按钮。

7)通过NTFS权限来提高网页的安全性

网页文件应该存储在NTFS磁盘分区中,以便利用NTFS权限来增加网页的安全性。NTFS权限设置的途径为:打开"资源管理器",在网页文件或文件夹上右击,选择"属性"→"安全",可以对网页安全进行设置。

任务3 安装与配置FTP服务器

【任务描述】

当今大多数的企业、公司、单位网络环境中,最主要的文件传输方式是FTP协议。通过FTP协议,可以在FTP服务器上存放大量的共享软件等免费资源供用户下载,也可以将客户机的资源上传至服务器。

【任务分析】

要使用 FTP 服务器进行文件的传输,首先必须安装 FTP 服务器。同样的,在 Windows Server 2008 中,FTP 服务器也可以通过添加角色的方式来添加。安装完成后,就可以通过“Internet 信息服务(IIS)6.0 管理器”来配置和管理 FTP 服务器。

【操作步骤】

1. 安装 FTP 服务器

打开“服务器管理器”,展开“角色”节点,单击“Web 服务器”,然后在控制台右侧界面单击“添加角色服务”,在弹出的“选择角色服务”对话框中,选择“IIS 6 元数据库兼容性”和“FTP 发布服务”,如图 9-32 所示,单击“下一步”按钮并在出现的对话框中单击“安装”按钮,完成安装。

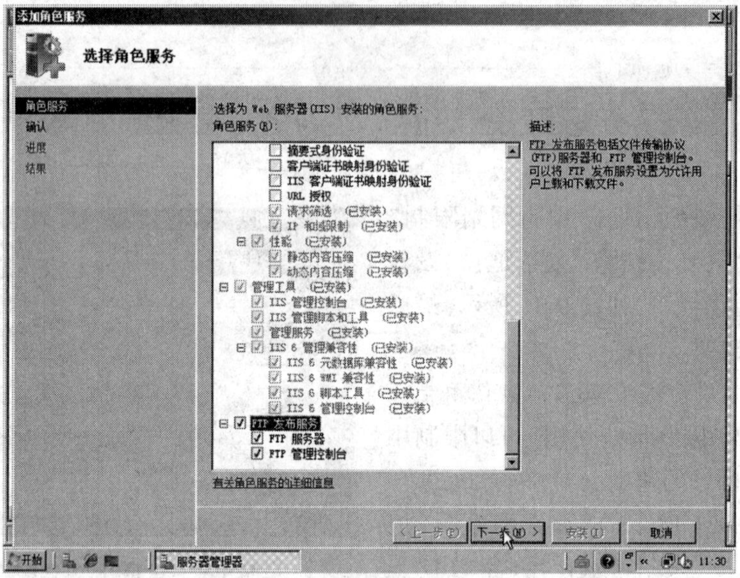

图 9-32 为 FTP 选择角色服务

2. 配置 FTP 服务器

使用“Internet 信息服务(IIS)6.0 管理器”控制台,允许在单台 FTP 服务器上创建多个 FTP 站点。区分不同 FTP 站点的标识信息有 IP 地址和端口,两者不能完全相同。

打开“Internet 信息服务(IIS)6.0 管理器”,可以看到一个默认的 FTP 站点 Default FTP Site 正在运行。

也可以创建一个新的 FTP 站点 MyFtp。首先,将 C 盘建立文件夹 myftp 作为上传和下载的主目录,并存入文件供测试使用。

右击 FTP 站点,选择“新建”→“FTP 站点”,在打开的“FTP 站点创建向导”中单击“下一步”,在出现的“FTP 站点描述”对话框中输入 FTP 站点的描述 MyFtp。

单击“下一步”按钮,在出现的“IP 地址和端口设置”对话框中设置 IP 地址为 192.168.1.8,端口号 21 默认不用修改,如图 9-33 所示。

单击“下一步”按钮,选择“不隔离用户”,单击“下一步”按钮,输入主目录的路径 C:\

myftp，单击“下一步”按钮，在“FTP 站点访问权限”对话框中，如果选择“读取”，则用户可以下载资源，如果选择“写入”，则用户可以上传资源。这里，使用默认设置，如图 9-34 所示。

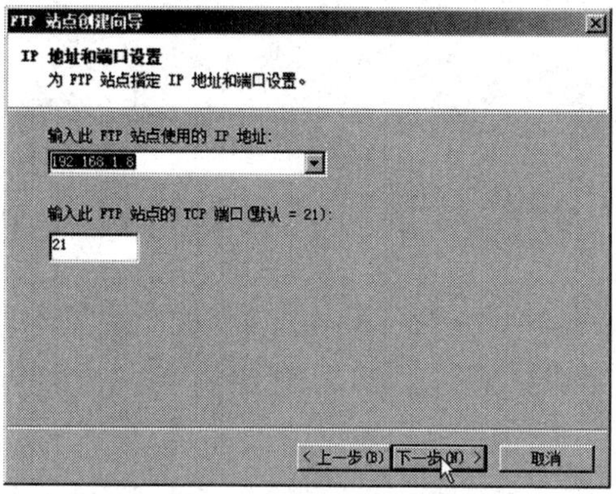

图 9-33　设置 IP 地址和端口

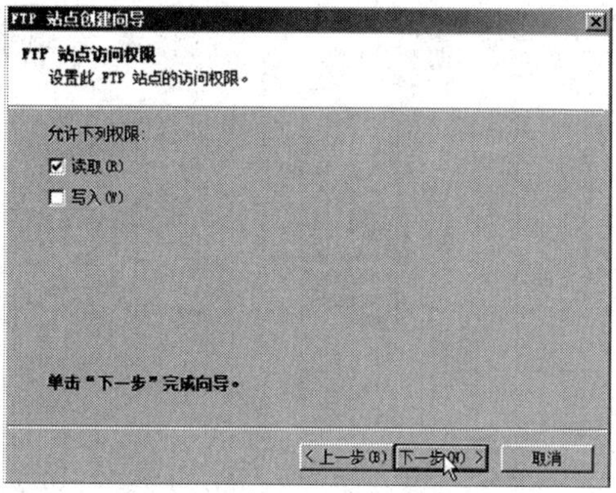

图 9-34　设置 FTP 站点访问权限

单击“下一步”按钮，在“已成功完成 FTP 站点创建向导”对话框中，单击“完成”按钮完成 FTP 站点的创建。

建立好的 FTP 站点，还可以修改配置，如修改站点标识、开启日志功能、禁用匿名访问、修改主目录和访问权限、限制访问的 IP 地址等，这些修改都可以通过右击某站点，选择“属性”，在图 9-35 所示的“MyFtp 属性”对话框中进行设置，在此不再一一详述。

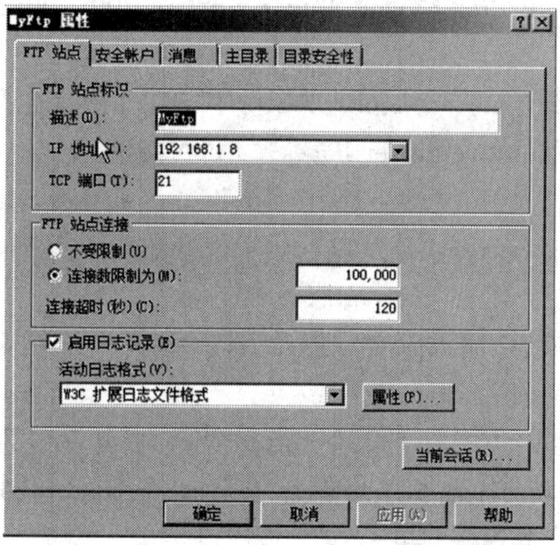

图 9-35　FTP 属性对话框

3. 测试 FTP 服务器

在客户机上打开网上邻居，在地址栏输入 ftp://192.168.1.8，即可访问到 MyFtp 站点，如图 9-36 所示。

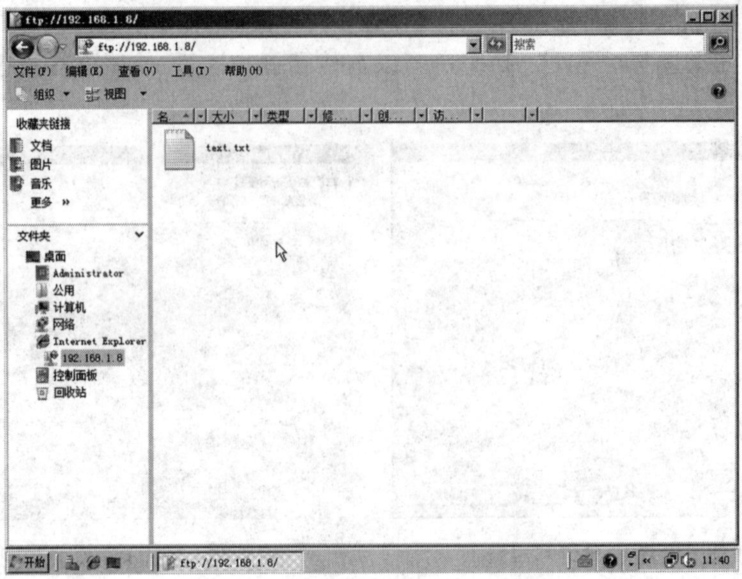

图 9-36 在客户机上访问 FTP 站点

【知识链接】

1. IIS

Internet Information Services(IIS,互联网信息服务),是由微软公司提供的基于运行 Microsoft Windows 的互联网基本服务。最初是 Windows NT 版本的可选包,随后内置在 Windows 2000、Windows XP Professional、Windows Server 2003、Windows Server 2008 等操作系统上一起发行。

IIS 将 World Wide Web Server、Gopher Server 和 FTP Server 全部包含在里面。使用 IIS 能发布网页,并且由 ASP(Active Server Pages)、JAVA、VBscript 产生的页面具有一些扩展功能。

IIS 是随 Windows NT Server 4.0 及以后版本操作系统一起提供的文件和应用程序服务器,是在网络操作系统上建立 Internet 服务器的基本组件。它与网络操作系统完全集成,允许使用网络操作系统内置的安全性以及 NTFS 文件系统建立强大灵活的 Internet 和 Intranet 站点。

IIS 是一种 Web(网页)服务组件,其中包括 Web 服务器、FTP 服务器和 SMTP 服务器,分别用于网页浏览、文件传输和邮件发送等方面,它使得在网络(包括互联网和局域网)上发布信息成了一件很容易的事。

2. Web 服务器

Web 服务器也称为 WWW(World Wide Web)服务器,主要功能是提供网上信息浏览服务。WWW 是 Internet 的多媒体信息查询工具,是 Internet 上最为重要的服务之一,也是发展最快和目前使用最广泛的服务。正是因为有了 WWW 工具,才使得 Internet 迅速发展,且用户数量飞速增长。

1)Web 服务器简介

Web 服务器是可以向发出请求的浏览器提供文档的程序。

(1)服务器是一种被动程序。只有当 Internet 上运行在其他计算机中的浏览器发出请求时,服务器才会响应。

(2)最常用的 Web 服务器是 Apache 和 Microsoft 的 Internet 信息服务器。

(3)Internet 上的服务器也称为 Web 服务器,是一台在 Internet 上具有独立 IP 地址的计算机,可以向 Internet 上的客户机提供 WWW、E-mail 和 FTP 等各种 Internet 服务。

(4)Web 服务器是指驻留于因特网上某种类型计算机的程序。当 Web 浏览器(客户端)连到服务器上并请求文件时,服务器将处理该请求并将文件反馈到该浏览器上,附带的信息会告诉浏览器如何查看该文件(文件类型)。服务器使用 HTTP(超文本传输协议)与客户机浏览器进行信息交流,这就是人们常把它们称为 HTTP 服务器的原因。

Web 服务器不仅能够存储信息,还能在用户通过 Web 浏览器提供的信息的基础上运行脚本和程序。

2)Web 服务器工作过程

Web 服务器的工作过程并不复杂,一般可分成如下 4 个步骤:连接过程、请求过程、应答过程以及关闭连接。

连接过程就是 Web 服务器和其浏览器之间所建立起来的一种连接。如查看连接过程是否实现,用户可以找到和打开 Socket 这个虚拟文件,这个文件的建立意味着连接过程这一步骤已经成功建立。请求过程就是 Web 的浏览器运用 Socket 这个文件向其服务器提出各种请求。应答过程就是运用 HTTP 协议把在请求过程中所提出来的请求传输到 Web 的服务器,进而实施任务处理,然后运用 HTTP 协议把任务处理的结果传输到 Web 的浏览器,同时在 Web 的浏览器上面展示上述所请求的界面。关闭连接就是当应答过程完成以后,Web 服务器和其浏览器之间断开连接的过程。

总结与回顾

Web 和 FTP 是 Internet 中两个非常重要的应用层协议,用于实现超文本传输和文件传输。本单元主要介绍 Web 服务器和 FTP 服务器的安装、配置及管理。重点掌握 IIS 的安装和设置、默认 Web 站点的配置管理,以及 Web 站点的新建、FTP 站点的新建。FTP 服务器的配置与管理比较简单,但还要重视它们的应用。

实训与练习

一、选择题

1. 下面项目能用来识别 Web 站点的是________。

   A. IP 地址　　B. 端口　　C. 主机名　　D. 别名

2. 下面项目能用来识别 FTP 站点的是________。

   A. IP 地址　　B. 端口　　C. 主机名　　D. 别名

3. IIS 6.0 不可以提供服务功能的是________。

   A. WWW　　B. FTP　　C. SMTP　　D. DNS

二、填空题

1. 一般来说,WWW 服务器使用的端口号是__________。

2. FTP 服务器使用的端口号是__________。

3. IIS 的中文全称是________________。

4. Web 服务器的工作过程一般可分成如下 4 个步骤:连接过程、请求过程、________以及关闭连接。

5. 专用的 FTP 服务器要求用户在访问它们时必须提供用户账户和______________。

三、简答题

1. 简述 FTP 的功能。

2. 如何在同一台服务器中配置 4 个不同的 Web 站点?

3. 在 Web 服务器中如何设置虚拟目录?

4. 如何建立 FTP 站点,并允许用户上传文件?

四、实训题

1. 新建站点“myweb”,并设置站点的根目录和主页文件,完成后测试站点。

2. 新建一个 FTP 服务器,命名为“myftp”。设置服务器可以匿名访问,同时生成账号、密码,让特定用户通过账号密码访问 FTP 服务器。

第10单元　模拟实训环境的搭建

【课程思政】

青春如流水，转瞬即逝。正如陶渊明的诗句："盛年不重来，一日难再晨。及时当勉励，岁月不待人。"我们的青春年华如同初升的太阳，一旦错过便无法重来。在这宝贵的时光里，我们要学会抓住机遇，不断勉励自己，充实自己的知识和技能。

在信息技术领域，模拟实训环境的搭建正是这样一个让我们抓住机遇、磨练技能的宝贵机会。Cisco Packet Tracer 和 VMware Workstation 等工具，为我们提供了一个虚拟但真实的网络环境，让我们可以在实践中学习和掌握网络技术和虚拟化技术。

这就像年轻时的我们，面对人生的工程项目，需要抓住关键线路和施工环节，才能实现工程目标。同样地，在模拟实训环境中，我们也需要抓住每一个实践机会，掌握每一个技术细节，才能不断提升自己的技能水平。

为了保证学习效果，模拟实训环境将是硬件设备的有益补充。模拟实训环境就是使用软件来营造出一种虚拟的实验环境——在软件中模拟网络设备或终端设备。例如，可在 Cisco Packet Tracer 中模拟多台网络设备，在软件 VMware 中可虚拟一台甚至几台计算机，这些虚拟计算机可以像真正的计算机一样设置 BIOS，进行分区和格式化硬盘，安装操作系统和应用程序，设置网络参数及配置网络服务等。本单元将介绍 Cisco Packet Tracer 和 Vmware 虚拟软件的应用。

项目1　用 Cisco Packet Tracer 构建网络设备调试环境

【项目目标】

- 了解 Cisco Packet Tracer 的界面。
- 根据实验包列表进行设备调试。
- 自定义网络拓扑结构进行设备调试。

任　务　Cisco Packet Tracer 的基本使用方法

【任务描述】

在学习网络设备使用与维护时，学生很想在"人手一机"的情况下，利用模拟软件模拟 PC、交换机、路由器来自定义网络拓扑结构及多种连接方式（如 PSTN、ISDN、PPP 等）。用 Cisco Packet Tracer 省去了制作网线连接设备、频繁变换 CONSOLE 线、不停地往返于设备之间等环节。在通过模拟器熟练掌握路由、交换设备的配置技巧后，再多接触实际设备，将所学技术应用到实际环境，提高解决问题的能力。

【任务分析】

Cisco Packet Tracer 是一款较好用的模拟软件。

Cisco Packet Tracer 实际上是由 Cisco 公司发布的一个辅助学习工具,为学习思科网络课程的初学者设计、配置、排除网络故障提供了网络模拟环境。用户可以在软件的图形用户界面上采用直接拖动的方法建立网络拓扑,并可提供数据包在网络中的详细处理过程,观察网络实时运行情况。

【操作步骤】

1. 准备工作

(1) 软件安装完成后,启动软件,打开界面如图 10-1 所示。各区域名称及功能如表 10-1 所示。

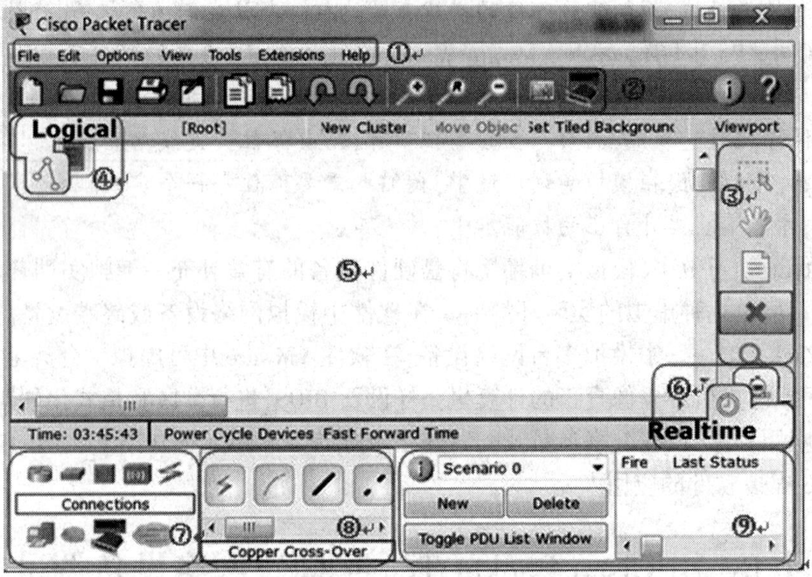

图 10-1 Packet Tracer 软件界面

表 10-1 Packet Tracer 软件界面布局

编号	区域名称	主要功能
1	菜单栏	此栏中有文件、选项和帮助按钮,在此可以找到一些基本的命令如打开、保存、打印和选项设置,还可以访问活动向导
2	主工具栏	此栏提供了文件按钮中命令的快捷方式,可以点击右边的网络信息按钮,为当前网络添加说明信息
3	常用工具栏	此栏提供了常用的工作区工具包括选择、整体移动、备注、删除、查看、添加简单数据包和添加复杂数据包等
4	逻辑/物理工作区转换栏	可以通过此栏中的按钮完成逻辑工作区和物理工作区之间转换

续表 10-1

编号	区域名称	主要功能
5	工作区	此区域中可以创建网络拓扑,监视模拟过程,查看各种信息和统计数据
6	实时/模拟转换栏	通过此栏中的按钮完成实时模式和模拟模式之间转换
7	设备类型库	包含不同类型的设备如路由器、交换机、HUB、无线设备、连线、终端设备等
8	特定设备库	包含不同设备类型中不同型号的设备,它随着设备类型库的选择级联显示
9	用户数据包窗口	管理用户添加的数据包,并查看数据通信状态

(2)通过搭建一个简单的局域网来体验 Packet Tracer 的使用方法。首先在设备类型库中选择交换机,特定设备库中单击“2960”交换机,然后在工作区中单击一下就可以把交换机添加到工作区中了。选择“终端设备(End Devices)”库,用同样的方式再添加 4 台主机,如图 10-2 所示。注意,我们可以按住 Ctrl 键再单击相应设备以连续添加设备。

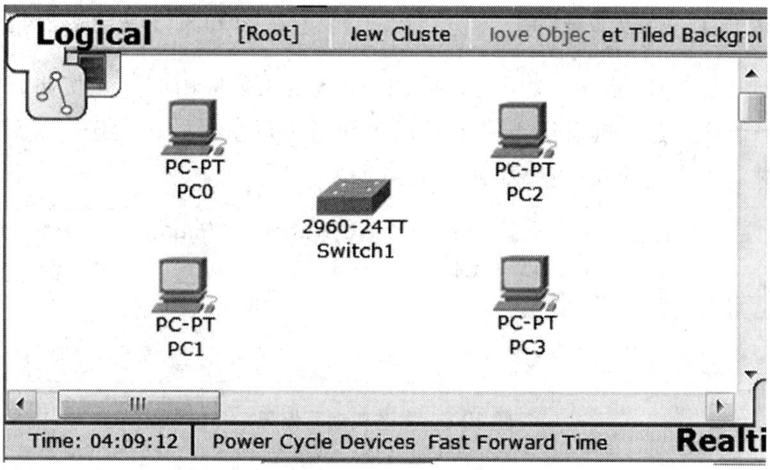

图 10-2　添加设备

(3)选取合适的线型将设备连接起来。可以根据设备间的不同接口选择特定的线型来连接,如果只是想快速地建立网络拓扑而不考虑线型选择,可以选择自动连线,如图 10-3“特定设备库”中第一个闪电形状的图标。

(4)在选取线路后,分别点击主机和交换机可实现设备的连接,如图 10-4 所示。双击每一台计算机,在弹出的窗口中双击“Desktop”菜单下的“IP Configuration”选项,为每台主

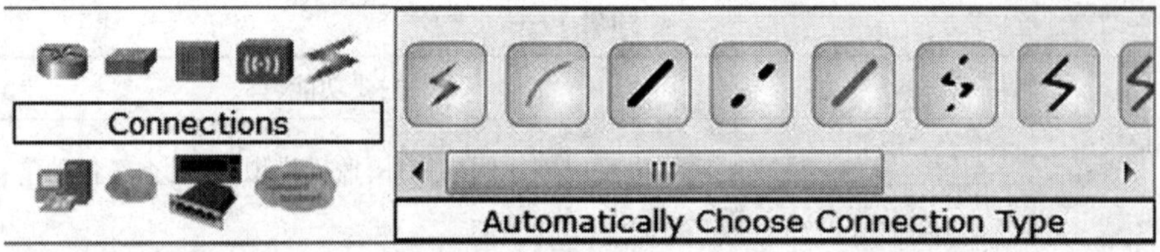

图 10-3　线路选择

机的“IP Address”栏分别填写 192. 168. 1. 1 ~ 192. 168. 1. 4 中的地址，然后点击“Subnet Mask”对话框可自动补齐相应数值，如图 10-5 所示，这样主机就配置完成了。

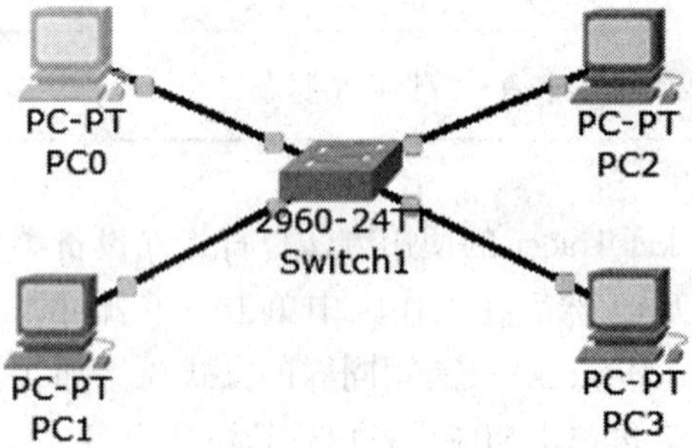

图 10-4　连接完成结构图

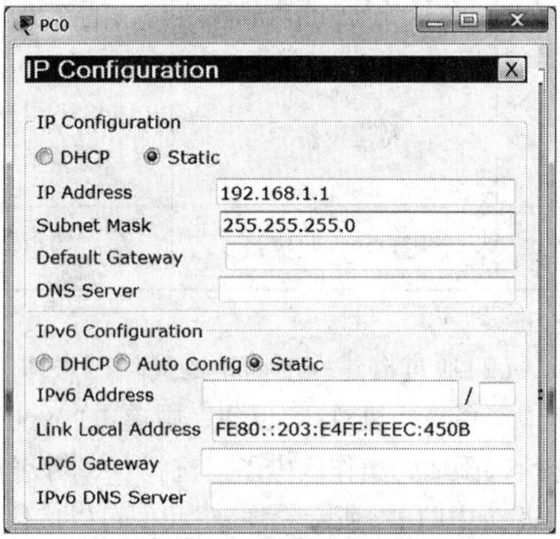

图 10-5　连接完成结构图

(5)回到主窗口中，点击“常用工具栏”中的“Add Simple PDU”按钮分别点击两台主机，这相当于从一台主机发送了一个数据包到另一台主机。在发送完成后会在“用户数据包窗口”看到发送成功的信息，如图 10-6 所示。

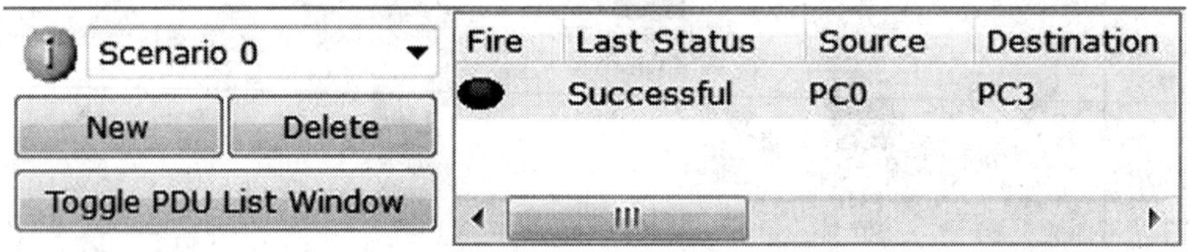

图 10-6　发送成功后信息

项目 2　用 VMware 构建虚拟网络

【项目目标】

- 了解 VMware 的安装。
- 了解 VMware 的基本使用方法。

任务1　安装 VMware

【任务引入】

在学习计算机网络课程时，学校虽然提供了专业的网络实验室，但网络实验和其他计算机实验有所不同，所需设备昂贵，数量也较多，面对一个班上四五十名学生，实验设备往往显示出不足。学生都想独立进行网络实验，提高职业技能。

虚拟机软件 VMware Workstation 提供的“计算机”像真正的计算机一样，也包括 CPU、内存、硬盘、光驱、软驱、显卡、声卡、SCSI 卡、USB 接口、PCI 接口和 BIOS 等。在虚拟机中可以和真正的计算机一样安装操作系统、应用程序和软件以及网络服务。

学生可以在“人手一机”的情况下，使用虚拟机很轻松地组建实验环境。

【任务分析】

要使用虚拟机软件 VMware Workstation，所需的设备或软件如下：

(1)计算机1台，配置要求：733 MHz 以上的 CPU，最低1 GB 内存，40 GB 以上硬盘。

(2)VMware Workstation10 软件1套。

(3)Windows XP 安装光盘1张或具有 Windows XP 安装光盘的 ISO 文件。

【操作步骤】

1. 安装 VMware Workstation

(1)双击安装程序“VMware-workstation-full-10.0.1”开始安装 VMware Workstation，如图10-7所示。

(2)软件开始安装并进入欢迎界面，单击“下一步”按钮，如图10-8所示。

(3)在“许可协议”对话框中，选择“我接受许可协议中的条款”，然后单击“下一步”按钮，如图10-9所示。

(4)在“安装类型”对话框中，选择安装类型，可以选择“典型”安装，如图10-10所示。

图10-7　安装程序 VMware Workstation

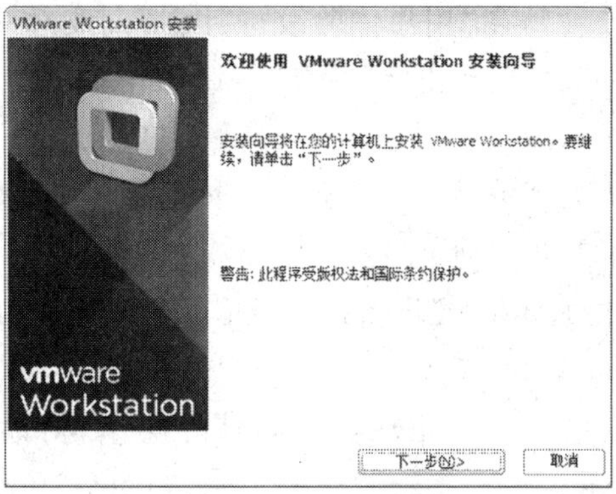

图10-8　安装向导

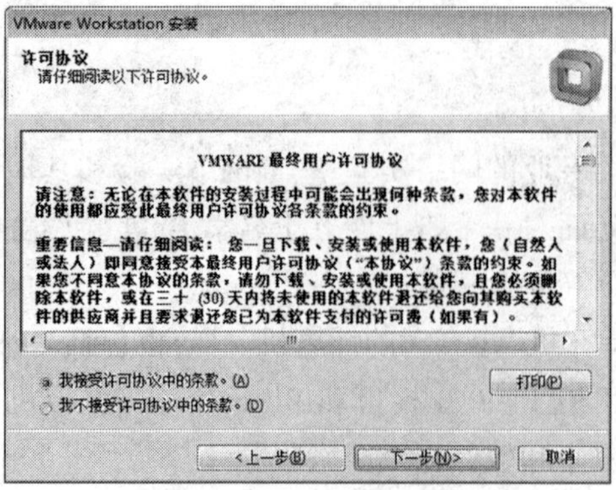

图 10-9　接受许可协议

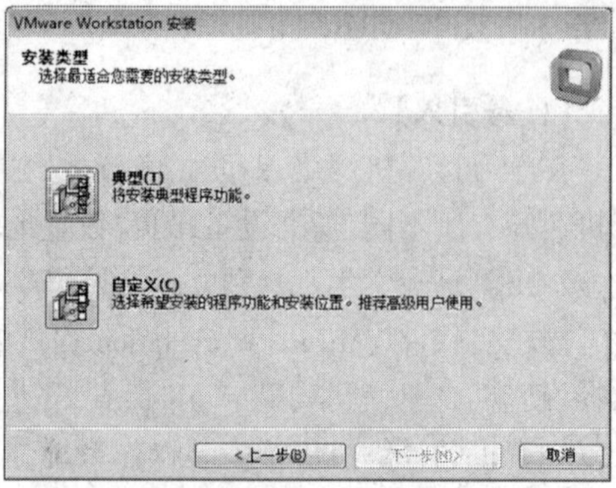

图 10-10　典型安装

(5)在“目标文件夹”对话框中,选择软件的安装目录,一般保持默认即可,然后单击“下一步”按钮,如图 10-11 所示。

(6)在“软件更新”对话框中,可以取消勾选“启动时检查产品更新”,然后单击“下一步”按钮,如图 10-12 所示。

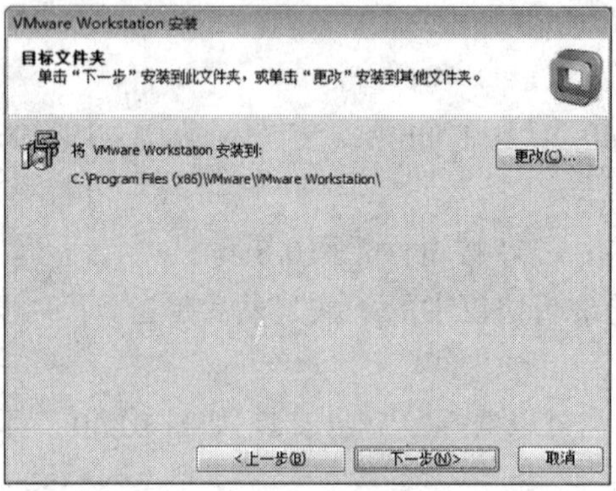

图 10-11　目标文件夹

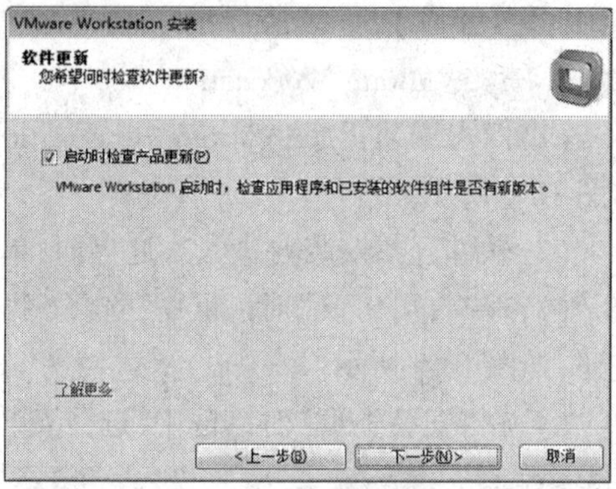

图 10-12　软件更新

(7)在“用户体验改进计划”对话框中,可以取消勾选“帮助改善 VMware Workstation”,然后单击“下一步”按钮,如图 10-13 所示。

(8)选择要创建的 VMware Workstation 的快捷方式的位置,默认情况下将在“桌面”“开始菜单程序文件夹”和“快速启动工具栏”中创建。保持默认值,单击“下一步”按钮,如图 10-14 所示。

(9)在“已准备好执行请求的操作”对话框中,单击“继续”按钮开始安装,如图 10-15 所示。

(10)在“正在执行请求的操作”对话框中,需要几分钟时间进行安装,如图 10-16 所示。

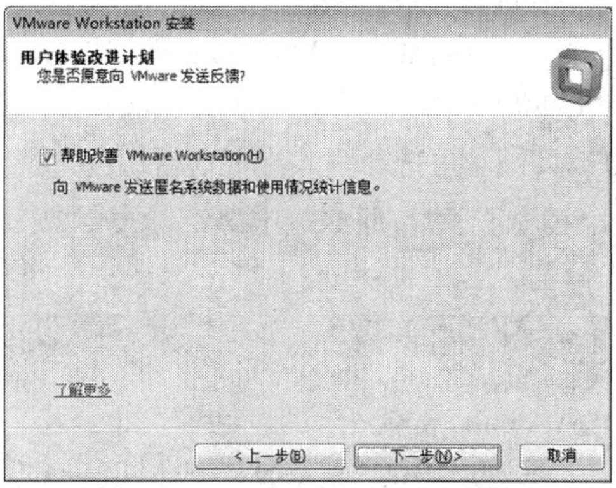

图 10-13 用户体验改进计划

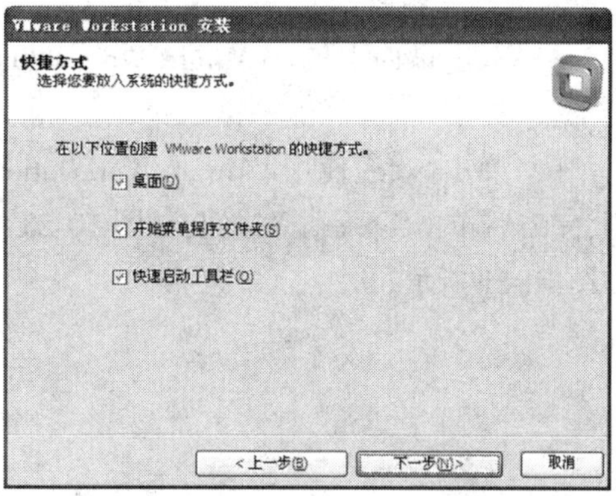

图 10-14 创建快捷方式的位置

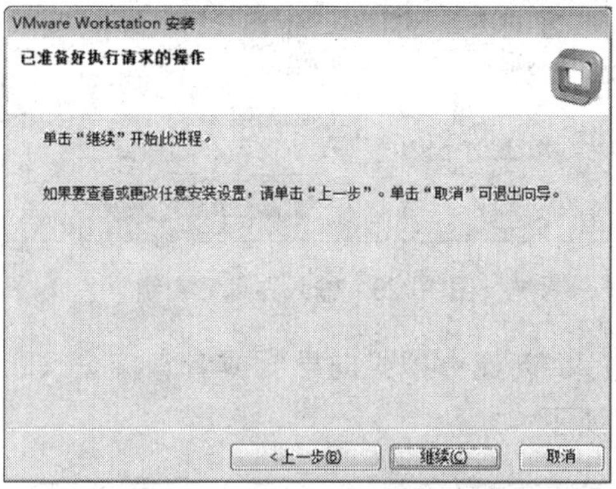

图 10-15 已准备好执行请求的操作

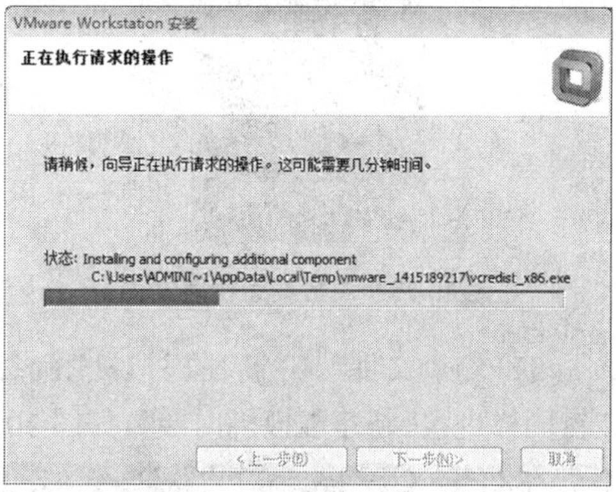

图 10-16 正在执行请求的操作

(11)在弹出的"输入许可证密钥"对话框中,单击"跳过"按钮,稍后再输入许可证密钥,如图 10-17 所示。

(12)安装完成后单击"完成"按钮,如图 10-18 所示。

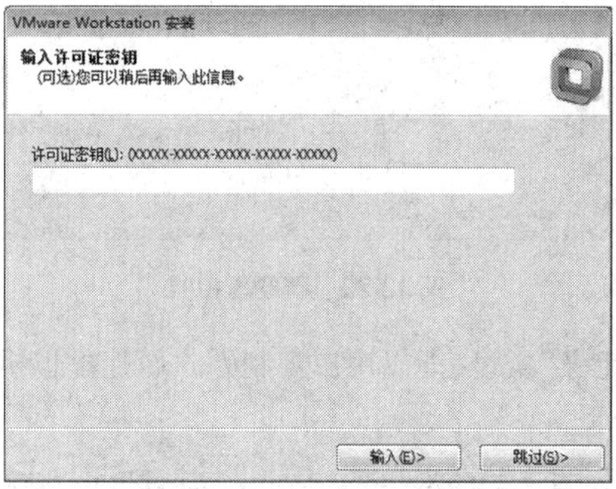

图 10-17 稍后输入许可证密钥

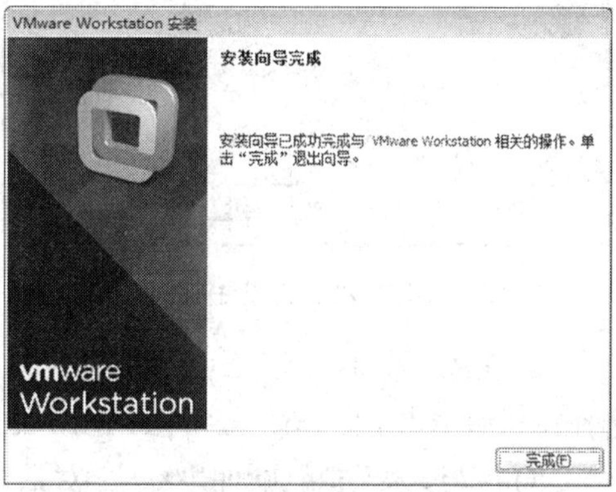

图 10-18 安装完成

2. 创建虚拟机

(1)双击桌面上的“VMware Workstation”图标，启动 VMware Workstation，如图 10-19 所示。

(2)弹出“欢迎使用 VMware Workstation 10”对话框，可选择输入许可证密钥或选择试用，完成后单击“下一步”按钮，如图 10-20 所示。在弹出的欢迎窗口中单击“完成”按钮，如图 10-21 所示。

图 10-19　双击桌面快捷方式

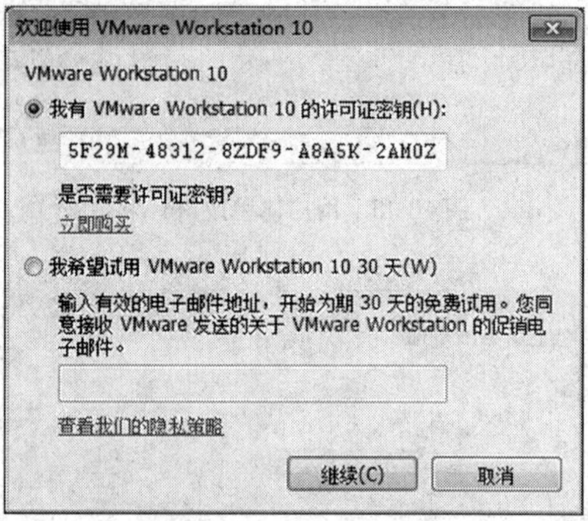

图 10-20　输入许可证密钥

(3)单击“文件”→“新建虚拟机”命令，进入“新建虚拟机向导”，或者直接按“Ctrl+N”键同样进入“新建虚拟机向导”，如图 10-22 所示。

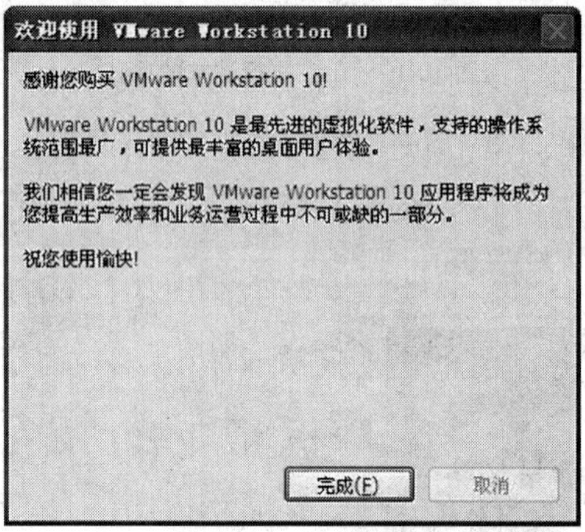

图 10-21　完成注册

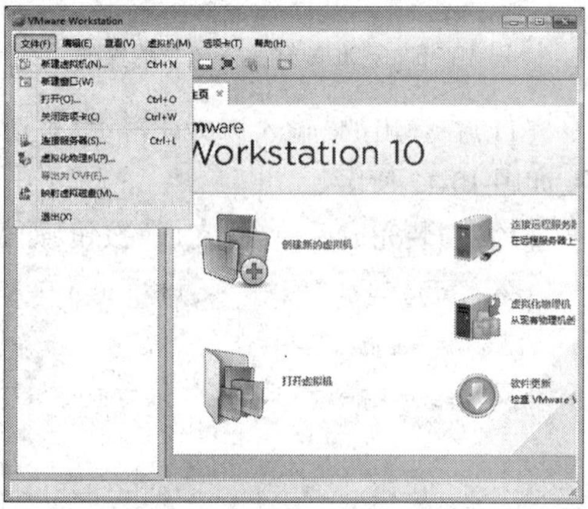

图 10-22　新建虚拟机

(4)在配置虚拟机类型对话框中选择“自定义”类型，即以用户定制方式新建虚拟机。选择完毕后单击“下一步”按钮，如图 10-23 所示。

(5)在“选择虚拟机硬件兼容性”对话框中，选择“Workstation 10.0”，然后单击“下一步”按钮，如图 10-24 所示。

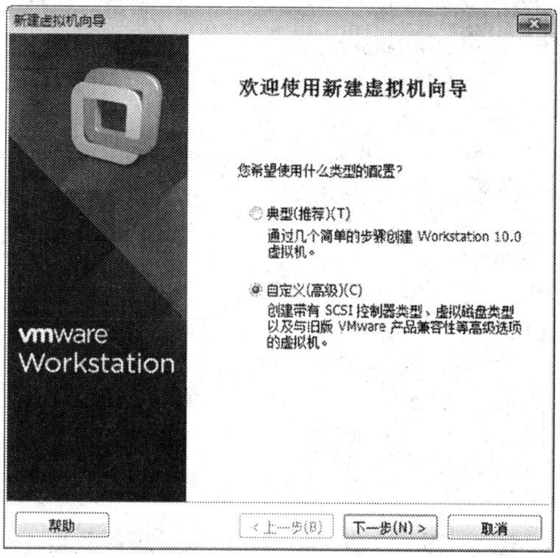

图 10-23　选择自定义类型

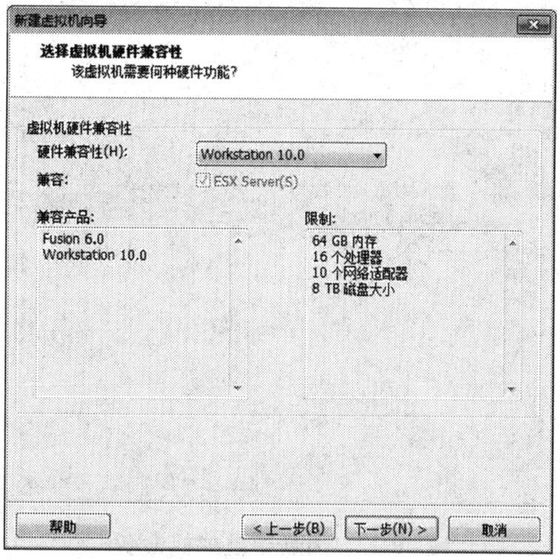

图 10-24　选择 Workstation 10.0

(6)在“安装客户机操作系统”对话框中,选择“稍后安装操作系统”,然后单击“下一步”按钮,如图 10-25 所示。

(7)在弹出的“选择客户操作系统”对话框中,从“客户机操作系统”选择组中选择“Microsoft Windows”,从“版本”下拉列表框中选择“Windows XP Professional”,然后单击“下一步”按钮,如图 10-26 所示。

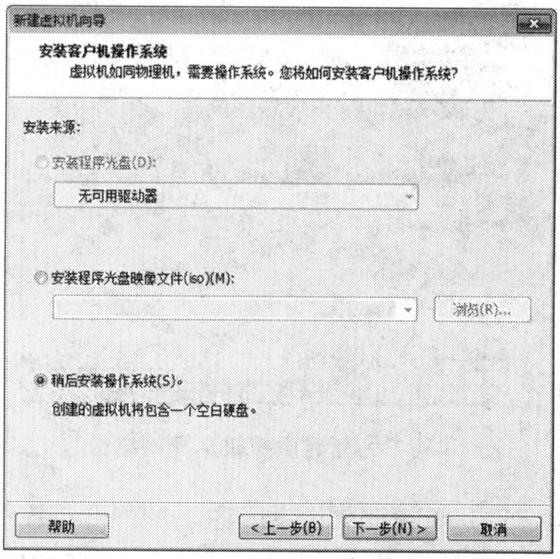

图 10-25　选择稍后安装操作系统

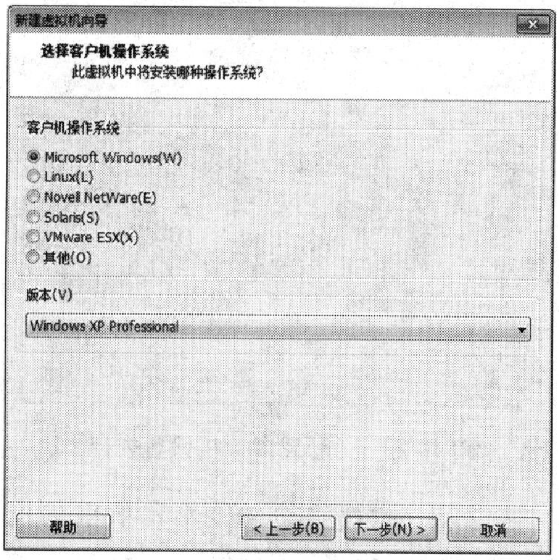

图 10-26　选择安装的操作系统

(8)出现“命名虚拟机”对话框,在“虚拟机名称”栏输入新建虚拟机的名称,在“位置”栏指定新建虚拟机的存放位置,然后单击“下一步”按钮,如图 10-27 所示。

(9)出现“处理器配置”对话框,根据主机的实际情况选择处理器数量和每个处理器的核心数量,在此选择数量都为“1”后单击“下一步”按钮,如图 10-28 所示。

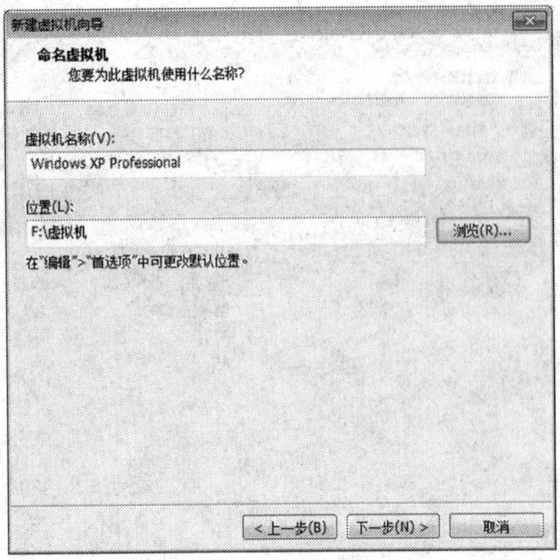

图 10-27　为新建虚拟机命名

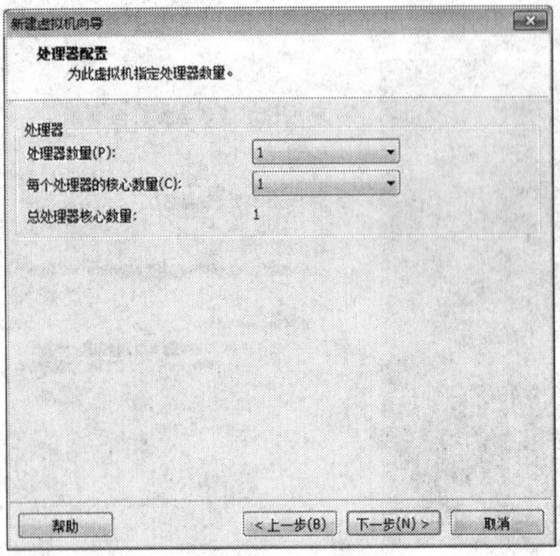

图 10-28　为新建虚拟机选择处理器数目

(10)出现“此虚拟机的内存”对话框,为新建的虚拟机分配内存,在此设置 512 MB 内存,然后单击“下一步”按钮,如图 10-29 所示。

(11)出现“网络类型”对话框,在“网络连接”栏选择“使用桥接网络”类型,即将新建的虚拟机网卡桥接到主机电脑的物理网卡上,然后单击“下一步”按钮,如图 10-30 所示。

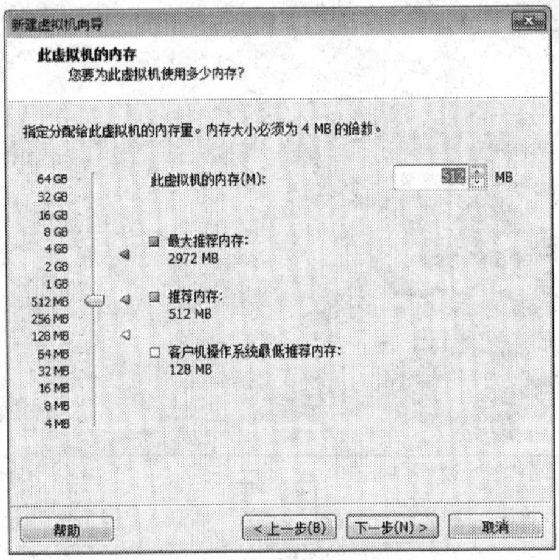

图 10-29　为新建虚拟机设置内存

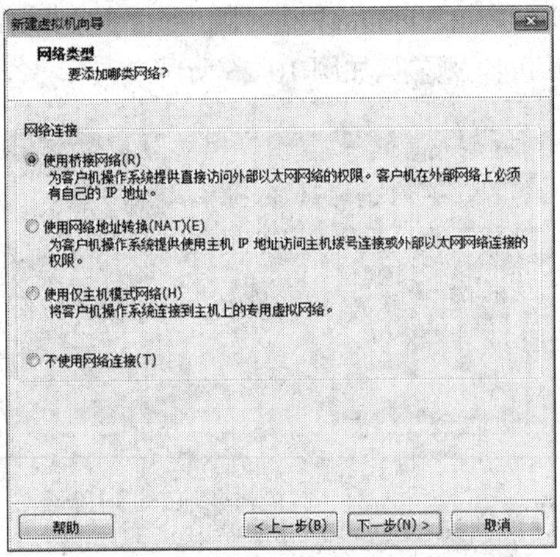

图 10-30　为新建虚拟机选择网络类型

(12)出现“选择 I/O 控制器类型”对话框,在“I/O 控制器类型”栏下的“SCSI 控制器”中选择“LSI Logic SAS”,将 SCSI 卡设为 LSI Logic SAS 类型,然后单击“下一步”按钮,如图 10-31 所示。

(13)出现“选择磁盘类型”对话框,在“虚拟磁盘类型”栏选择“SCSI”类型,将新建虚拟机的硬盘设为 SCSI 接口的硬盘,然后单击“下一步”按钮,如图 10-32 所示。

(14)出现“选择磁盘”对话框,在“磁盘”栏选择“创建新虚拟磁盘”,为新建虚拟机创建新的虚拟盘,然后单击“下一步”按钮,如图 10-33 所示。

(15)出现“指定磁盘容量”对话框,在“最大磁盘大小”中指定磁盘容量的大小。设置完毕后，单击“下一步”按钮，如图 10-34 所示。

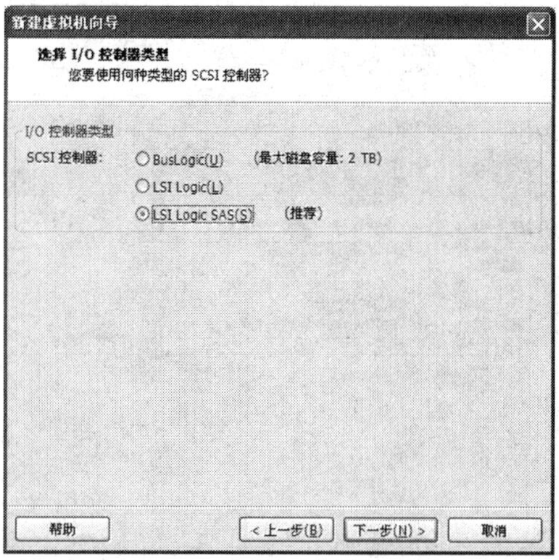

图 10-31　选择 I/O 控制器类型

图 10-32　选择磁盘类型

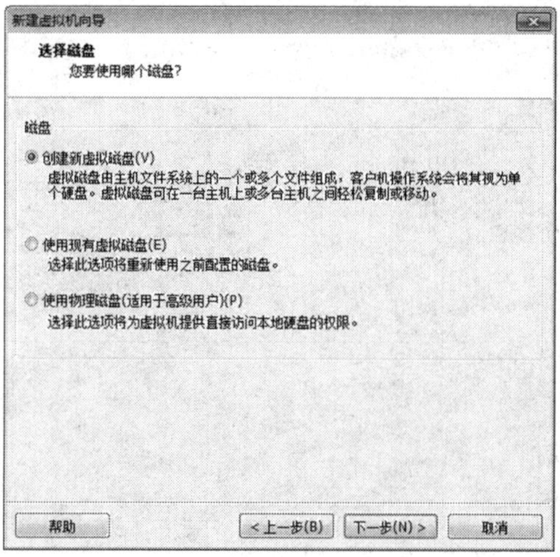

图 10-33　创建新虚拟磁盘

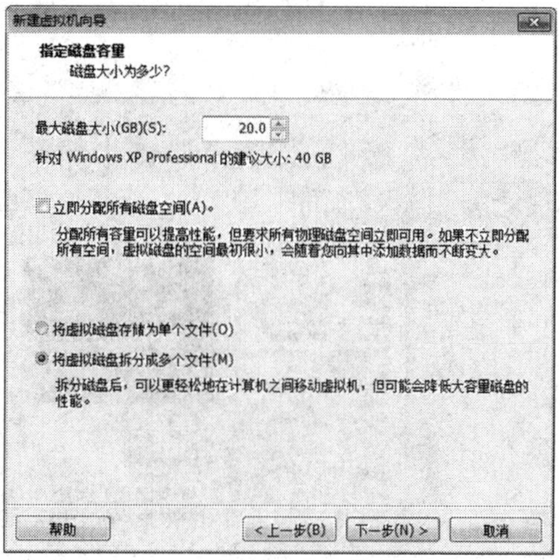

图 10-34　指定磁盘容量

(16)出现“指定磁盘文件”对话框，指定磁盘文件存放位置后单击“下一步”按钮，如图 10-35 所示。

(17)在“已准备好创建虚拟机”对话框中可以查看新建虚拟机基本设置，如需修改可单击“上一步”返回进行修改。设置好后单击“完成”创建虚拟机，如图 10-36 所示。

(18)虚拟机创建完毕后在“VMware Workstation”窗口左侧出现新的虚拟机“Windows XP Professional”，在窗口中间“设备”栏列出了虚拟机的设备清单，在窗口右下角列出了虚拟机的详细信息，如图 10-37 所示。

3. 在虚拟机上安装操作系统

(1)单击“VMware Workstation”窗口左侧刚创建的虚拟机“Windows XP Professional”，然后单击窗口中间的“编辑虚拟机设置”项。出现“虚拟机设置”对话框后，选择

“CD/DVD(IDE)”项。在“连接”选项区域内选中“使用ISO映像文件”单选按钮，并单击

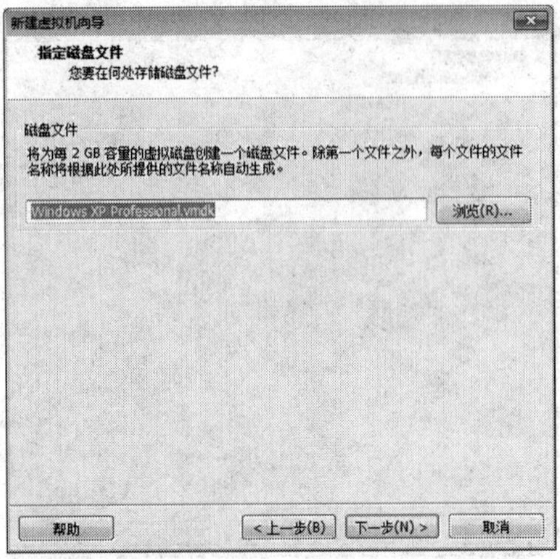

图 10-35　设置虚拟磁盘的文件名称

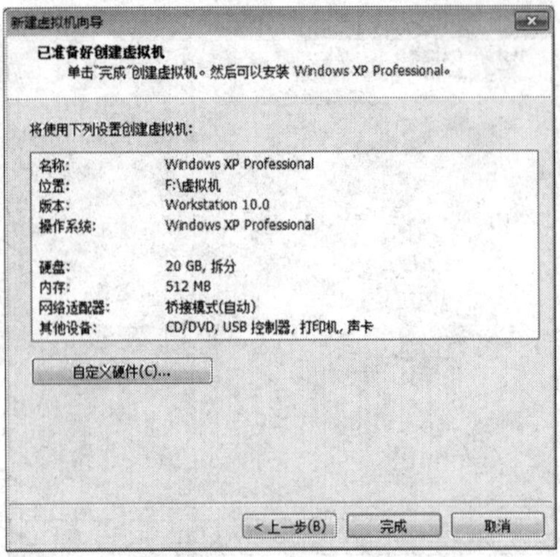

图 10-36　已准备好创建虚拟机

“浏览”按钮选择 ISO 映像文件路径，完成后单击“确定”，如图 10-38 所示。

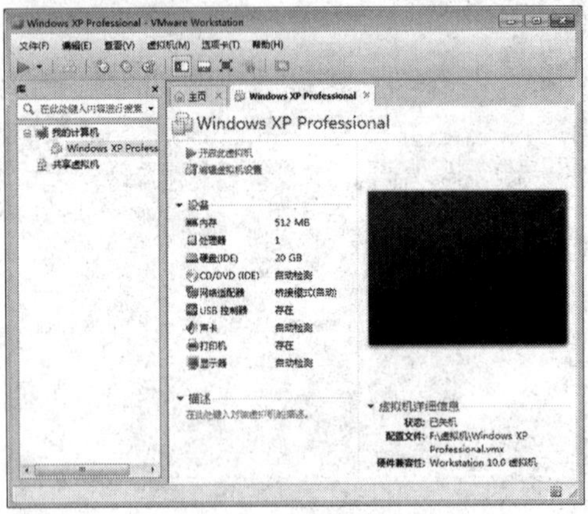

图 10-37　创建完成的虚拟机

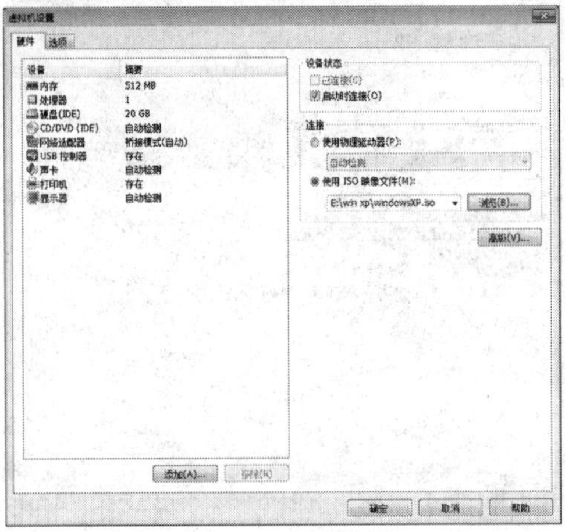

图 10-38　使用 ISO 镜像文件作为光驱

提示：可直接使物理主机的光驱作为虚拟机的光驱连接，也可使用标准光盘映像文件(ISO 格式)作为虚拟机的光驱连接。

(2)返回到“VMware Workstation”窗口，单击工具栏上的“启动”按钮，见图 10-39。

(3)在虚拟机启动过程中按 F2 键进入虚拟机的 CMOS，将虚拟机 CMOS 中的启动顺序设置为光驱引导(设置方法和普通计算机一致)，设置完毕后按 F10 键存盘退出 CMOS 设置，如图 10-40 所示。

(4)在虚拟机上安装操作系统的方法和普通计算机中安装操作系统的方法一样，如图 10-41 所示，正在为虚拟机安装 Windows XP Professional 操作系统。

(5)安装完成操作后，单击“虚拟机→快照→拍摄快照”命令，为新建的虚拟机建立一个新的快照，保留虚拟机状态，以后可以恢复到刚安装好操作系统的状态，见图 10-42。

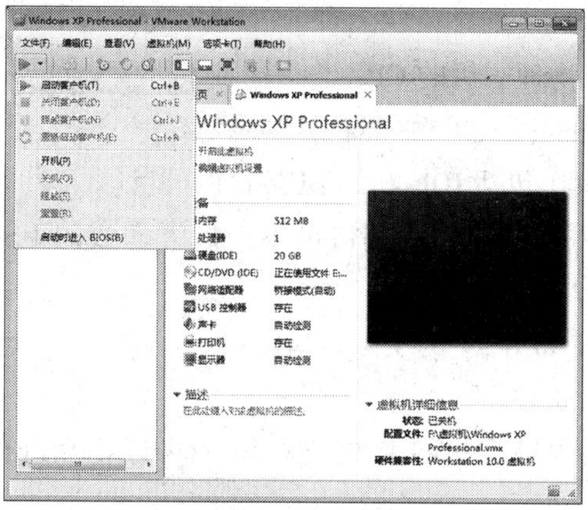

图 10-39 启动 winxp 虚拟机

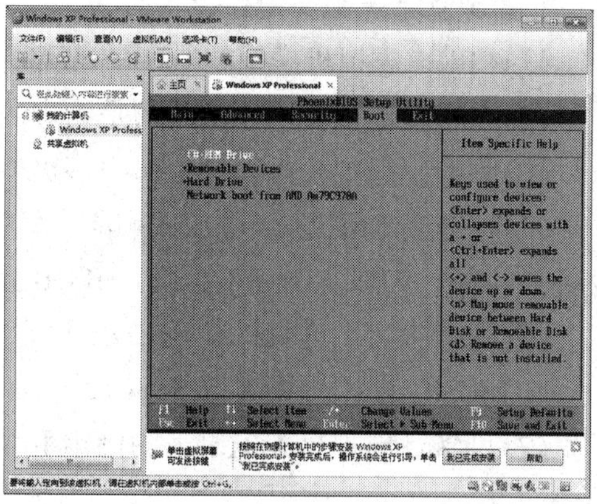

图 10-40 在虚拟机 CMOS 中设置启动顺序

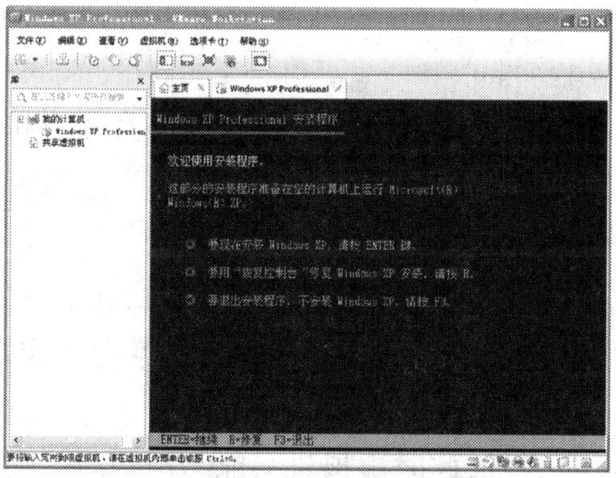

图 10-41 正在安装操作系统

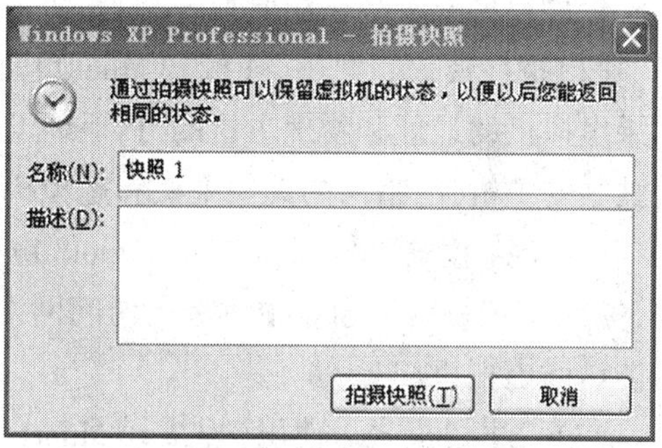

图 10-42 创建快照

【知识链接】

1. WMware Workstation 简介

VMware Workstation 主要功能有虚拟网络、实时快照、拖放、共享文件夹和支持 PXE 等。由于虚拟机虚拟出来的硬件都是标准硬件，因此在虚拟机上安装的操作系统，如 WindowsXP、Windows 7、Windows Server 2003、Windows Server 2008 等，不仅可以复制到另一台虚拟机上，还可以复制到不在同一台物理主机的虚拟机上，还可以将物理主机迁移到虚拟机中，甚至还可以将其他产品的虚拟机（如 Microsoft Virtual PC 7 以上的版本）或系统映像（例如 Symantec 备份的系统映像，扩展名为.sv2i 的文件或 Norton Ghost 9 及其以上的映像文件）转换成 VMware Workstation 虚拟机。

2. WMware 创建虚拟机的方式

（1）典型方式（Typical）。这是默认的创建方式，此方式包括了常用的“硬件”配置：显卡、声卡、网卡。要注意的是，这些设备并没有依赖于真正的硬件设备，它们通常是凌驾于硬件之上的虚拟设备，这也正是其复制到任何机器上都可以运行的原因。

（2）定制方式（Custom）。又称为自定义方式，即用户可以自主选择虚拟机内需要哪些硬件，包括定义这些硬件的大小或类型，一般只有熟悉计算机的用户才采用这种方式。

3. 虚拟机可虚拟的硬件设备

(1)CPU。虚拟机虚拟的 CPU 一般都采用物理主机的 CPU。

(2)内存。虚拟机内存使用的是物理内存的片段,可根据需要分配。

(3)硬盘。虚拟机可以虚拟出很多类的硬盘,包括 IDE 和 SCSI 接口的硬盘。

(4)USB。虚拟机虚拟的 USB 端口使用主机上的 USB 端口可以连接大多数的 USB 设备,可以是 USB1.1、USB2.0 或 USB3.0 高速端口。

(5)通信接口。虚拟机支持 COM 口和 LPT 口等,可与实际接口映射。

(6)SCSI。虚拟机可虚拟 SCSI 设备,如 SCSI 硬盘。

(7)网卡。虚拟机虚拟出来的网卡和物理主机上的网卡没有关系,但可以相互进行通信。

(8)声卡。虚拟机的声卡一般映射到物理主机的声卡上。

(9)其他设备。如交换机等。

4. 虚拟机的网络连接类型

(1)桥接模式。使用(连接)VMnet0 虚拟交换机,此时虚拟机和物理网络直接连接,如果虚拟机的地址和物理主机的 IP 地址设置在同一网段上,虚拟机就相当于网络内的一台独立的主机,网络内的其他主机和虚拟机之间可以相互进行通信。

(2)NAT 模式。使用(连接)VMnet8 虚拟交换机,此时的虚拟机共享使用物理主机的 IP 地址,虚拟机可以通过主机单向访问网络上的其他工作站(包括 Internet),其他工作站不能访问虚拟机。

(3)仅主机模式。使用(连接)VMnet1 虚拟交换机,此时虚拟机只能与虚拟机、主机互联,与网络上的其他工作站不能访问。

(4)自定义。从下拉菜单中选择一个使用的虚拟交换机,如果选择的不是以上三种模式的虚拟交换机,此时同一 VMnet 虚拟机之间可以相互访问,虚拟机与物理机之间不能直接相互访问。

(5)LAN 区段。LAN 区段是一个由其他虚拟机共享的专用网络,适用于多层测试、网络性能分析以及注重虚拟机隔离的环境。一个 LAN 区段可以看作是一个虚拟交换机,将现有虚拟机添加到 LAN 区段时,需要给虚拟机手工配置 IP 地址。

5. VMware 指定磁盘容量的两种方式

(1)动态分配。在创建虚拟机时,默认情况下 VMware 采用动态方式分本硬盘,刚创建时,虚拟硬盘文件很小,但在使用过程中会逐渐增大。

(2)立即分配。如果创建虚拟机时选择立即分配磁盘方式,分配磁盘的过程较长,不管虚拟硬盘使用多少,都会占用指定容量甚至更大的物理硬盘空间,不过,这会大大提高虚拟机的性能。

6. 键盘鼠标在主机/虚拟机之间的切换

(1)从物理主机到虚拟机。

默认情况下,启动虚拟机操作系统时,键盘鼠标自动进入虚拟机,这时主机看不到鼠标指针。可以采用以下方式之一把键盘鼠标切换到虚拟机上:①在虚拟机窗口单击鼠标;②直接使用组合键"Ctrl+G"。

(2)把键盘、鼠标从虚拟机切换到主机的方式。

使用组合键"Ctrl+Alt"即可把键盘、鼠标切换到主机上。

(3)虚拟机切换/释放全屏幕的方式:①单击 VMware 窗口工具栏上的"进入全屏模式"图标按钮即可切换虚拟机的屏幕为全屏幕;②使用组合键"Ctrl+Alt+Enter"也可将虚拟机切换/释放全屏幕。

(4)在虚拟机上登录操作系统的热键。

由于登录操作系统时所使用的组合键"Ctrl+Alt+Del"与主机系统存在冲突,按下该组合键时,会打开主机系统的任务管理器,因此在虚拟机上 WMware 用"Ctrl+Alt+Insert"替换了"Ctrl+Alt+Del"。

7. WMware Workstation 的多重快照拍摄功能

多重快照拍摄是 VMware Workstation 的一个重要功能,它可以储存虚拟机当前的状态。例如,正在安装某个工具软件,突然有事不能继续安装下去,这时就可以使用快照功能,将当前状态保存下来,当忙完事情后,想继续安装下去,只需恢复刚保存的状态即可。

任务2 VMware 的基本使用

【任务引入】

在一间办公室有 3 台 PC,要组建如图 10-43 所示的对等网,以实现数据的共享,提高办公的效率。

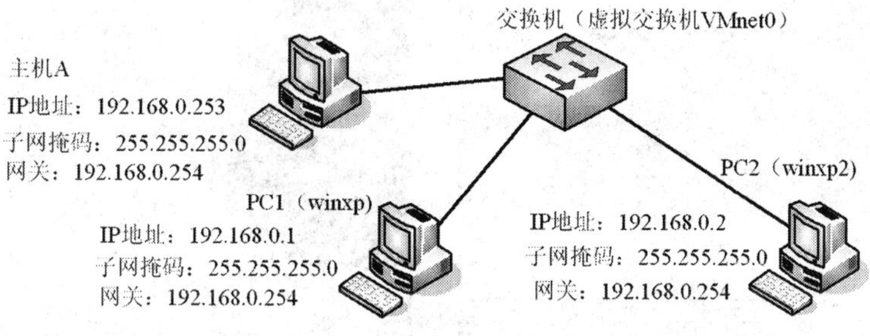

图 10-43 对等网网络拓扑图

【任务分析】

要使用虚拟机软件 VMware Workstation 组建如图 10-43 所示的实验环境,图中括号内的标识便是虚拟实现环境的网络拓扑图。

在主机上已安装好 Windows XP 操作系统,在虚拟机软件中已安装好一台虚拟机,再复制一台和原虚拟机完全相同的虚拟机,便有了 3 台 PC,根据设计好的拓扑网来组建对等网。

【操作步骤】

1. 在虚拟机上安装设备驱动程序

(1)虚拟机操作系统安装完成后,安装 VMware Tools,这相当于给虚拟机操作系统安装各种驱动程序,启动虚拟机操作系统后,同时按“Ctrl+Alt”键,释放虚拟机的光标,单击VMware Workstation 窗口“虚拟机”菜单下的“安装 VMware Tools”菜单项,弹出“欢迎使用VMware Tools 的安装向导”对话框,单击“下一步”按钮,如图 10-44 所示。

(2)在虚拟机桌面出现“选择安装类型”对话框,选择“典型安装”类型,单击“下一步”按钮,如图 10-45 所示。

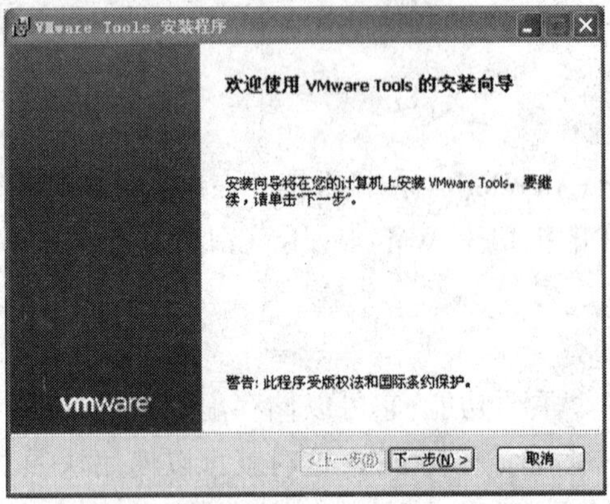

图 10-44　安装虚拟机的软件工具包向导

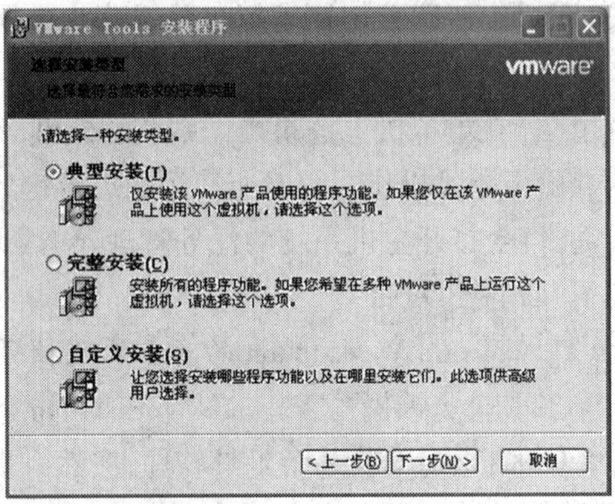

图 10-45　选择典型安装

(3)完成 VMware Tools 安装向导所提示的各项设置后,单击“安装”按钮,见图 10-46。

(4)安装完成后,如图 10-47 所示,单击“完成”按钮后,按照提示重新启动虚拟机。

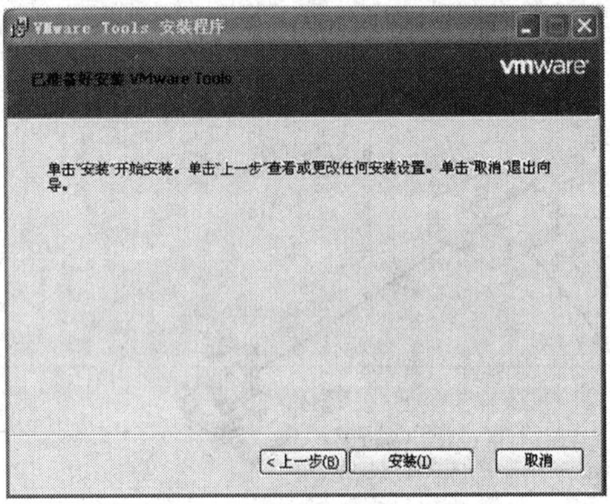

图 10-46　完成安装前设置

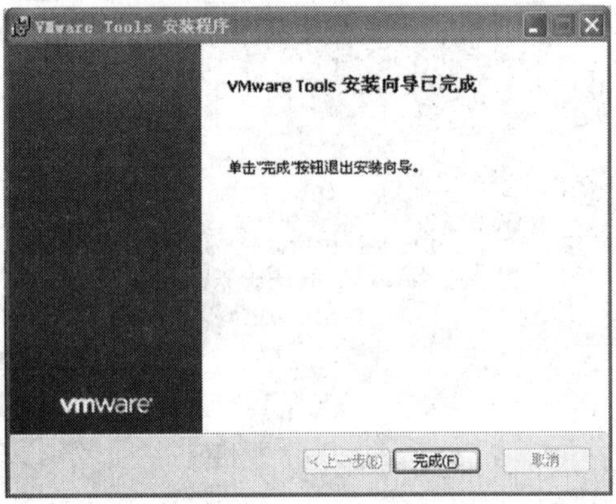

图 10-47　完成安装

2. 复制一台和原虚拟机完全相同的虚拟机

(1)在 VMware Workstation 窗口单击“虚拟机→管理→克隆”,启动克隆虚拟机向导,单击“下一步”按钮继续,如图 10-48 所示。

(2)出现“克隆源”对话框,默认选择“虚拟机中的当前状态”,即按照虚拟机当前状态进行克隆,单击“下一步”按钮,如图 10-49 所示。

(3)出现“克隆类型”对话框,可选择“创建完整克隆”,即完全克隆,然后单击“下一步”按钮,如图 10-50 所示。

(4)出现“新虚拟机名称”对话框,为新虚拟机指定名称和存放位置后单击“完成”按钮,如图 10-51 所示。

(5)克隆一台虚拟机需要一段时间,请耐心等待。完成虚拟机克隆后单击“关闭”按钮回到 VMware Workstation 窗口,如图 10-52 所示。

(6)克隆的虚拟机和原虚拟机完全一样,图 10-53 所示是两台虚拟机同时运行的情况。

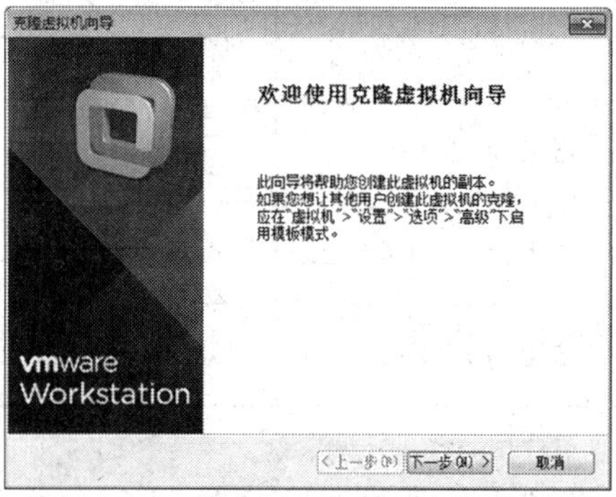

图 10-48　克隆虚拟机向导界面

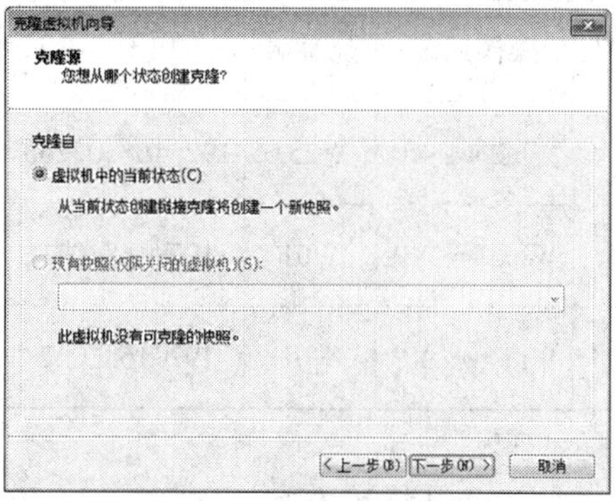

图 10-49　选择克隆源

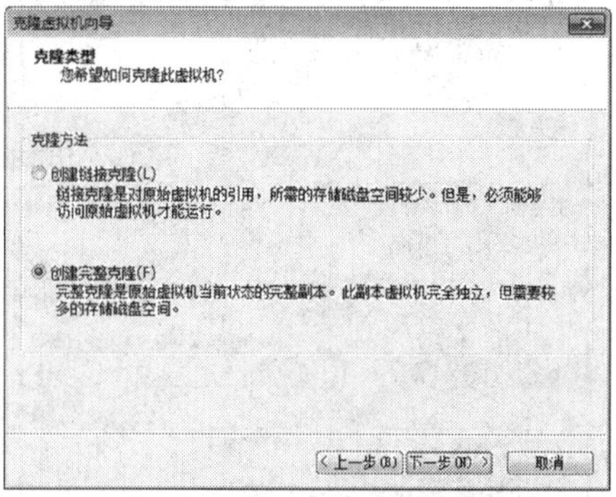

图 10-50　选择克隆类型

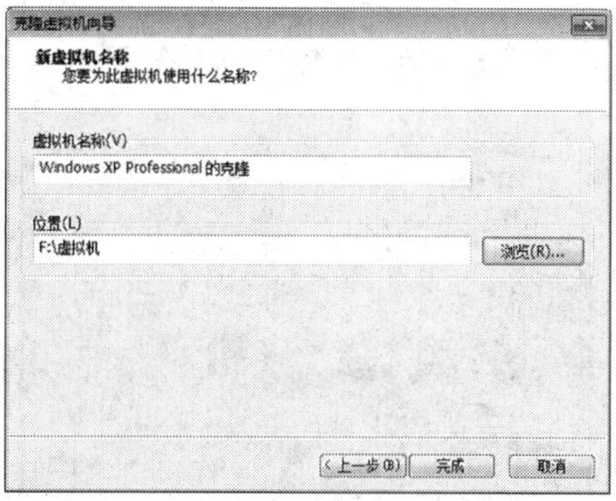

图 10-51　指定新虚拟机的名称

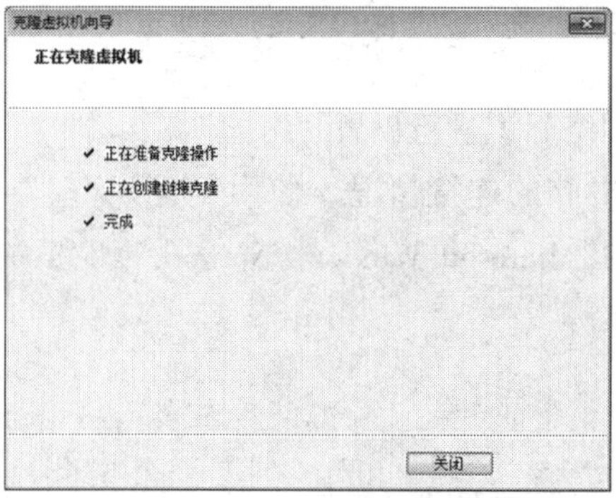

图 10-52　正在克隆虚拟机

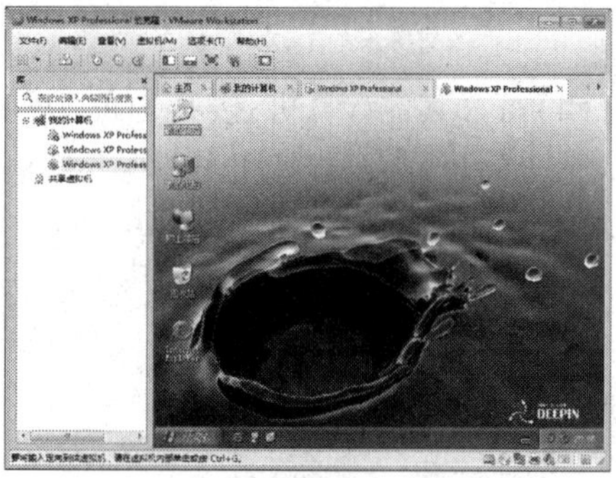

图 10-53　两台虚拟机同时运行

提示:在同一台物理主机上同时虚拟运行多个操作系统,这会占用大量的 CPU 和内存资源,根据使用 VMware 的经验。最好不要在同一时间启动虚拟机,如果有时间,等一个虚拟机操作系统启动完毕后再启动下一台。

3. 构建虚拟网络系统

(1)确认虚拟机 winxp1 和 winxp2,通过桥接方式连接至虚拟机交换机 VMnet0。

(2)规划对等网中每台计算机的 IP 地址和网络标识,如表 10-2 所示。

表 10-2 规划对等网中每台计算机的 IP 地址和网络标识

序号	操作系统	计算名	IP 地址	子网掩码	网关	工作组	描述
1	Windows XP	W253	192. 168. 0. 253	255. 255. 255. 0	192. 168. 0. 254	tools	主机 A
2	Windows XP	W01	192. 168. 0. 1	255. 255. 255. 0	192. 168. 0. 254	tools	PC1
3	Windows XP	W02	192. 168. 0. 2	255. 255. 255. 0	192. 168. 0. 254	tools	PC2

(3)打开计算机 PC1,设置其 TCP/IP 属性和网络标识,如图 10-54、图 10-55 所示。

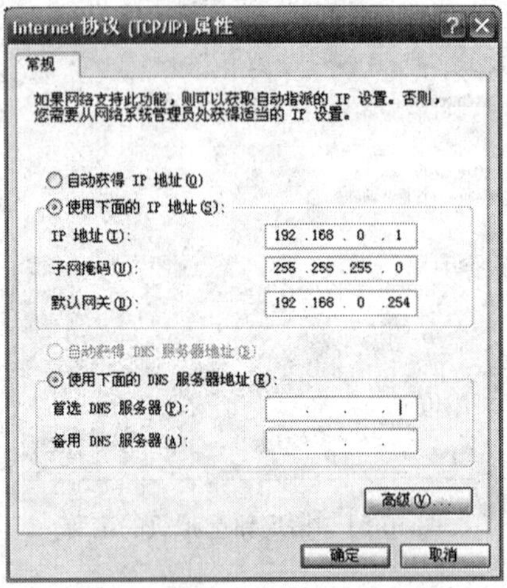

图 10-54 TCP/IP 属性设置

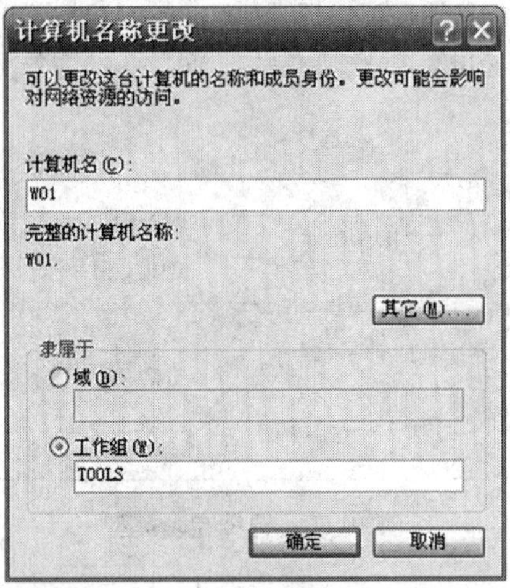

图 10-55 网络标识设置

(4)打开其他计算机,按其 TCP/IP 属性和网络标识进行设置。

(5)通过任一台计算机的"网上邻居"查看电脑的连接情况。使用"资源管理器"打开"网上邻居",并依次单击文件夹树型目录中的"Microsoft Windows Network"和"Tools",此时可看到 3 台计算机的名称和描述。

总结与回顾

本单元搭建的模拟实训环境是指用模拟器 Cisco Packet Tracer 构建网络拓扑,并进行网络设备的调试和虚拟机 VMware 构建操作系统安装和各种服务配置的环境。Cisco Packet Tracer 主要功能有虚拟网络、实时快照、拖放、共享文件夹和支持 PXE 等。利用 Cisco Packet Tracer 模拟 PC、交换机、路由器来自定义网络拓扑结构及多种连接方式(如

PSTN、ISDN、PPP等),省去了制作网线连接设备、频繁变换CONSOLE线、不停地往返于设备之间等环节。VMware Workstation主要功能有虚拟网络、实时快照、拖放、共享文件夹和支持PXE等。

通过搭建模拟实训环境的训练,再多接触实际设备和操作系统,将所学技术应用到实际环境,提高解决问题的能力。但要注意,Cisco Packet Tracer和VMware Workstation所提供的环境毕竟不是真实的网络设备和网络设备环境,有一些功能实现起来还是有限制的。

参考文献

[1] 张凌杰. 网络设备使用与维护[M]. 北京:高等教育出版社,2013.
[2] 雷震甲. 网络工程师教程[M]. 3 版. 北京:清华大学出版社,2011.
[3] 伍孝金. 计算机网络[M]. 北京:清华大学出版社,2007.
[4] 崔北亮. CCNA(640-802)学习与实验指南[M]. 北京:电子工业出版社,2010.
[5] 苗凤君,盛剑会. 网络操作系统及配置管理[M]. 北京:清华大学出版社,2012.
[6] 谢希仁. 计算机网络[M]. 6 版. 北京:电子工业出版社,2013.
[7] 杜平原. 计算机网络实验[M]. 天津:天津科学技术出版社,2010.
[8] 戴有炜. Windows Server 2008 Active Directory 配置指南[M]. 北京:科学出版社,2009.
[9] 陈景亮. 网络操作系统[M]. 北京:人民邮电出版社,2011.